법칙, 원리, 공식을 쉽게 정리한

수학 사전

법칙, 원리, 공식을 쉽게 정리한
수학 사전

1판 1쇄 발행 2017년 9월 5일
1판 19쇄 발행 2024년 5월 27일

지은이 와쿠이 요시유키 **옮긴이** 김정환 **감수** 이동흔
펴낸곳 도서출판 그린북
펴낸이 윤상열
기획편집 최은영 김민정
디자인 김규림
마케팅 윤선미
경영관리 김미홍
출판등록 1995년 1월 4일(제10-1086호)
주소 서울 마포구 방울내로11길 23 두영빌딩 302호
전화 02-323-8030~1 **팩스** 02-323-8797
블로그 greenbook.kr
이메일 gbook01@naver.com

ISBN 978-89-5588-340-4 43410

* 이 도서의 국립중앙도서관 출판도서목록(CIP)은 e-cip홈페이지(http://www.nl.go.kr/ecip)에서
  이용하실 수 있습니다.(CIP 제어번호: 2017020037)
* 파손된 책은 구입하신 곳에서 바꿔 드립니다.

법칙, 원리, 공식을 쉽게 정리한

수학 사전

와쿠이 요시유키 지음 | 김정환 옮김 | 이동흔 감수

그린북

한 권 안에
수학의 법칙·원리·공식을 담다!

이 책은 중학교와 고등학교의 수학 시간에 다루는 수학의 중요한 개념을 일목요연하게 정리한 책입니다. 이 책 한 권이면 고등학교 수학 수준의 법칙과 원리, 공식을 빈틈없이 공부할 수 있습니다. 또 수학에 자신이 없었던 사람도 이 책을 읽어 보면 수학에 대한 새로운 발견을 하고 수학의 재미에 푹 빠져들 것입니다.

여기에서 다루고 있는 개념의 대부분은 '수학의 공식과 정리' 중에서도 '고전 중의 고전'입니다. 지금으로부터 약 2,000년 전에 고안된 공식이나 정리도 적지 않습니다. 이것들을 접하다 보면 '생각하는 것'에 대한 옛사람들의 집념에 새삼 놀라곤 합니다. 특히 수학을 놀라울 정도로 성장시킨 그리스의 자유로운 도시 국가에는 경외심조차 느껴집니다.

이처럼 2,000년이 넘는 긴 역사의 검증을 견뎌 내고 오늘까지 활약하고 있는 공식과 정리를 통해 우리는 다양한 현상과 사건을 수학의 눈으로 볼 수 있습니다. 이것은 마치 음악가가 음악가의 귀로 소리를 듣고 화가가 화가의 눈으로 풍경을 바라보는 것과 같지요. "고등학교에서 배우는 수학이 일상생활에 무슨 도움이 되지? 아무런 쓸모도 없잖아?"라고 말하는 사람도 있는데, 참으로 안타까운 일입니다. 다시 한번 이 책으로 공부해 봤으면 합니다.

다만 수학은 기본적으로 한 층 한 층을 차곡차곡 쌓아 올려야 하는 학문입니다. 바탕을 이루는 부분에 대한 이해가 모호한 상태에서 그냥 넘어가 버리면 그 위에 구축된 부분을 이해하는 데 어려움을 겪기 마련이지요. 또 그렇다고 해서 각 단원을 완전히 독립시켜 설명하려 하면 페이지 수가 방대해지고 중복투성이가 될 것입니다. 그래서 다양한 공식과 정리, 수학적인 중요한 개념을 분야별로 정리하고 순서대로 해설했습니다. 필요할 때마다 꺼내서 사전처럼 이용하면서 공부하고 싶은 분야를 순서대로 읽어 나가면 이해가 수월해질 것입니다. 이 책을 통해 수학적 사고 방식을 키우고, 무엇보다 수학에 대한 자신감을 얻을 수 있기를 바랍니다.

지은이 **와쿠이 요시유키**

제5장 함수

제10장 확률·평균

01 명제와 집합

> '$p \Rightarrow q$가 참'이면, '$P \subset Q$'가 성립한다.

제 1 장 증명과 논리

해설! 어떠한 조건을 만족하는가

'옳은가, 옳지 않은가?'를 판정할 수 있는 문장 혹은 식을 명제라고 한다. 그리고 명제가 옳을 때는 참, 틀렸을 때는 거짓이라고 한다.

또한 '$x^2 = 1$'은 $x = 1$일 때는 옳다고 할 수 있지만 $x = 2$일 때는 옳지 않다. 이와 같이 변수를 포함하는 식이나 문장에서 그 변수에 값을 대입했을 때, 참 또는 거짓이 결정되는 문장이나 식을 조건이라고 한다.

여기에서는 '$x = 1$이라면 $x^2 = 1$'과 같이 '조건 p이면 조건 q'라는 명제를 집합의 관점에서 살펴보도록 한다.

◉ 집합이란 '조건을 만족하는 것'의 모임

집합이란 '모임'이라고 생각하는 사람이 있는데, 단순히 '모임'이라고만 해서는 의미가 너무 모호하다. 수학에서는 '어떤 조건을 만족하는 것의 모임'을 집합이라고 부른다. 가령 '양의 정수의 집합'이라고 말할 때는 '양의 정수(1, 2, 3, 4, …)'가 조건에 해당한다. 이 집합의 이름을 A라고 하면 다음과 같이 표현한다.

$$A = \{x \,|\, x > 0, \ x\text{는 정수}\}$$

집합은 일반적으로 다음과 같이 표기한다.

$$P = \{x \,|\, p(x)\}$$

여기에서 $\{x \,|\, p(x)\}$의 'x'는 집합의 '구성원'으로, 원소라고 한다. 또 세로선 '$|$'의 오른쪽에 적힌 '$p(x)$'는 요소 x가 만족해야 할 '조건'을 말한다.

16

◎ 'p이면 q'와 '⇒'에 관해

두 개의 조건 p, q를 이용해 'p이면 q'라는 명제를 보자. 이때 p를 가정, q를 결론이라고 한다. 가령 명제 '$x=1$이면 $x^2=1$'은 '$x=1$'이 가정이고 '$x^2=1$'이 결론이다. 그리고 명제 'p이면 q'를 기호 ⇒를 사용해 '$p \Rightarrow q$'라고 적는다. 예를 들어 명제 '$x=1$이면 $x^2=1$'은 '$x=1 \Rightarrow x^2=1$'이라고 적는다.

◎ '$P \subset Q$', '$P=Q$'에 관해

'$p \Rightarrow q$'가 참이면 조건 p를 만족하는 것이 반드시 조건 q를 만족한다고 생각할 수 있다. 따라서 조건 p를 만족하는 진리 집합 P는 조건 q를 만족하는 진리 집합 Q에 포함된다. 그래서 '$p \Rightarrow q$'가 참일 때 "P는 Q의 부분 집합이다."라고 말하며 '$P \subset Q$'로 적는다.

또한 '$p \Rightarrow q$ 그리고 $q \Rightarrow p$(이것을 '$p \Leftrightarrow q$'라고 적는다.)'가 참일 때 '$P \subset Q$ 그리고 $Q \subset P$'가 되며, 이것을 '$P=Q$'라고 적는다.

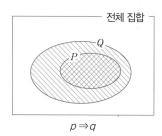

$p \Rightarrow q$

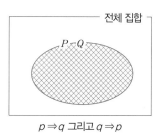

$p \Rightarrow q$ 그리고 $q \Rightarrow p$

(주) 전체 집합이란 생각하는 범위 전체의 집합이며, 그 일부가 부분 집합이다.

예제 명제 '$-1 < x < 1 \Rightarrow x < 2$'가 참인지 거짓인지 조사하여라.

[해답] $-1 < x < 1$을 만족하는 집합(구간)이 $x < 2$를 만족하는 집합(구간)에 포함되어 있으므로 이 명제는 참임을 알 수 있다.

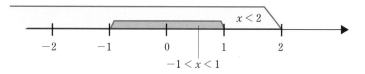

17

02 드모르간의 법칙

$$\sim(p \wedge q) = \sim p \vee \sim q \qquad \sim(p \vee q) = \sim p \wedge \sim q$$

해설! 교집합과 합집합의 차이

논리를 다룰 때 전용 기호를 사용하면 표현이 간결해져서 편리하다. 여기에서는 조건을 소문자 p, q 등으로 나타내고 기호 $\sim$, $\wedge$, $\vee$를 다음 의미로 사용하기로 한다.

$\sim p$: p가 아니다, $\quad p \wedge q$: p 그리고 q, $\quad p \vee q$: p 또는 q

◉ 조건 $p \wedge q$, $p \vee q$, $\sim p$와 집합 $P \cap Q$, $P \cup Q$, P^c

조건 p를 만족하는 집합을 P, 조건 q를 만족하는 집합을 Q라고 하자. 이때 조건 $p \wedge q$를 만족하는(즉, p와 q의 양쪽을 모두 만족하는) 집합을 $P \cap Q$라고 표기하고 P와 Q의 교집합(공통집합)이라고 한다. 또 조건 $p \vee q$를 만족하는(즉, p와 q 중에 적어도 한쪽을 만족하는) 집합을 $P \cup Q$라고 표기하고 P와 Q의 합집합이라고 한다. 한편 '$\sim p$를 만족한다'는 것은 'p를 만족하지 않는다'는 의미이므로, $\sim p$를 만족하는 집합은 전체 집합에서 P를 제외한 집합이다. 이 집합을 P^c라고 표기하고 P의 여집합이라고 한다.

◉ 벤다이어그램을 그려서 눈으로 이해하자

P의 여집합 P^c, P와 Q의 교집합 $P \cap Q$, P와 Q의 합집합 $P \cup Q$를 시각적으로 표현하면 다음과 같다.

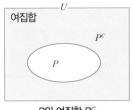

P의 여집합 P^c

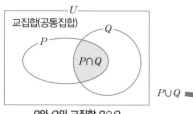

P와 Q의 교집합 P∩Q

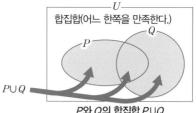

P와 Q의 합집합 P∪Q

왜 성립하는가?

드모르간의 법칙이 성립하는 근거는 결국 아래의 집합에 대해 다음의 ①, ② (집합에 대한 드모르간의 법칙)가 성립하기 때문이다.

$$① : (P \cap Q)^c = P^c \cup Q^c \quad ② : (P \cup Q)^c = P^c \cap Q^c$$

이것은 그림을 그려 보면 쉽게 알 수 있다. ①의 좌변의 집합과 우변의 집합이 모두 아래 왼쪽 그림의 색칠한 부분을 나타낸다. 그리고 ②의 좌변의 집합과 우변의 집합이 모두 아래 오른쪽 그림의 색칠한 부분을 나타낸다.

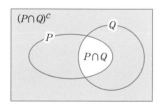

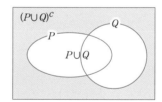

예제 다음 조건의 '부정'을 답하여라.
① '남성이고 미성년자'
② '남성이거나 미성년자'

[해답] ①의 '남성이고 미성년자', 즉 '남성 그리고 미성년자'의 부정은 드모르간의 법칙에 따라 '남성이 아니다. 또는 미성년자가 아니다.', 즉 '여성이거나 성인'이다.

②의 '남성이거나 미성년자', 즉 '남성, 또는 미성년자'의 부정은 드모르간의 법칙에 따라 '남성이 아니다. 그리고 미성년자가 아니다.', 즉 '여성이고 성인'이다. '그리고 · 또는'을 정확히 구분해서 사용하도록 주의하자.

03 전칭 명제, 특칭 명제와 그 부정

> '모든 x에 대해 $p(x)$'의 부정은 '어떤 x에 대해 $\sim p(x)$'이다. ……①
>
> '어떤 x에 대해 $p(x)$'의 부정은 '모든 x에 대해 $\sim p(x)$'이다. ……②

해설! '모든'인가 '어떤'인가?

'모든 x에 대해 $p(x)$'와 같이 생각하는 대상 전체에 대해 성립함을 주장하는 명제를 전칭 명제라고 한다. 또 '어떤 x에 대해 $p(x)$'와 같이 생각하는 대상 중 적어도 하나에 대해 성립하는 명제를 특칭 명제라고 한다.

◉ 틀리기 쉬운 전칭 명제와 특칭 명제의 부정

논리는 일반적으로 어렵다. 그중에서도 전칭 명제와 특칭 명제의 부정은 특히 틀리기 쉽다. "'모든 사람은 남자다.'의 부정은?"이라는 질문을 받으면 무심코 "모든 사람은 남자가 아니다."라는 틀린 대답을 하기 쉽다. '~이다.'를 '~가 아니다.'로 바꿨을 뿐이다. 또 "'어떤 사람은 여자다.'의 부정은?"이라는 질문을 받으면 "어떤 사람은 여자가 아니다."라고 역시 틀린 대답을 하기 쉽다. 이 논리를 확실히 판정하지 못하면 업무나 생활에도 지장을 줄 수 있으니 주의하기 바란다.

◉ '모든'의 부정은?

'모든 사람은 남자다.'라는 것은 예외 없이 전원이 남자라는 뜻이다. 그러므로 이에 대한 부정은 '모두 남자가 아니다.'가 아니라, 단 한 명이라도 '예외가 있음'을 제시하면 되므로 '어떤 사람은 남자가 아니다.'이다.

또 '어떤 사람은 여자다.'는 '여자인 사람이 적어도 한 명은 있다.'는 뜻이므로 이에 대한 부정은 '여자인 사람은 한 명도 없다.', 즉 '모든 사람은 여자가 아니다.'이다. 이것을 일반화한 것이 공식 ②이다.

모든 사람은 남자다.　　부정　　어떤 사람은 남자가 아니다.
　　　　　　　　　　　　　　　　(남자가 아닌 사람이 존재한다.)

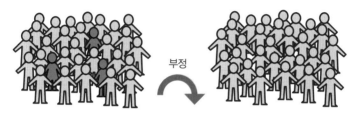

어떤 사람은 여자다.　　부정　　모든 사람은 여자가 아니다.

예제 다음의 문제 ①～④에 답하여라.

① 'a, b, c, d 는 전부 0이 아닌 수'의 부정

② 'a, b, c, d 가운데 하나는 0'의 부정

③ '모든 한국인은 성실하고 상냥하다.'의 부정

④ '한국인 중에는 키가 크고 발이 큰 사람이 존재한다.'의 부정

[해답]

① a, b, c, d 중, 0인 수가 존재한다.

② a, b, c, d 중, 0인 수가 존재하지 않는다.

③ 어떤 한국인은 성실하지 않거나 상냥하지 않다.

④ 한국인은 모두 키가 크지 않거나 발이 크지 않다.

04 필요조건과 충분조건

'$p \Rightarrow q$'가 참일 때

  p는 q이기 위한 충분조건

  q는 p이기 위한 필요조건

'$p \Rightarrow q$ 그리고 $q \Rightarrow p$'가 참일 때

  p는 q이기 위한 필요충분조건

  q는 p이기 위한 필요충분조건

  이때 p와 q는 동치라고 하며 '$p \Leftrightarrow q$'라고 적는다.

해설! '필요'와 '충분'의 구분

우리는 일상에서 '필요'라든가 '충분'이라는 말을 자주 사용하지만, 막상 엄밀하게 사용하려고 하면 의외로 헷갈리는 경우가 있다. 그럴 때는 다음 명제를 참고하기 바란다.

  'x가 인간이라면 x는 동물이다.'(간단히 말해 '인간이라면 동물이다.')

이 명제에서 '인간이라는 것은 동물이기 위한 충분한 조건'이라는 것을 알 수 있다. 인간이라는 사실만으로도 충분히 동물이라고 말할 수 있기 때문이다. 또 동물이라는 것은 인간이기 위해 최소한으로 필요한 조건이라고도 할 수 있다. 인간이기 위해서는 먼저 동물이어야 하기 때문이다.

◎ '$p \Rightarrow q$'가 참일 때 $P \subset Q$

'$p \Rightarrow q$'가 성립할 때는 집합으로 보면 $P \subset Q$(Q가 P를 포함한다.)가 된다. 여기에서 P는 조건 p를, Q는 조건 q를 만족하는 진리 집합이다. 그런데 이렇게 말

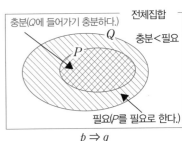

$p \Rightarrow q$

22

하면 '충분'과 '필요'가 바뀐 것이 아니냐고 느끼는 사람이 있을지도 모른다. 왜냐하면 일반적으로 충분을 필요보다 더 넓은 범위로 느끼기 때문이다. 그러나 조건이 빡빡하기 때문에 그것만으로도 '충분'한 것이며, 조건이 느슨하기 때문에 그것이 '필요'하지만 아직 그것만으로는 부족할 가능성이 있는 것이다.

◎ '$p \Rightarrow q$ 그리고 $q \Rightarrow p$'가 참일 때 $P = Q$

'$p \Rightarrow q$ 그리고 $q \Rightarrow p$'가 성립한다는 것은 집합으로 봤을 때 $P = Q$라는 뜻이다. 이것은 조건 p와 조건 q가 표현은 다르지만 내용은 완전히 똑같다는 의미로, 이때 p와 q는 동치라고 하며 '$p \Leftrightarrow q$'라고 적는다. 이 '동치'는 수학에서 매우 중요한 용어로 다양하게 사용된다.

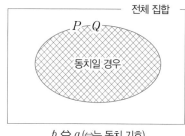

$p \Leftrightarrow q$ (⇔는 동치 기호)

두 개의 조건을 구분해서 사용하자!

(1) '$x = 1 \Rightarrow x^2 = 1$'은 참이므로, '$x = 1$'은 '$x^2 = 1$'이기 위한 충분조건, '$x^2 = 1$'은 '$x = 1$'이기 위한 필요조건이다.

(2) '$x = \pm 1 \Leftrightarrow x^2 = 1$'은 참이므로 '$x = \pm 1$'은 '$x^2 = 1$'이기 위한 필요충분조건, '$x^2 = 1$'도 '$x = \pm 1$'이기 위한 필요충분조건이다.

(3) '$x = 1 \Rightarrow x^2 = 4$'는 거짓이므로 '$x = 1$'과 '$x^2 = 4$'는 한쪽이 다른 한쪽의 충분조건도 필요조건도 아니다.

05 역·이·대우

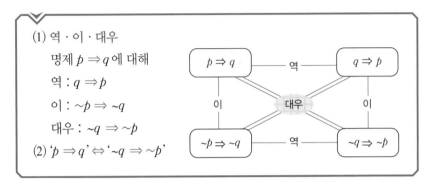

(1) 역 · 이 · 대우

명제 $p \Rightarrow q$에 대해

역 : $q \Rightarrow p$

이 : $\sim p \Rightarrow \sim q$

대우 : $\sim q \Rightarrow \sim p$

(2) '$p \Rightarrow q$' $\Leftrightarrow$ '$\sim q \Rightarrow \sim p$'

$p \Rightarrow q$ ——역—— $q \Rightarrow p$

이

대우

$\sim p \Rightarrow \sim q$ ——역—— $\sim q \Rightarrow \sim p$

해설! 네 명제의 관계는?

명제 '$p \Rightarrow q$'에 대해 명제 '$q \Rightarrow p$'를 역(명제), 명제 '$\sim p \Rightarrow \sim q$'를 이(명제), 명제 '$\sim q \Rightarrow \sim p$'를 대우(명제)라고 한다. 이 명제들은 서로 상호 관계다. 즉 '$p \Rightarrow q$'와 '$q \Rightarrow p$'는 서로에 대해 역이 된다. 이와 대우도 마찬가지다.

(주) 조건 p에 대해 $\sim p$는 'p가 아니다.'라는 조건을 나타낸다. 다른 것도 마찬가지다.

◎ '역·이·대우'의 참·거짓

원래 명제가 참이어도 그 역이 반드시 참인 것은 아니다. 이 역시 마찬가지여서, 원래 명제가 참이어도 그 이가 반드시 참인 것은 아니다.

그런데 대우끼리는 참 · 거짓이 반드시 일치한다. 요컨대 '$p \Rightarrow q$'와 '$\sim q \Rightarrow \sim p$'는 동치다. 따라서 '$p \Rightarrow q$'가 참임을 보이고자 할 때는 그 대우인 '$\sim q \Rightarrow \sim p$'가 참임을 보이면 된다. 이것은 수학의 증명에서 자주 사용된다.

어떻게 생각하면 될까?

명제 '$p \Rightarrow q$'와 그 대우인 '$\sim q \Rightarrow \sim p$'가 동치임을 살펴보자. 이것은 집합으로

치환했을 때 '$P \subset Q$'와 '$Q^c \subset P^c$'가 동치임을 보이면 된다. 여기에서 P는 조건 p를 만족하는 집합이고 Q는 조건 q를 만족하는 집합이다. 그리고 이것은 벤다이 어그램을 그려서 살펴보면 명확해진다. 즉, '$P \subset Q$'가 성립한다면 '$Q^c \subset P^c$'가 성립(아래 왼쪽 그림)하고, '$Q^c \subset P^c$'가 성립한다면 '$P \subset Q$'가 성립(아래 오른쪽 그림)하기 때문이다.

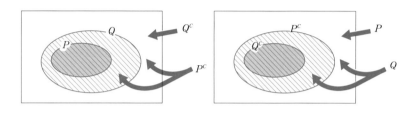

참고로 왼쪽 그림을 보면 '$P \subset Q$'가 성립한다고 해서 반드시 '$Q \subset P$'가 성립하는 것은 아님을 알 수 있으며, '$P \subset Q$'가 성립한다고 해서 반드시 '$P^c \subset Q^c$'가 성립하는 것은 아님도 알 수 있다.

사용해 보자! 역 · 이 · 대우

(1) 명제 '$x = y$라면 $x^2 = y^2$'의 역·이·대우는 다음과 같다.

역 : $x^2 = y^2$라면 $x = y$

이 : $x \neq y$라면 $x^2 \neq y^2$

대우 : $x^2 \neq y^2$이라면 $x \neq y$

(2) 명제 '도로가 젖어 있지 않으면 비가 오고 있는 것이 아니다.'의 참·거짓은 금방 판단하기가 어렵지만 그 대우인 '비가 내리면 도로가 젖는다.'는 참임을 알 수 있다. 따라서 원래의 명제도 참이 된다.

06 귀류법

> "'p가 아니다.'라고 가정하면 불합리한 일(모순)이 발생한다. 따라서 'p이
> 다.'"라고 증명하는 방법을 귀류법이라고 한다.

해설! 모순을 이용하라

'p이다.'를 증명하기 위해 일부러 'p가 아니다.'라고 가정하고 이 가정에서 불합
리한 일을 이끌어낸다. 그리고 이와 같은 불합리한 일이 발생한 것은 처음에 가
정한 'p가 아니다.'가 틀렸기 때문이라고 생각한다. 그 결과 'p이다.'는 옳다고 결
론짓는다. 이러한 증명 방법을 귀류법이라고 한다. 참고로 여기에서 말하는 불합
리한 일이란 양립하기 어려운 일, 즉 'r이면서 r이 아닌' 일을 의미한다. 수학에
서는 이것을 모순이라고 한다. 예를 들어 'x는 인간이면서 인간이 아니다.'라든가
'x는 양의 정수이면서 양의 정수가 아니다.' 같이 있을 수 없는 일을 말한다.

귀류법은 간접 증명으로, 'p이다.'를 직접 증명할 수 없을 때 또는 직접 증명하
기가 어려울 때 유용하다.

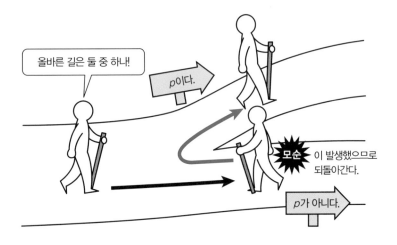

귀류법의 개념을 이해하자

귀류법은 모순, 즉 'r이면서 r이 아니다.'라는 허용할 수 없는 개념에 그 근거를 둔다. 그러므로 어떤 가정을 했을 때 모순이 발생한다면 그 가정 자체가 틀렸다고 간주한다.

사용해 보자! 귀류법

다음의 각 명제를 귀류법으로 증명하자.

(1) 삼각형의 세 내각 중 적어도 하나는 60° 이상이다.

[증명] 세 내각이 전부 60° 미만이라고 가정한다. 그러면 내각의 총합은 180° 미만이 된다. 이것은 삼각형의 내각의 총합이 180°라는 정의와 모순된다. 따라서 적어도 하나는 60° 이상이 된다.

(주) '적어도 하나는 60° 이상'의 부정은 '모두 60° 미만'이다.

(2) 자연수 x, y의 곱 xy가 홀수라면 x와 y는 모두 홀수다.

[증명] x와 y 중 적어도 하나가 홀수가 아니다, 즉 적어도 하나는 짝수라고 가정한다. 가령 x를 짝수로 가정하면, y가 홀수냐 짝수냐에 상관없이 xy는 짝수다. 이것은 xy가 홀수라는 것과 모순된다.

귀류법을 처음으로 생각해 낸 사람은 탈레스

고대 그리스의 탈레스(기원전 625년경~기원전 547년경의 자연 철학자)는 이집트로 유학을 가서 그곳의 학문을 그리스로 가지고 돌아왔다. 탈레스는 이집트 수학의 단순한 문제 해결에 만족하지 못하고 더욱 근본적인 질문을 던졌다. 탈레스가 생활한 자유롭고 평등한 폴리스가 형성되어 있었던 고대 초기의 이오니아 지방에는 그런 사회적 토양이 있었다. 탈레스는 '원은 지름으로 이등분된다.'처럼 거의 자명하다고 생각되는 것들을 증명하려 했는데, 이때 사용한 논법이 '만약 이등분되지 않는다면……'이었다고 한다. 이것이 귀류법이다.

07 간단한 배수 판정법

(1) 2의 배수……마지막 한 자리가 2의 배수
(2) 4의 배수……마지막 두 자리가 4의 배수
(3) 8의 배수……마지막 세 자리가 8의 배수
(4) 3의 배수……각 자리의 숫자의 합이 3의 배수
(5) 9의 배수……각 자리의 숫자의 합이 9의 배수

해설! 배수를 찾는 방법

음식점에서 더치페이를 할 때 금액이 인원수에 맞게 딱 나누어떨어지느냐는 작은 고민거리다. 이때 위의 공식을 사용하면 균등하게 나눌 수 있는지의 여부를 간단히 판단할 수 있다.(단, 7의 배수를 판단하는 방법은 조금 번거롭다.) 또한 6의 배수는 2의 배수이면서 3의 배수이며, 5의 배수는 1의 자리가 0 아니면 5이다.

왜 그렇게 될까?

(1) 마지막 한 자리가 2의 배수라면 원래의 수는 2의 배수이다.

$$\underbrace{\blacksquare \cdots \blacksquare\blacksquare}_{n\,\text{자리의 정수}} \blacktriangle = \underbrace{\blacksquare \cdots \blacksquare\blacksquare 0}_{2\text{의 배수}} + \underbrace{\blacktriangle}_{\text{마지막 한 자리}}$$

(2) 마지막 두 자리가 4의 배수라면 원래의 수는 4의 배수이다.(임의의 수 100을 곱하면 항상 4의 배수가 되는 성질을 활용한 것이다.)

$$\underbrace{\blacksquare \cdots \blacksquare\blacksquare}_{n\,\text{자리의 정수}} \blacktriangle\blacktriangle = \underbrace{\blacksquare \cdots \blacksquare\blacksquare 00}_{4\text{의 배수}} + \underbrace{\blacktriangle\blacktriangle}_{\text{마지막 두 자리}}$$

(3) 마지막 세 자리가 8의 배수라면 원래의 수는 8의 배수이다.(임의의 수에 1000을 곱하면 항상 8의 배수가 되는 성질을 활용한 것이다.)

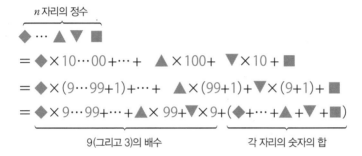

(주) 1000은 8로 나누어떨어진다.

(4), (5) 각 자리의 숫자의 합이 3의 배수라면 원래의 수는 3의 배수, 각 자리의 숫자의 합이 9의 배수라면 원래의 수는 9의 배수이다.

n 자리의 정수

$$◆ \cdots ▲ ▼ ■$$
$$= ◆ \times 10 \cdots 00 + \cdots + ▲ \times 100 + ▼ \times 10 + ■$$
$$= ◆ \times (9 \cdots 99 + 1) + \cdots + ▲ \times (99 + 1) + ▼ \times (9 + 1) + ■$$
$$= \underbrace{◆ \times 9 \cdots 99 + \cdots + ▲ \times 99 + ▼ \times 9}_{9(\text{그리고 } 3)\text{의 배수}} + \underbrace{(◆ + \cdots + ▲ + ▼ + ■)}_{\text{각 자리의 숫자의 합}}$$

사용해 보자! 배수의 판정법

(1) 432는 마지막 한 자리인 2가 2의 배수이므로 '2의 배수'

(2) 724는 마지막 두 자리인 24가 4의 배수이므로 '4의 배수'

(3) 53128은 마지막 세 자리인 128이 8의 배수이므로 '8의 배수'

(4) 53124는 각 자리의 숫자의 합인 5+3+1+2+4=15가 3의 배수이므로 '3의 배수'

(5) 53127은 각 자리의 숫자의 합인 5+3+1+2+7=18이 9의 배수이므로 '9의 배수'

개념 넓히기

검산에 사용되는 구거법

'각 자리의 숫자의 합이 9의 배수라면 원래의 수는 9의 배수'라는 성질을 이용해 검산하는 방법을 구거법이라고 하며 매우 중요하게 사용된다.

08 잉여류와 합동식

(1) 잉여류

정수를 양의 정수 m으로 나누면 나머지(잉여)는 0, 1, 2, 3, $\cdots$, $m-1$ 중 하나가 된다. 이때 나머지가 r인 정수 전체의 집합을 C_r로 표시할 때, C_0, C_1, C_2, $\cdots$, C_{m-1}을 'm을 법으로 하는 잉여류'라고 한다.

(2) 합동식

$a-b$가 m으로 나누어떨어질(a, b를 m으로 나눈 나머지가 같을) 때, a와 b는 법 m에 대하여 합동이라고 말하며 '$a \equiv b(\text{mod } m)$'이라고 적는다. 또 m을 법(modulus)이라고 한다. 여기에서 a, b는 정수, m은 양의 정수다.

(가) $a \equiv a(\text{mod } m)$

(나) $a \equiv b(\text{mod } m)$, $b \equiv c(\text{mod } m)$라면 $a \equiv c(\text{mod } m)$

(다) $a \equiv b(\text{mod } m)$, $c \equiv d(\text{mod } m)$라면 $a \pm c \equiv b \pm d(\text{mod } m)$

단, 복호동순

$a \equiv b(\text{mod } m)$, $c \equiv d(\text{mod } m)$라면 $ac \equiv bd(\text{mod } m)$

$a \equiv b(\text{mod } m)$라면 $a^k \equiv b^k(\text{mod } m)$

단, k는 자연수

해설! 나머지가 중요하다

정수 a와 양의 정수 b에 대해 $a=bq+r$을 만족시키는 유일한 q와 r이 존재한다.(단, $0 \le r < b$)

이때 q는 a를 b로 나눈 '몫', r은 '나머지(잉여)'라고 하며, 여기에서는 이 나머지가 중요하다.

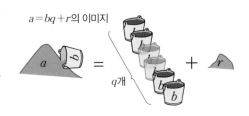

$a=bq+r$의 이미지

나머지로 분류했기 때문에 잉여류이다

잉여류라고 하면 왠지 어렵게 느껴지는데, 어떤 정수에 주목해 그 정수로 나눴을 때의 나머지(잉여)들에 따라 정수 전체를 분류했다고 해서 '잉여류'이다. 요컨대 2로 나눠서 나누어떨어지는 수가 짝수, 1이 남는 수가 홀수다.

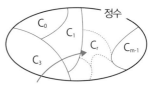

C_r은 m으로 나누면 나머지가 r이 되는 정수의 모임(가령, C_0은 나머지가 0, C_1은 나머지가 1이라는 뜻)

왜 그렇게 될까?

$a \equiv b (mod\ m)$은 $a-b$가 m으로 나누어떨어진다는 의미이므로 정수 k가 존재해 $a-b=mk$라고 쓸 수 있다.

(가) $a-a=0=m \times 0$ 이므로 $a \equiv a(mod\ m)$

(나) $a \equiv b(mod\ m)$ 이므로 $a-b=mk_1$ ……①

　　 $b \equiv c(mod\ m)$ 이므로 $b-c=mk_2$ ……②

　　 ①, ②의 양변을 더하면 $a-c \equiv mk_1+mk_2=m(k_1+k_2)$

　　 따라서 $a \equiv c(mod\ m)$

(다) $a \equiv b(mod\ m)$ 이므로 $a-b=mk_1$ ……①

　　 $c \equiv d(mod\ m)$ 이므로 $c-d=mk_2$ ……②

　　 ①, ②의 양변을 더하면 $(a+c)-(b+d) \equiv mk_1+mk_2=m(k_1+k_2)$

　　 따라서 $a+c \equiv b+d(mod\ m)$

다른 성질의 증명도 마찬가지다.

사용해 보자! 잉여류로 계산하는 십이지(十二支)의 세계

우리가 평소에 사용하는 '십이지'는 잉여류의 세계다. 태어난 해의 서력을 12로 나누어 그 나머지로 사람들을 분류했기 때문이다.

십이지	자	축	인	묘	진	사	오	미	신	유	술	해
태어난 해의 서력을 12로 나눈 나머지	4	5	6	7	8	9	10	11	0	1	2	3

09 유클리드 호제법

자연수 A를 자연수 B(B < A)로 나눴을 때의 몫을 Q, 나머지를 R이라고 하면, 'A와 B의 최대 공약수 = B와 R의 최대 공약수'이다. 이 원리를 반복해서 사용함으로써 두 자연수 A와 B의 최대 공약수를 구하는 방법을 유클리드 호제법이라고 한다.

$$A = B \times Q + R$$

최대 공약수 = 최대 공약수

해설! 최대 공약수를 효율적으로 구한다

11을 2로 나누면 몫이 5이고 나머지가 1이 되어, $11 = 5 \times 2 + 1$로 나타낼 수 있다. 이와 마찬가지로 자연수 A를 자연수 B(B < A)로 나눴을 때의 몫을 Q, 나머지를 R이라고 하면,

$$A = B \times Q + R \quad (단, 0 \leq R < B)$$

로 나타낼 수 있다. 유클리드 호제법은 이 식에서 {A, B}의 최대 공약수가 {B, R}의 최대 공약수와 같다고 주장한다. 여기서 중요한 것은 '단, $0 \leq R < B$'이다. 이 조건 때문에 반드시 {A, B}보다 {B, R}이 더 작은 수의 조합으로 치환된다. 따라서 이것을 반복하다 보면 나머지가 0이 되어 최대 공약수를 구할 수 있다.

왜 그렇게 될까?

A를 B로 나눈 몫을 Q, 나머지를 R이라고 하면, $A = BQ + R$로 나타낼 수 있다. A와 B의 최대 공약수를 G라고 하면 $R = A - BQ$이므로 R도 G로 나눌 수 있게 된다. 즉, G는 R과 B의 공약수가 된다. 따라서 $R = GR'$, $B = GB'$라고 쓸 수 있다. 이때 R', B'는 서로소, 즉 공약수를 갖지 않는다. R', B'가 공약수 C를 가지면 $R' = CR''$, $B' = CB''$가 되어,

R=GR′=GCR″, B=GB′=GCB″라고 쓸 수 있다. 그러면,
A=BQ+R=GCB″Q+GCR″=GC(B″Q+R″)가 된다.

이때 A, B의 최대 공약수가 GC가 되어 G가 최대 공약수라는 것과 모순된다. 따라서 A와 B의 최대 공약수 G는 R과 B의 최대 공약수이다.

예제 217과 63의 최대 공약수를 구하여라.

[해답] 217을 63으로 나누면 아래와 같이 몫은 3, 나머지는 28이다.

$$217=63×3+28$$

따라서 217과 63의 최대 공약수를 구하고자 할 때는 '63과 28의 최대 공약수'를 구하면 된다. 조금 간단해졌다.

63을 28로 나누면 아래와 같이 몫은 2, 나머지는 7이다.

$$63=28×2+7$$

따라서 63과 28의 최대 공약수를 구하고자 할 때는 '28과 7의 최대 공약수'를 구하면 된다.

28을 7로 나누면 아래와 같이 몫은 4, 나머지는 0이다.

$$28=7×4+0$$

따라서 28과 7의 최대 공약수는 7이 된다.

그러므로 217과 63의 최대 공약수는 7이다.

(주) 217과 63의 최대 공약수를 구한다는 것은 '한 변이 217이고 다른 한 변이 63인 직사각형을 정사각형 타일로 채울 때 타일 한 변의 최대 길이'를 구하는 것이다.

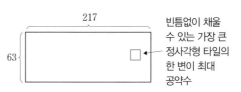

빈틈없이 채울 수 있는 가장 큰 정사각형 타일의 한 변이 최대 공약수

호제법은 가장 오래된 알고리즘?

알고리즘이란 문제를 풀기 위한 일련의 과정이나 순서를 의미하며, '셈법'이라고도 번역한다. 이 유클리드 호제법은 기원전 300년경에 편집된 유클리드(에우클레이데스)의 《기하학 원론》에 기재되어 있으며, 인류가 만들어낸 가장 오래된 알고리즘이다.

10 이항 정리

> n이 양의 정수일 때,
>
> $$(a+b)^n = {_n}\mathrm{C}_n a^n + {_n}\mathrm{C}_{n-1} a^{n-1} b + \cdots + {_n}\mathrm{C}_{n-r} a^{n-r} b^r + \cdots + {_n}\mathrm{C}_0 b^n$$
>
> $$\text{단, } {_n}\mathrm{C}_r = \frac{n!}{(n-r)!\,r!}$$

해설! 전개식을 조사하기 위해

이항 정리란 두 항의 합의 식 $a+b$를 제곱, 세제곱, 네제곱, ……했을 때 그 전개식이 어떻게 되는지를 n제곱이라는 형태로 정리한 것이다. 여기서 조합의 총수를 나타내는 기호 ${_n}\mathrm{C}_r$(**102**)의 위력을 알 수 있다.

(주) 전개식에서 계수 ${_n}\mathrm{C}_r$은 $\binom{n}{r}$이라는 기호로 나타낼 때도 있다.

◉ 파스칼의 삼각형으로 계수를 손쉽게 알아낸다

$(a+b)^n$의 n에 0, 1, 2, 3, ……을 대입해 실제로 식을 전개하면 다음과 같다.

$$
\begin{aligned}
(a+b)^n \text{의 전개식} \qquad (a+b)^0 &= 1 \\
(a+b)^1 &= a+b \\
(a+b)^2 &= a^2 + 2ab + b^2 \\
(a+b)^3 &= a^3 + 3a^2 b + 3ab^2 + b^3 \\
(a+b)^4 &= a^4 + 4a^3 b + 6a^2 b^2 + 4ab^3 + b^4
\end{aligned}
$$

이 전개식의 계수에 주목하면 다음과 같은 삼각형이 나타난다. 이것은 좌우 대칭에 양끝이 1이며, 나머지는 위의 두 수를 더해 아래의 값이 된다는 성질을 지니고 있다. 이 삼각형은 파스칼이 발견했기 때문에 '파스칼의 삼각형'이라고 한다.

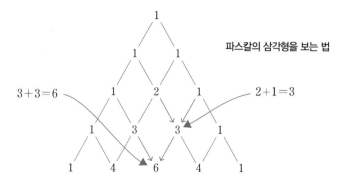

파스칼의 삼각형을 보는 법

$3+3=6$

$2+1=3$

이 파스칼의 삼각형은 언뜻 신기해 보이지만, 이항 정리의 n에 0, 1, 2, 3, …을 대입하고 전개식의 계수를 $_nC_r$로 적은 다음의 삼각형과 비교하면 그 이유를 알 수 있다. 즉, 파스칼의 삼각형은 아래의 $_nC_r$의 성질 그 자체이다.

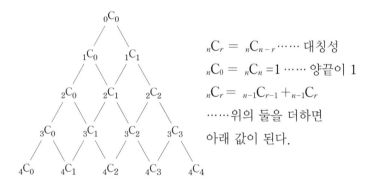

$_nC_r = {}_nC_{n-r}$ ······ 대칭성

$_nC_0 = {}_nC_n = 1$ ······ 양끝이 1

$_nC_r = {}_{n-1}C_{r-1} + {}_{n-1}C_r$

······위의 둘을 더하면

아래 값이 된다.

왜 이항 정리가 성립할까?

가령 $(a+b)^5$의 전개식을 생각해 보자. 이 계산은 다음 식에서 각 괄호 속의 a 또는 b의 어느 하나를 선택해 곱하는 것을 의미한다.

$$(a+b)^5 = (a+b)(a+b)(a+b)(a+b)(a+b)$$

각 ( )에서 선택의 가짓수는 a 또는 b의 두 가지이며 ( )가 5개 있으므로, 전개하면 전부 $2^5 = 32$개의 항이 생긴다. 그 가운데 예를 들어 $a^3 b^2$이 되는 항은 몇 개가 있을까? 이것은 아래와 같이 각 ( )에 ①②③④⑤라고 이름을 붙이면 어떤 세 개의 ( )에서 a를 고르는 문제로 수정할 수 있다. 즉, $_5 C_3$이다.

$$(a+b)^5 = (a+b)(a+b)(a+b)(a+b)(a+b)$$
$$\quad\quad\quad\quad ① \quad\quad ② \quad\quad ③ \quad\quad ④ \quad\quad ⑤$$

이것이 전개식에서 $a^3 b^2$의 계수가 $_5 C_3$인 이유다. 이 예에서 일반적으로 $(a+b)^n$을 전개해 정리했을 때 $a^{n-r} b^r$의 계수가 $_n C_{n-r}$이 됨을 쉽게 이해할 수 있다.

사용해 보자! 이항 정리

(1) $(a+b)^5 = {}_5 C_0 a^5 + {}_5 C_1 a^4 b + {}_5 C_2 a^3 b^2 + {}_5 C_3 a^2 b^3 + {}_5 C_4 ab^4 + {}_5 C_5 b^5$
$\quad\quad\quad\quad\; = a^5 + 5a^4 b + 10a^3 b^2 + 10a^2 b^3 + 5ab^4 + b^5$

(2) $(a-b)^5 = {}_5 C_0 a^5 - {}_5 C_1 a^4 b + {}_5 C_2 a^3 b^2 - {}_5 C_3 a^2 b^3 + {}_5 C_4 ab^4 - {}_5 C_5 b^5$
$\quad\quad\quad\quad\; = a^5 - 5a^4 b + 10a^3 b^2 - 10a^2 b^3 + 5ab^4 - b^5$

• 힌트 $(a-b)^5 = (a+(-b))^5$이라고 보고 (1)을 사용한다.

(3) $(3x+y)^5 = {}_5 C_0 (3x)^5 + {}_5 C_1 (3x)^4 y + {}_5 C_2 (3x)^3 y^2$
$\quad\quad\quad\quad\quad\quad\quad + {}_5 C_3 (3x)^2 y^3 + {}_5 C_4 (3x) y^4 + {}_5 C_5 y^5$
$\quad\quad\quad\quad\;\; = 243x^5 + 405x^4 y + 270x^3 y^2 + 90x^2 y^3 + 15xy^4 + y^5$

(4) $(3x-y)^5 = {}_5 C_0 (3x)^5 + {}_5 C_1 (3x)^4 (-y) + {}_5 C_2 (3x)^3 (-y)^2$
$\quad\quad\quad\quad\quad\quad\quad + {}_5 C_3 (3x)^2 (-y)^3 + {}_5 C_4 (3x)(-y)^4 + {}_5 C_5 (-y)^5$
$\quad\quad\quad\quad\;\; = 243x^5 - 405x^4 y + 270x^3 y^2 - 90x^2 y^3 + 15xy^4 - y^5$

이항 정리에서 다항 정리로

일반적으로 $(a+b+c+\cdots+l)^n$ 의 전개식에서 $a^p b^q c^r \cdots l^t$ 의 계수는 $\dfrac{n!}{p!q!r!\cdots t!}$ 이다. 단, $p+q+r+\cdots+t=n$이다.

그 이유는 다음과 같다.

$$(a+b+c+\cdots+l)^n$$
$$= (a+b+c+\cdots+l)(a+b+c+\cdots+l)\cdots(a+b+c+\cdots+l)$$

위 식을 전개했을 때 $a^p b^q c^r \cdots l^t$이 되는 것은 n개의 ( )에서 p개의 ( )를 고른 다음 여기에서 a를 고르고, 나머지 $(n-p)$개의 ( )에서 q개의 ( )를 고른 다음 여기에서는 b를 고르고, 나머지 $(n-p-q)$개의 ( )에서 r개의 ( )를 고른 다음 여기에서 c를 고르고, ……, 나머지 $(n-p-q-r-\cdots=t)$개의 ( )에서 t개의 ( )를 고른 다음 여기에서는 l을 고를 경우다. 그 수는 곱의 법칙(**99**)에 따라 다음과 같다.

$$_nC_p \times {}_{n-p}C_q \times {}_{n-p-q}C_r \times \cdots {}_{n-p-q-r-\cdots}C_t$$
$$= \frac{n!}{p!(n-p)!} \times \frac{(n-p)!}{q!(n-p-q)!} \times \frac{(n-p-q)!}{r!(n-p-q-r)!} \times$$
$$\cdots \times \frac{(n-p-q-r-\cdots)!}{t!}$$

$$= \frac{n!}{p!q!r!\cdots t!}$$

예를 들어 $(a+b+c)^9$ 의 전개식에서 $a^2 b^3 c^4$ 의 계수는 $\dfrac{9!}{2!3!4!} = 1260$ 이다. 참고로 이항 정리도 이와 똑같이 표현하면 다음과 같다.

$(a+b)^n$ 의 전개식에서 $a^p b^q$ 의 계수는 $\dfrac{n!}{p!\,q!}$ 이다.(단, $p+q=n$)

11 p진법과 10진법의 변환 공식

(1) p진수를 10진수로 나타내려면 p진수의 정의를 사용한다.

(예) $1101_{(2)}=1\times2^3+1\times2^2+0\times2^1+1\times2^0$ ($p=2$인 경우)

$=8+4+0+1=13_{(10)}$

(2) 10진수를 p진수로 나타낼 때는 p로 나눠서 나머지를 구하는 계산을 몫이 p보다 작아질 때까지 계속한다.

(예) $11_{(10)}=1011_{(2)}$ ($p=2$인 경우)

(주1) 오른쪽 그림의 ①, ②, ……, ⑩은 계산 순서다.

(주2) 숫자 $1011_{(2)}$의 오른쪽 아래 붙은 ( ) 안의 숫자 2는 그 수가 2진수임을 나타낸다. 다른 숫자도 마찬가지다.

(주3) $a^0=1$ **(55)**

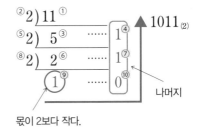

몫이 2보다 작다.

해설! '○○진법'을 이해한다

수를 모르는 사람에게 오른쪽 그림의 사과는 단순히 '많은 사과'로만 보인다.

그러면 $10^0(=1)$개, 10^1개, 10^2개, 10^3개, ……의 사과가 들어가는 바구니를 준비해 이 사과들을 가급적 큰 바구니부터 순서대로 채워 보자. 단, 같은 크기의 바구니는 9개까지만 사용한다.

이때 사용한 같은 크기의 바구니의 수를 왼쪽에서 오른쪽으로 큰 바구니부터

순서대로 나열한 것이 10진법에 따른 양의 표현이다. 이 경우 10^1개가 들어가는 바구니 1개, $10^0(=1)$개가 들어가는 바구니 5개가 사용되었으므로 $15_{(10)}$로 표시한다.

$$15_{(10)} = 1 \times 10^1 + 5 \times 10^0$$

이번에는 앞 페이지의 사과를 2진법으로 표현해 보자. 이를 위해서는 먼저 $2^0(=1)$개, 2^1개, 2^2개, 2^3개, ……가 들어가는 바구니를 준비해 이 사과들을 가급적 큰 바구니부터 순서대로 채워 나가도록 한다. 단, 2진수의 경우는 같은 크기의 바구니를 $2-1=1$개까지만 사용할 수 있다.

이때 사용한 같은 크기의 바구니의 수를 왼쪽에서 오른쪽으로 커다란 바구니부터 순서대로 나열한 것이 2진법에 따른 표현이다. 이 경우 $1111_{(2)}$이 된다.

$$1111_{(2)} = 1 \times 2^3 + 1 \times 2^2 + 1 \times 2^1 + 1 \times 2^0$$

◎ 왜 10진수일까?

인간의 손가락이 모두 10개이므로 10진수를 사용하게 되었다고 알려져 있다. 만약 우리의 손에 손가락이 전혀 없고 팔만 두 개 있었다면 2진수를 사용했을지도 모른다. 실제로 컴퓨터의 내부에서는 전류가 흐르는가 흐르지 않는가의 두 가지를 2진수로 치환해 여러 가지 계산을 한다.

◎ 16진수의 표현에는 새로운 숫자가 사용된다

0, 1, 2, 3, 4, 5, 6, 7, 8, 9의 열 가지 숫자를 사용해 원활하게 표현할 수 있는

것은 10진수까지다. 따라서 컴퓨터에서 종종 사용되는 16진수를 표현하려면 6종류의 숫자가 더 필요하다. 그러나 숫자는 0부터 9까지밖에 없기 때문에 A, B, C, D, E, F의 6문자를 '숫자'로 사용한다. 왼쪽부터 순서대로 10진수의 10, 11, 12, 13, 14, 15를 나타낸다고 보면 가령 16진수 $A20BF4_{(16)}$는 아래와 같다.

$$A \times 16^5 + 2 \times 16^4 + 0 \times 16^3 + B \times 16^2 + F \times 16^1 + 4 \times 16^0$$

참고로 10진수, 2진수, 16진수의 관계는 다음과 같다.

10진수	0	1	2	3	4	5	6	7	8	9	10	11	12	13	14	15	16
2진수	0	1	10	11	100	101	110	111	1000	1001	1010	1011	1100	1101	1110	1111	10000
16진수	0	1	2	3	4	5	6	7	8	9	A	B	C	D	E	F	10

p진법과 10진법의 변환 공식

(1) p진법을 10진법으로 변환

2진수나 3진수 등을 10진수로 변환하는 것은 의외로 간단하다. 2진수 1101, 7진수 4306을 10진수로 변환해 보자.

$$1101_{(2)} = 1 \times 2^3 + 1 \times 2^2 + 0 \times 2^1 + 1 \times 2^0 = 8 + 4 + 0 + 1 = 13_{(10)}$$

$$4306_{(7)} = 4 \times 7^3 + 3 \times 7^2 + 0 \times 7^1 + 6 \times 7^0 = 4 \times 343 + 3 \times 49 + 6$$
$$= 1525_{(10)}$$

(2) 10진법을 p진법으로 변환

10진수를 다른 진수(가령 p진수)로 표현하려면 10진수를 p로 나눠서 몫과 나머지를 구한다. 단, 이때 몫이 p보다 작아질 때까지 계속 나눈다. 이렇게 해서 얻은 마지막 몫과 도중에 나온 나머지를 계산과 반대 순서로 나열한 것이 구하고자 하는 수다. 예를 들어 $11_{(10)}$은 오른쪽 그림과 같이 $1011_{(2)}$이 된다.

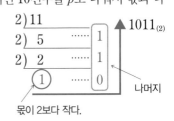

이 방법의 원리는 나눗셈을 순서대로 식으로 표현해 보면 알 수 있다.

첫 번째 나눗셈　두 번째 나눗셈　세 번째 나눗셈

$$11 = 2 \times 5 + 1 = 2(2 \times 2 + 1) + 1 = 2(2 \times (2 \times 1 + 0) + 1) + 1$$
$$= 1 \times 2^3 + 0 \times 2^2 + 1 \times 2^1 + 1 \times 2^0$$

예제　① 10진수 45를 2진수로, ② 10진수 30707을 5진수로 표현하여라.

[해답] 아래의 계산에 따라 ①은 $101101_{(2)}$, ②는 $1440312_{(5)}$가 된다.

개념 넓히기

p진법의 소수 표시

예를 들어 2진수 1011.101은 무엇을 의미할까?

먼저 10진수 365.24가 무엇을 의미하는지 살펴보자.

$$365.24_{(10)} = 3 \times 10^2 + 6 \times 10^1 + 5 \times 10^0 + 2 \times 10^{-1} + 4 \times 10^{-2}$$

여기에서 $a^{-n} = \dfrac{1}{a^n}$ 이다. 따라서 똑같이 생각하면, 아래와 같다.

$$1011.101_{(2)} = 1 \times 2^3 + 0 \times 2^2 + 1 \times 2^1 + 1 \times 2^0 + 1 \times 2^{-1} + 0 \times 2^{-2} + 1 \times 2^{-3}$$

12 방정식 $f(x)=0$의 실근과 그래프

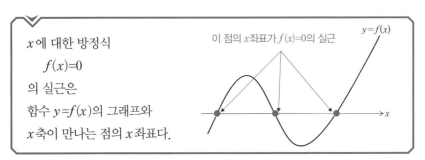

x에 대한 방정식

　　$f(x)=0$

의 실근은
함수 $y=f(x)$의 그래프와
x축이 만나는 점의 x좌표다.

이 점의 x좌표가 $f(x)=0$의 실근

$y=f(x)$

해설! 실근과 그래프

　실수 a가 방정식 $f(x)=0$의 해라면 $f(a)=0$이다. 이것은 함수 $y=f(x)$의 그래프 위에 $(a,\ 0)$이 있다는 것, 즉 a가 함수 $y=f(x)$의 그래프와 x축이 만나는 점의 x좌표임을 의미한다.

사용해 보면 알 수 있다!

　방정식 $x+2=0$과 방정식 $x^2-2x-3=0$의 근을 그래프로 나타내면 각각 다음과 같다.

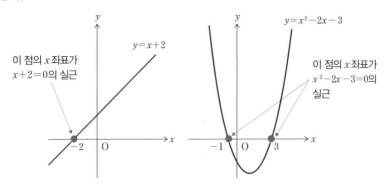

이 점의 x좌표가
$x+2=0$의 실근

$y=x+2$

$y=x^2-2x-3$

이 점의 x좌표가
$x^2-2x-3=0$의
실근

방정식 $f(x)=0$의 허근과 그래프

xy 좌표 평면에서 $y=f(x)$의 그래프는 x와 y가 모두 실수다. 요컨대 이 평면 위에서는 방정식 $f(x)=0$의 허근을 볼 수 없다. 그러므로 z를 복소수라고 하고 복소수 $f(z)$의 절댓값 $|f(z)|$를 y로 놓은 $y=|f(z)|$의 그래프를 이용하자. 여기서 z는 복소평면 위의 점이며, 그 복소면에 대해 수직으로 y축을 잡고(오른쪽 그림) $z=a+bi$를 복소평면 위에서 움직였을 때 생기는 점 $(a,\ b,\ y)$가 만드는 곡면 S를 생각한다. 이때 $|f(z)|\geqq0$이므로 곡면 S는 복소평면과 만나거나 그 위쪽에 위치한다. 곡면 S와 복소평면(ab평면)이 만나는 점(공유점)인 z가 방정식 $f(z)=0$의 해가 된다. 만약 이 공유점이 실수축 위에 있다면 그 점 z는 방정식 $f(z)=0$의 실근이며, 실수축 위에 없다면 그 점 z는 방정식 $f(z)=0$의 허근이 된다.

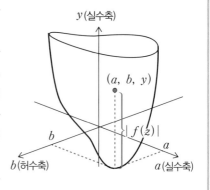

오른쪽 그림은 방정식 $z^3-1=0$의 근을 살펴보기 위해 $y=|z^3-1|$의 그래프를 그린 것이다. 세 개의 해 1, $\dfrac{-1\pm\sqrt{3}\,i}{2}$의 부분에서 세발솥처럼 세 발로 서 있다.

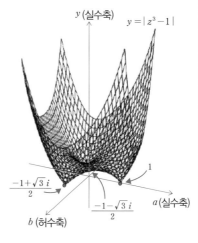

13 나머지 정리와 인수 정리

(I) 나머지 정리

　　다항식 $f(x)$를 $x-\alpha$로 나눴을 때의 나머지는 $f(\alpha)$

　　다항식 $f(x)$를 $ax-b$로 나눴을 때의 나머지는 $f\left(\dfrac{b}{a}\right)$

(II) 인수 정리

　　다항식 $f(x)$가 $x-\alpha$로 나누어떨어진다.　⇔　$f(\alpha)=0$

　　　($f(x)$는 $x-\alpha$를 인수로 갖는다.)

　　다항식 $f(x)$가 $ax-b$로 나누어떨어진다.　⇔　$f\left(\dfrac{b}{a}\right)=0$

　　　($f(x)$는 $ax-b$를 인수로 갖는다.)

해설! 1차식으로 나눈다

　다항식의 나눗셈은 일반적으로 쉽지 않다. 그러나 1차식으로 나누는 경우에 한해서는 위의 정리를 이용하면 나눗셈을 하지 않고도 나머지를 구하거나 나누어떨어지는지 아닌지 판단할 수 있다.

● 다항식 $f(x)$에 대해 $f\left(\dfrac{b}{a}\right)=0$ 이 되는 a, b 는?

　x의 n차 정수식

$$p_n x^n + p_{n-1}x^{n-1} + \cdots + p_2 x^2 + p_1 x + p_0 \cdots\cdots ①을$$

$$(ax-b)(q_{n-1}x^{n-1} + \cdots + q_2 x^2 + q_1 x + q_0) \cdots\cdots ②로$$

인수 분해할 수 있다면 a는 p_n의 약수, b는 p_0의 약수다. 단, p_{n-1}, ……, p_2, p_1, p_0, q_{n-1}, ……, q_2, q_1, q_0, a, b는 정수다.

　이것은 ②를 전개해서 얻을 수 있는 x^n의 계수와 정수항이 ①의 x^n의 계수와 정수항과 같다는 데서 알 수 있다. 즉, $p_n = aq_{n-1}$, $p_0 = -bq_0$라는 데서 알 수 있다.

참고로 나머지 정리, 인수 정리에서 $f(\alpha)$나 $f\left(\dfrac{b}{a}\right)$의 값을 구하는 계산은 다음 단원에 나오는 '조립제법'을 사용하면 간단하다.

나머지 정리, 인수 정리를 이끌어내자

'정수식 $f(x)$를 1차식으로 나눴을 때의 나머지는 정수'에서 나머지 정리, 인수 정리를 간단히 이끌어낼 수 있다.

$$f(x)=(ax-b)\,g(x)+\boxed{R}$$

→ $R \neq 0$ 일 때 나머지 정리

… 나머지(정수)

→ $R = 0$ 일 때의 인수 정리

나머지 정리와 인수 정리

사용해 보면 알 수 있다!

(1) $f(x)=x^3+6x^2+9x+2$를 $x+3$으로 나눴을 때의 나머지는

$$f(-3)=(-3)^3+6\times(-3)^2+9\times(-3)+2=2$$

(2) $f(x)=x^3+6x^2+9x+2$를 $2x-3$으로 나눴을 때의 나머지는

$$f\left(\frac{3}{2}\right)=\left(\frac{3}{2}\right)^3+6\left(\frac{3}{2}\right)^2+9\left(\frac{3}{2}\right)+2=\frac{259}{8}$$

(3) $f(x)=3x^3-x^2-8x-4$일 때 $f(2)=3\times2^3-2^2-8\times2-4=0$

따라서 $f(x)$는 $x-2$로 나누어떨어진다.

(4) $f(x)=3x^3-x^2-8x-4$일 때

$$f\left(-\frac{2}{3}\right)=3\times\left(-\frac{2}{3}\right)^3-\left(-\frac{2}{3}\right)^2-8\times\left(-\frac{2}{3}\right)-4=0$$

따라서 $f(x)$는 $3x+2$로 나누어떨어진다.

(주) (3), (4)에서 $f(x)=3x^3-x^2-8x-4$는 $(x-2)(3x+2)$를 인수로 가진다는 것을 알 수 있다.

14 조립제법

$a_3x^3 + a_2x^2 + a_1x + a_0$를 $(x-p)$로 나누려면 다음과 같이 계산한다.

$$
\begin{array}{cccc}
a_3 & a_2 & a_1 & a_0 \\
\textcircled{1} & + & + & + \\
p\,) & pb_2 & pb_1 & pb_0 \\
\hline
& p배 \textcircled{2} \parallel & p배 \textcircled{3} \parallel & p배 \textcircled{4} \parallel \\
b_2 & b_1 & b_0 & \boxed{a_0 + pb_0}\ 나머지 \\
\parallel & & & \textcircled{5} \\
a_3
\end{array}
$$

이때, 몫은 $b_2x^2 + b_1x + b_0$, 나머지는 $a_0 + pb_0$이다.

해설! 조립제법의 개념

나머지 정리를 사용하면 정수식을 1차식으로 나눴을 때의 나머지를 알 수 있고 인수 정리를 사용하면 1차식이 인수가 되는지를 즉시 판정할 수 있다. 그러나 나머지 정리든 인수 정리든 1차식으로 나눴을 때의 몫까지는 구할 수 없다. 이것을 구하려면 실제로 나눗셈을 해야 한다.

여기에서 소개하는 '조립제법'을 이용하면 그 나눗셈을 손쉽게 할 수 있다. 구체적인 예를 통해 살펴보자.

(예) $f(x) = x^3 - 2x^2 - 5x + 6$을 $x-2$로 나눴을 때의 몫과 나머지를 구한다.

◉ 틀에 대입한다

이 나눗셈을 $f(x)$의 각 항의 계수와 $x-2$의 2를 이용해 다음과 같이 적는다.

$$
\begin{array}{cccc}
& 1 & -2 & -5 & 6 \\
2\,) & & & & \\
\hline
\end{array}
$$

◉ p를 곱하고 위아래를 더하면 끝!

$f(x)$의 최고차항의 계수 1을 가로선 밑에 적고(①), 여기에 2를 곱한 2를 -2의 바로 밑에 적으며(②), 위아래를 더한 값 0을 가로선 밑에 적는다. 그리고 다시 이 0 에 2를 곱한 0을 -5의 바로 밑에 적고, 이것을 반복한다.

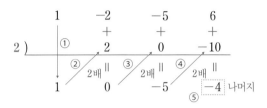

이때 마지막으로 얻은 -4가 나머지이며, 몫은 $x^2-0x-5=x^2-5$가 된다. 이것을 일반화한 것이 단원 첫머리의 계산이다.

왜 그렇게 될까?

실제로 정수식 $f(x)=a_3x^3+a_2x^2+a_1x+a_0$를 $x-p$로 나누면 몫과 나머지가 다음과 같이 나와, 단원 첫머리의 계산과 같다.

$$
\begin{array}{r}
b_2x^2+b_1x+b_0 \\
x-p\overline{)\,a_3x^3+a_2x^2+a_1x+a_0} \\
\underline{b_2x^3-pb_2x^2} \\
(a_2+pb_2)x^2+a_1x \\
\underline{b_1x^2-pb_1x} \\
(a_1+pb_1)x+a_0 \\
\underline{b_0x-pb_0} \\
a_0+pb_0
\end{array}
$$

$$
\boxed{
\begin{aligned}
&\text{단,}\\
&b_2=a_3\\
&b_1=a_2+pb_2\\
&b_0=a_1+pb_1
\end{aligned}
}
$$

앞 단원인 나머지 정리와 인수 정리(**13**)에서 소개한 예제를 조립제법으로 계산해 보자.

(1) $f(x)=x^3+6x^2+9x+2$를 $x+3$으로 나눴을 때의 몫과 나머지를 구한다.

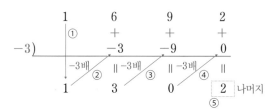

따라서 몫은 x^2+3x, 나머지는 2이다.

(2) $f(x)=x^3+6x^2+9x+2$를 $2x-3$으로 나눴을 때의 몫과 나머지를 구한다.

$$
\begin{array}{c|cccc}
 & 1 & 6 & 9 & 2 \\
 & \text{①} & +\dfrac{3}{2} & +\dfrac{45}{4} & +\dfrac{243}{8} \\
\dfrac{3}{2}\,\Big) & \Big\downarrow\dfrac{3}{2}\text{배} & \Big\|\dfrac{3}{2}\text{배} & \Big\|\dfrac{3}{2}\text{배} & \| \\
 & 1 & \dfrac{15}{2} & \dfrac{81}{4} & \dfrac{259}{8}\ \text{나머지}
\end{array}
$$

따라서 몫은 $\dfrac{1}{2}\left(x^2+\dfrac{15}{2}x+\dfrac{81}{4}\right)=\dfrac{1}{2}x^2+\dfrac{15}{4}x+\dfrac{81}{8}$, 나머지는 $\dfrac{259}{8}$이다.

여기에서 $f(x)=x^3+6x^2+9x+2$를 $2x-3=2\left(x-\dfrac{3}{2}\right)$으로 나눌 때, 먼저 $\left(x-\dfrac{3}{2}\right)$으로 나눈 몫 $x^2+\dfrac{15}{2}x+\dfrac{81}{4}$과 나머지 $\dfrac{259}{8}$를 구한 다음 몫에 $\dfrac{1}{2}$을 곱했다. 나머지는 그대로다. 이것은 다음 식에서 알 수 있다.

$$x^3+6x^2+9x+2=\left(x-\frac{3}{2}\right)\left(x^2+\frac{15}{2}x+\frac{81}{4}\right)+\frac{259}{8}$$

$$=(2x-3)\frac{1}{2}\left(x^2+\frac{15}{2}x+\frac{81}{4}\right)+\frac{259}{8}$$

$$=(2x-3)\left(\frac{1}{2}x^2+\frac{15}{4}x+\frac{81}{8}\right)+\frac{259}{8}$$

(3) $f(x)=3x^3-x^2-8x-4$를 $x-2$로 나눴을 때의 몫과 나머지를 구한다.

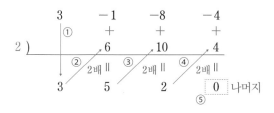

따라서 몫은 $3x^2+5x+2$, 나머지는 0이다.

제2장 수와 식

조립제법

개념 넓히기

조립제법의 다양한 표현

조립제법을 나타내는 식은 다양하다. 가령 위에서 (3)의 경우 다음과 같이 표현할 수도 있다.

$$\begin{array}{r|rrrr} 2 & 3 & -1 & -8 & -4 \\ +) & & 6 & 10 & 4 \\ \hline & 3 & 5 & 2 & 0 \end{array}$$

15 근과 계수의 관계

2차 방정식 $ax^2+bx+c=0$의 두 근을 α, β라고 하면 다음 관계가 성립한다.

$$\alpha+\beta = -\frac{b}{a}, \ \alpha\beta = \frac{c}{a}$$

해설! 어떤 관계로 연결되어 있는 '근과 계수'

2차 방정식의 '근과 계수'는 어떤 관계로 연결되어 있다. 그것이 위의 '근과 계수의 관계'이다. 이 관계는 일반적인 n차 방정식으로 확장시킬 수 있다.(51쪽의 '개념 넓히기' 참고)

왜 그렇게 될까?

2차 방정식 $ax^2+bx+c=0$의 두 근을 α, β라고 하면 인수 정리에 따라 ax^2+bx+c는 $a(x-\alpha)(x-\beta)$로 인수 분해할 수 있다. 즉, 다음과 같다.

$$ax^2+bx+c = a(x-\alpha)(x-\beta)$$

여기서 우변을 전개하면,

$$ax^2+bx+c = ax^2 - a(\alpha+\beta)x + a\alpha\beta$$

계수를 비교하면,

$$b = -a(\alpha+\beta), \ c = a\alpha\beta$$

양변을 a로 나눠서 $\alpha+\beta = -\dfrac{b}{a}, \ \alpha\beta = \dfrac{c}{a}$를 얻는다.

사용해 보자! 근과 계수의 관계

(1) 2차 방정식 $x^2+3x+4=0$의 근을 α, β라고 할 때, $\dfrac{1}{\alpha}+\dfrac{1}{\beta}$의 값을 구해

보자. 우선, 근과 계수의 관계에 따라 $\alpha + \beta = -3$, $\alpha\beta = 4$가 된다.

따라서 $\dfrac{1}{\alpha} + \dfrac{1}{\beta} = \dfrac{\alpha + \beta}{\alpha\beta} = \dfrac{-3}{4}$이다.

(2) '합이 m, 곱이 n인 두 수를 근으로 갖는 2차 방정식'은

$$a(x^2 - mx + n) = 0 \qquad (a \neq 0)$$

라고 쓸 수 있다.

두 수 α, β를 근으로 갖는 2차 방정식을 $ax^2 + bx + c = 0 \, (a \neq 0)$이라고 하면 다음의 근과 계수의 관계에 따라,

$$\alpha + \beta = -\frac{b}{a}, \ \alpha\beta = \frac{c}{a} \ \text{이므로}$$

$-\dfrac{b}{a} = m$, $\dfrac{c}{a} = n$ 이고, $b = -am$, $c = an$ 이다.

따라서 $ax^2 + bx + c = ax^2 - amx + an = a(x^2 - mx + n) = 0$이 된다.

개념 넓히기

n차 방정식의 근과 계수의 관계

3차 방정식 $ax^3 + bx^2 + cx + d = 0$의 세 근을 α, β, γ라고 하면,

$$\alpha + \beta + \gamma = -\frac{b}{a} \qquad \alpha\beta + \beta\gamma + \gamma\alpha = \frac{c}{a} \qquad \alpha\beta\gamma = -\frac{d}{a}$$

가 된다. 일반적으로 n차 방정식

$$a_n x^n + a_{n-1} x^{n-1} + \cdots\cdots + a_2 x^2 + a_1 x + a_0 = 0 \qquad a_n \neq 0$$

의 근을 a_1, a_2, $\cdots$, a_n이라고 하면 다음의 관계식이 성립한다.

$$a_1 + a_2 + \cdots\cdots + a_n = -\frac{a_{n-1}}{a_n}$$

$$a_1 a_2 + a_1 a_3 + \cdots\cdots + a_{n-1} a_n = \frac{a_{n-2}}{a_n}$$

$$\cdots\cdots\cdots\cdots\cdots\cdots\cdots\cdots\cdots$$

$$a_1 a_2 \cdots\cdots a_n = (-1)^n \frac{a_0}{a_n}$$

16 2차 방정식의 근의 공식

2차 방정식 $ax^2+bx+c=0$ $(a \neq 0)$의 근은

$$x = \frac{-b \pm \sqrt{b^2-4ac}}{2a} \quad \cdots\cdots ①$$

단, a, b, c는 실수

해설! 2차 방정식의 근에는 실수가 아닌 근이 있다

2차 방정식의 근의 공식은 수학의 공식 중에서 가장 유명한 공식이라고 해도 과언이 아니다.

1차 방정식 $ax+b=0$ $(a \neq 0)$의 근은 $x = -\frac{b}{a}$ 이며, a, b가 어떤 실수이든 반드시 실근이 존재한다. 그러나 2차 방정식의 경우, a, b, c의 값에 따라서 $\sqrt{}$ 의 안(위의 공식)이 음수가 될 수도 있기 때문에 x가 반드시 실수라고는 장담할 수 없다.

◉ 2차 방정식의 근을 분류

위의 공식에서 $\sqrt{}$ 의 안이 음수일 경우, 근은 허수(**32**)가 된다. 그래서 ①의 $\sqrt{}$ 안의 식을 $D = b^2-4ac$라고 하면 2차 방정식의 근은

$D>0$ 일 때는 서로 다른 두 개의 실근

$D=0$ 일 때는 중근(두 근이 같다는 뜻)

$D<0$ 일 때는 서로 다른 두 개의 허근

라고 판별할 수 있으므로, $D = b^2-4ac$를 판별식이라고 한다.

(주) $\sqrt{-1} = i$ (i는 허수 단위로, $i^2 = -1$) 예 $\sqrt{-3} = \sqrt{3}\,i$

◉ 2차 방정식의 계수가 복소수일 경우

위의 근의 공식은 계수 a, b, c가 실수가 아니더라도, 즉 복소수여도 성립한다. 단, 이때 b^2-4ac가 되므로 $\sqrt{\text{복소수}}$(이것은 복소수가 된다.)를 고찰할 필요가 있다. 참고로 a, b, c가 복소수일 경우는 $D=b^2-4ac$가 양수인가 음수인가를 기준으로 한 근의 분류는 의미를 잃는다.

왜 그렇게 될까?

$$ax^2+bx+c = a\left(x^2+\frac{b}{a}x\right)+c = a\left\{x^2+\frac{b}{a}x+\left(\frac{b}{2a}\right)^2\right\}-a\left(\frac{b}{2a}\right)^2+c$$

$$= a\left(x+\frac{b}{2a}\right)^2-\frac{b^2-4ac}{4a} \qquad \text{이 변형을 '완전 제곱식 변형'이라고 한다.}$$

$ax^2+bx+c=0$ 에 따라 $\left\{2a\left(x+\dfrac{b}{2a}\right)\right\}^2 = b^2-4ac$ 이다.

그러므로 $2a\left(x+\dfrac{b}{2a}\right) = \pm\sqrt{b^2-4ac}$ 이다.

양변을 $2a$로 나누고 $\dfrac{b}{2a}$를 이항하면 다음과 같다.

$$\therefore \quad x = \frac{-b\pm\sqrt{b^2-4ac}}{2a}$$

예제 다음 2차 방정식의 근을 구하여라.

(1) $x^2+5x+2=0$

(2) $x^2+x+1=0$

(3) $(2-3i)x^2-2(2+i)x+i=0$

[해답] (1) 근의 공식 ①에 $a=1$, $b=5$, $c=2$를 대입하면 다음과 같다.

$$x = \frac{-5\pm\sqrt{25-8}}{2\times1} = \frac{-5\pm\sqrt{17}}{2}$$

(2) 근의 공식 ①에 $a=1$, $b=1$, $c=1$을 대입하면 다음과 같다.

$$x = \frac{-1 \pm \sqrt{1-4}}{2 \times 1} = \frac{-1 \pm \sqrt{3}\, i}{2}$$

(3) 근의 공식 ①에 $a = 2-3i$, $b = -2(2+i)$, $c = i$를 대입하면 다음과 같다.

$$x = \frac{2(2+i) \pm \sqrt{4(2+i)^2 - 4i(2-3i)}}{2(2-3i)}$$

$$= \frac{2+i \pm \sqrt{(2+i)^2 - i(2-3i)}}{2-3i} = \frac{2+i \pm \sqrt{2i}}{2-3i}$$

여기서 $\sqrt{2i}$ 는 어떤 복소수인지 알아보자.

$$\sqrt{2i} = p + qi \ (p, q \text{는 실수})$$

라고 놓고 양변을 제곱하면 다음 식을 얻을 수 있다.

$$2i = p^2 - q^2 + 2pqi$$

좌변의 실수와 우변의 실수, 좌변의 허수와 우변의 허수는 같으므로(**32**) 다음이 성립한다.

$$p^2 - q^2 = 0 \ \cdots\cdots ②$$

$$pq = 1 \ \cdots\cdots ③$$

②에 따라 $(p+q)(p-q) = 0$ 이 되므로 $p = \pm q$,

③에 따라 p와 q는 같은 부호다.

그러므로 $p = q \ \cdots\cdots ④$

이것과 ③에 따라 $p^2 = 1$ 이므로 $p = \pm 1$

③과 ④에 따라 $p = q = \pm 1$

그러므로 $\sqrt{2i} = \pm(1+i)$.

따라서 $x = \dfrac{2+i \pm \sqrt{2i}}{2-3i} = \dfrac{2+i \pm (1+i)}{2-3i}$ 이다.

부호 ±에서 +일 경우는

$$x = \frac{2+i+1+i}{2-3i} = \frac{3+2i}{2-3i} = \frac{(3+2i)(2+3i)}{(2-3i)(2+3i)} = \frac{13i}{13} = i$$

부호 ±에서 −일 경우는,

$$x = \frac{2+i-1-i}{2-3i} = \frac{1}{2-3i} = \frac{(2+3i)}{(2-3i)(2+3i)} = \frac{2+3i}{13}$$

그러므로 구하는 답은 $x = i, \dfrac{2+3i}{13}$ 이다.

가우스가 발견한 정리

다음의 정리는 '대수학의 기본 정리'라고 부르는 중요한 정리다. 이것은 가우스 (1777~1855)가 증명했다.

n을 임의의 자연수, a_n, a_{n-1}, $\cdots$, a_2, a_1, a_0을 복소수라고 할 때, n차 방정식

$$a_n x^n + a_{n-1} x^{n-1} + \cdots + a_2 x^2 + a_1 x + a_0 = 0 \cdots \cdots ⑤$$

은 적어도 한 개의 복소수의 근을 갖는다.

이 정리에 따라 '**복소수 계수(복소수인 계수)를 가진 n차 방정식은 n개의 복소수의 근을 갖는다.**' ⑤의 좌변을 $f(x)$라고 놓고 ⑤의 복소수 근 중 하나를 α_1이라고 하면 인수 정리에 따라, 다음과 같다.

$$f(x) = (x - \alpha_1)g(x)$$

여기에서 $g(x)$는 복소수를 계수로 갖는 x의 $(n-1)$차 방정식이므로 적어도 한 개의 복소수 근 α_2를 가진다. 그러면 다시 인수 정리에 따라 아래와 같이 쓸 수 있다.

$$g(x) = (x - \alpha_2)h(x)$$

이것을 반복하면, 다음과 같다.

$$f(x) = a_n(x - \alpha_1)(x - \alpha_2) \cdots (x - \alpha_n)$$

그리고 ⑤는 n개의 근 α_1, α_2, $\cdots$, α_n을 가진다는 것을 알 수 있다.

17 3차 방정식의 근의 공식

3차 방정식 $x^3+ax^2+bx+c=0$의 근은 다음과 같다.

$$x = \sqrt[3]{-\frac{q}{2}+\sqrt{r}} + \sqrt[3]{-\frac{q}{2}-\sqrt{r}} - \frac{a}{3} \quad \cdots\cdots ①$$

$$x = \omega\sqrt[3]{-\frac{q}{2}+\sqrt{r}} + \omega^2\sqrt[3]{-\frac{q}{2}-\sqrt{r}} - \frac{a}{3} \quad \cdots\cdots ②$$

$$x = \omega^2\sqrt[3]{-\frac{q}{2}+\sqrt{r}} + \omega\sqrt[3]{-\frac{q}{2}-\sqrt{r}} - \frac{a}{3} \quad \cdots\cdots ③$$

단, $q = \dfrac{2}{27}a^3 - \dfrac{ab}{3} + c$

$r = \dfrac{1}{4}\left(\dfrac{2}{27}a^3 - \dfrac{1}{3}ab + c\right)^2 + \dfrac{1}{27}\left(b - \dfrac{1}{3}a^2\right)^3$

$\omega = \dfrac{-1+\sqrt{3}\,i}{2}$

(주) ω는 3차 방정식 $x^3=1$의 허근 중 하나이다. 이때 $x^3=1$의 근은 1, ω, ω^2으로 쓸 수 있다.

해설! **카르다노의 공식**

3차 방정식의 근의 공식은 이탈리아의 수학자 카르다노(1501~1576) 등이 개발해서 '카르다노의 공식'으로 불린다. 다만 이 공식을 사용하려면 복소수의 제곱근, 세제곱근을 생각해야 한다. 또한 4차 방정식의 근의 공식은 카르다노의 제자인 페라리(1522~1565)가 발견했다.

사용해 보자! 3차 방정식의 근의 공식

3차 방정식의 '근의 공식'을 이끌어내기는 상당히 어렵다. 그래서 여기에서는 어떻게 사용하는지만 다루도록 하겠다.

3차 방정식 $x^3-x^2-x-2=0$의 경우, $a=-1$, $b=-1$, $c=-2$ 이다.

따라서 $q=-\dfrac{65}{27}$, $r=\dfrac{49}{36}$ 이다. 이것을 첫머리의 ①~③에 순차 대입하면 세 개의 근은 순서대로 $x=2$, $x=\dfrac{-1+\sqrt{3}\,i}{2}$, $x=\dfrac{-1-\sqrt{3}\,i}{2}$ 가 된다.

5차 이상의 대수 방정식에 근의 공식은 있는가? (아벨, 갈루아의 세계)

n을 임의의 자연수, a_n, a_{n-1}, $\cdots$, a_2, a_1, a_0을 복소수라고 할 때, 방정식

$$a_nx^n+a_{n-1}x^{n-1}+\cdots+a_2x^2+a_1x+a_0=0$$

을 n차 대수 방정식이라고 한다.

n이 4 이하, 즉 4차 이하인 대수 방정식에 관해서는 근의 공식이 존재한다. 그러나 5차 이상의 대수 방정식에는 근의 공식이 없다는 것이 증명되었다. 여기에서 n차 대수 방정식에 대해 근의 공식이 없다는 것은 그 계수에서 사칙 연산(+, $-$, $\times$, $\div$)과 근호의 연산($\sqrt{\ \ }$, $\sqrt[3]{\ \ }$, $\sqrt[4]{\ \ }$, $\cdots$)을 유한하게 실행해서 근의 공식을 이끌어내기는 불가능하다는 뜻이다.

카르다노와 페라리가 각각 3차 방정식과 4차 방정식의 '근의 공식'을 발견했지만, 5차 이상의 대수 방정식에 관해서는 그 '근의 공식'이 약 300년간 발견되지 않았다. 그러다 1825년에 노르웨이의 수학자 아벨(1802~1829)이 '5차 이상의 대수 방정식은 근의 공식이 존재하지 않음'을 증명했고, 이어서 프랑스의 수학자 갈루아(1811~1832)의 '군론'이라는 획기적인 이론을 통해서도 이 사실이 증명되었다.

(주) $a>0$일 때 $\sqrt[n]{a}$ 는 n제곱을 했을 때 a가 되는 양수다.

18 피타고라스의 정리

직각 삼각형의 빗변의 길이의 제곱은 나머지 두 변의 길이의 제곱을 더한
합과 같다.

$$a^2 = b^2 + c^2$$

(주) 그 역도 성립한다. 즉, '삼각형에서 두 변의 길
이의 제곱을 더한 값이 나머지 한 변의 길이의
제곱과 같다면 그 삼각형은 직각 삼각형이다.'

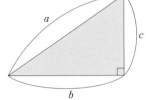

해설! 타일에 보조선을 긋는다

피타고라스의 정리는 피타고라스(B.C. 580년경~B.C. 500년경) 혹은 피타고
라스 학파의 사람들이 바닥에 깐 타일을 보고 발견한 것으로 알려져 있다. 정사
각형 타일이 깔린 바닥에 대각선을 그려 보면(아래 오른쪽 그림) 파란 정사각형
A의 넓이는 파란 두 삼각형 B의 넓이의 합과 같으며, 회색 정사각형 C의 넓이
는 회색의 두 삼각형 D의 넓이의 합과 같음을 알 수 있다. 따라서 삼각형 네 개
로 만든 커다란 정사각형의 넓이(빗변의 제곱)는 파란색과 회색의 작은 정사각형
의 넓이(빗변이 아닌 변의 제곱)의 합이 된다고 할 수 있다.

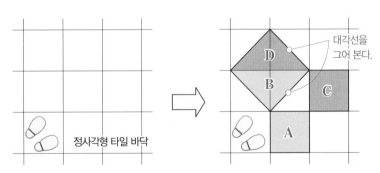

58

이와 같은 사실에서 일반 직각 삼각형도 그 빗변(가장 긴 변)을 한 변으로 하는 정사각형의 넓이 S_1은 나머지 두 변을 한 변으로 하는 정사각형의 넓이 S_2와 S_3의 합과 같을 것이다. 즉,

$$S_1 = S_2 + S_3$$

직각 삼각형의 빗변을 a, 다른 두 변을 b, c라고 하고 이 식을 변의 길이로 표현하면 '$a^2 = b^2 + c^2$'이 되어 피타고라스의 정리가 나온다.

(주) 바빌로니아에서는 기원전 2000년경에 피타고라스의 정리를 발견해 사용했다.

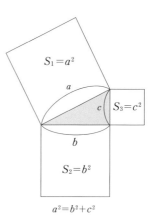

$$a^2 = b^2 + c^2$$

💿 수학에서 가장 중요한 정리

이 피타고라스의 정리는 수학의 여러 분야의 토대가 되는 매우 중요한 정리라고 할 수 있다. 거리의 공식 등, 이 '피타고라스의 정리' 없이는 이야기할 수 없는 수학이 많다.

왜 피타고라스의 정리가 성립할까?

피타고라스의 정리는 매우 다양한 방식으로 증명이 가능한데, 여기에서는 수식을 사용하지 않고 직관적으로 이해할 수 있는 증명을 한 가지 소개하겠다.

먼저, 빗변의 길이가 a이고 다른 두 변의 길이가 b, c인 직각 삼각형(그림 1)을 한 변의 길이가 $b+c$인 정사각형의 네 귀퉁이에 배치한다.(그림 2)

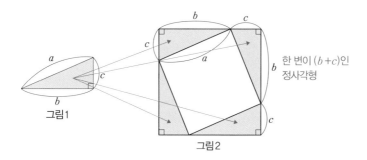

그림1

한 변이 $(b+c)$인 정사각형

그림2

다음으로, 이 같은 정사각형의 틀 안에서 직각 삼각형을 아래의 그림처럼 다시 배치한다.

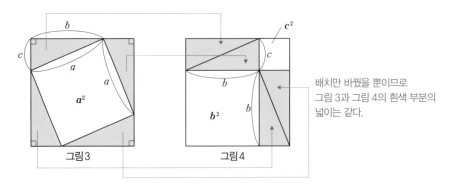

이때 그림 3과 그림 4의 흰 부분의 넓이는 같다. 따라서 '그림 3의 흰 정사각형의 넓이 = 그림 4의 두 흰 정사각형의 넓이의 합'이 된다. 이것을 식으로 나타내면 $a^2 = b^2 + c^2$이 된다.

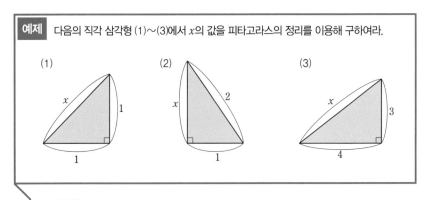

예제 다음의 직각 삼각형 (1)~(3)에서 x의 값을 피타고라스의 정리를 이용해 구하여라.

[해답]
(1) $x^2 = 1^2 + 1^2 = 2$ 그러므로 $x = \sqrt{2}$ $(x > 0)$
(2) $x^2 + 1^2 = 2^2$ 따라서 $x^2 = 2^2 - 1^2 = 3$ 그러므로 $x = \sqrt{3}$ $(x > 0)$
(3) $x^2 = 3^2 + 4^2 = 25$ 따라서 $x = 5$ $(x > 0)$

'정수와 분수로 이루어져 있다.'고 생각한 피타고라스

피타고라스가 활약한 때는 기원전 6세기의 고대 그리스 시대다. 피타고라스는 직각 삼각형의 성질을 비롯해 모든 것의 배후에 '수의 질서'가 숨어 있다고 생각하고 **만물은 수**라고 주장하며 '수'를 숭배하는 종교로서 피타고라스 학파를 설립했다.

피타고라스 학파는 "이 세계는 정수와 그 비(분수)를 통해 질서를 유지하고 있다."라고 주장했는데, 얄궂게도 자신이 발견한 '피타고라스의 정리'는 정수도 분수도 아닌 수의 존재를 암시했다. 그 예가 두 변의 길이가 1이고 빗변이 x인 직각 삼각형이다. 이것을 만족하는 빗변 x는 정수나 분수로 나타낼 수가 없다. 피타고라스는 이와 같은 수의 존재를 "결코 입 밖에 내서는 안된다."라며 은폐하고 말았다.

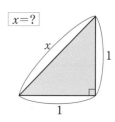

개념 넓히기

피타고라스 수와 페르마의 대정리

$x^2+y^2=z^2$을 만족하는 자연수 x, y, z를 피타고라스 수라고 하며, ($x=3$, $y=4$, $z=5$), ($x=5$, $y=12$, $z=13$), ($x=8$, $y=15$, $z=17$) 등이 있다.

홀수 m에 대해 m, $\dfrac{m^2-1}{2}$, $\dfrac{m^2+1}{2}$ 은 피타고라스 수가 되므로 피타고라스 수는 무수히 존재함을 알 수 있다.

그런데 $x^3+y^3=z^3$을 만족하는 자연수 x, y, z의 경우는 이야기가 달라진다. 3 이상의 자연수 n에 대해 $x^n+y^n=z^n$을 만족하는 자연수 x, y, z의 조합은 존재하지 않기 때문이다.(페르마의 대정리) 이것은 1995년에 앤드루 와일즈(1953~)가 증명했다.

19 삼각형의 5심

삼각형에는 다음과 같은 5심이 있다.

(1) 무게 중심 : 세 중선이 만나는 점

(2) 외심 : 각 변의 수직 이등분선이 만나는 점(외접원의 중심)

(3) 내심 : 각 내각의 이등분선이 만나는 점(내접원의 중심)

(4) 수심 : 각 꼭짓점에서 대변으로 내린 수선이 만나는 점

(5) 방심 : 한 내각과 다른 두 외각의 이등분선이 만나는 점

(주) 방심은 방접원의 중심으로, 하나의 삼각형에 대해 세 개가 있다.

해설! 삼각형의 다섯 심

삼각형은 여러 가지 다각형 중에서 기본이 되는 도형이다. 그래서 문명이 시작된 이래 삼각형에 관한 다양한 공식과 정리가 고안되었다. 여기에서는 삼각형의 다섯 가지 '심'을 소개하겠다.

◉ 5심을 그림으로 나타내 보자

단원의 첫머리에서 삼각형의 5심을 글로 설명했는데, 글로 봐서는 금방 이미지가 떠오르지 않을 것이다. 그러니 먼저 아래의 그림을 보고 5심을 감각적으로 확인해 두자.

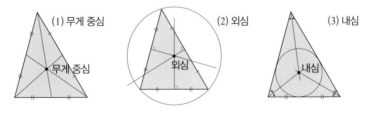

(1) 무게 중심   (2) 외심   (3) 내심

(주) 무게 중심은 중선, 즉 삼각형의 한 꼭짓점과 대변의 중점을 연결하는 선을 2:1로 내분한다.

(4) 수심	(5) 방심
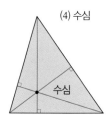	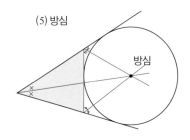

(주) 하나의 삼각형에 대해 무게 중심과 외심, 내심, 수심은 각각 한 개이지만 방심은 세 내각의 이등 분선에 각각 한 개씩 존재하기 때문에 모두 합쳐서 세 개가 있다.

어째서 성립하는지 두 가지 방법으로 확인하자

(1)~(5)에서 세 직선이 한 점에서 만나는 이유를 설명하는 데는 두 가지 방법이 있다. 도형의 기본적인 성질만을 이용하는 '**초등기하학적 방법**'과 좌표 평면에 도형을 올려놓고 계산하는 '**해석기하학적 방법**(데카르트 이후)'이다. 여기에서는 (1)의 무게 중심을 이 두 가지 방법으로 설명해 보도록 하겠다.

◎ 초등기하학적 방법

삼각형 ABC의 각 변의 중점에 다음 그림처럼 M, N, L이라는 이름을 붙이고 보조선을 긋는다.

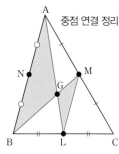

중점 연결 정리

(i) 두 중선 AL과 BM이 만나는 점(교점)

두 중선 AL과 BM이 만나는 점을 G로 놓는다.

L, M은 각각 변 BC, CA의 중점이므로,

$$ML /\!/ AB, \quad 2ML = AB$$

가 된다.(중점 연결 정리) 따라서,

$$AG:GL = AB:ML = 2:1$$

즉, **G는 선분 AL을 2:1로 내분하는 점이다.** ……①

(ii) 두 중선 AL과 CN이 만나는 점

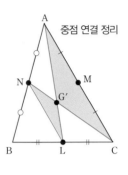

중점 연결 정리

두 중선 AL과 CN이 만나는 점을 G′로 놓는다.

앞의 (i)과 똑같이 생각하면 다음을 알 수 있다.

$$AG' : G'L = AC : NL = 2:1$$

즉, **G′는 선분 AL을 2:1로 내분**하는 점이다. ······②

①, ②에 따라 G와 G′는 모두 선분 AL을 2:1로 내분하는 점이므로 이 두 점은 일치한다. 따라서 세 선분은 단 한 점에서 만난다.

🌀 해석기하학적 방법

삼각형 ABC에 대해 가령 그림과 같이 좌표를 설정한다.

꼭짓점의 좌표를 각각

$$A(2a, 2b), B(0, 0), C(2c, 0)$$

이라고 하면, 중점의 좌표는

$$L(c, 0), M(a+c, b), N(a, b)$$

라고 쓸 수 있다.

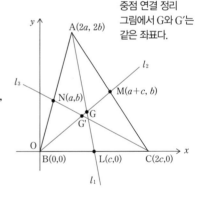

중점 연결 정리 그림에서 G와 G′는 같은 좌표다.

세 선분 AL, BM, CN을 l_1, l_2, l_3라고 하면, 이 선분들의 방정식은 다음과 같이 된다.

$$l_1: y = \frac{2b}{2a-c}(x-c) \quad\cdots\cdots③$$

$$l_2: y = \frac{b}{a+c}x \quad\cdots\cdots④$$

$$l_3: y = \frac{-b}{2c-a}(x-2c) \quad\cdots\cdots⑤$$

l_1과 l_2가 만나는 점 G의 좌표는 연립 방정식 ③, ④를 풀면 $G\left(\dfrac{2(a+c)}{3}, \dfrac{2b}{3}\right)$

l_2와 l_3이 만나는 점 G′의 좌표는 연립 방정식 ④, ⑤를 풀면 $G'\left(\dfrac{2(a+c)}{3}, \dfrac{2b}{3}\right)$

G와 G′의 좌표가 같으므로 이 두 점은 일치한다. 따라서 세 중선이 한 점에서 만난다는 것을 알 수 있다.

그려 보면 알 수 있다!

삼각형의 5심은 전부 자와 컴퍼스로 작도할 수 있다. 또, 한 삼각형의 외심 O, 무게 중심 G, 수심 H를 그려 보면 이 점들이 동일 직선상에 있으며 OG:GH=1:2라는 것을 확인할 수 있다.

아름다움에 감동! 9점원이란?

삼각형에 다섯 가지 심이 있음은 이미 고대 그리스 시대에도 알고 있던 사실이며, 유클리드의 《기하학 원론》에도 실려 있다. 그 후 현재에 이르기까지 수많은 '삼각형의 심'이 발견되었다.

여기에서는 그 가운데 9점원의 중심을 소개하겠다. 삼각형의 각 변의 중점(3개), 삼각형의 각 꼭짓점에서 대변을 향해 내린 수선의 발(3개), 세 수선이 만나는 점(수심)과 삼각형의 각 꼭짓점을 연결했을 때 생기는 선분의 중점(3개), 이 9개의 점은 어떤 삼각형에서든 반드시 동일한 원주 위에 있다. 이 원을 9점원이라고 한다. 한번 작도해 보면 그 아름다움에 감동할 것이다. 물론 자와 컴퍼스만으로 그릴 수 있다.

참고로 9점원의 중심은 외심과 수심을 연결하는 선분의 중점이며, 반지름은 외접원의 반지름의 절반이다.

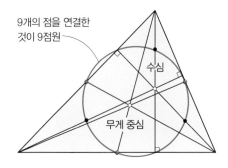

9개의 점을 연결한 것이 9점원

수심

무게 중심

20 삼각형의 넓이 공식

삼각형 ABC의 넓이를 S라고 할 때 다음 공식이 성립한다.

(1) $S = \dfrac{밑변 \times 높이}{2}$

(2) $S = \dfrac{1}{2} lm \sin \theta$

(3) $S = \sqrt{s(s-a)(s-b)(s-c)}$

　단, $s = \dfrac{a+b+c}{2}$

　(헤론의 공식)

높이도 각도도
알 수 없다.

(4) $S = \dfrac{1}{2} r (a+b+c)$

　단, r은 내접원의 반지름

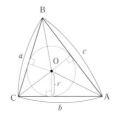

(5) $S = \dfrac{abc}{4R}$

　단, R은 외접원의 반지름

15각형이든 20각형이든, 그 도형의 넓이의 기본은 '삼각형의 넓이'다. 그래서 옛날부터 삼각형의 넓이에 관해 다양한 공식이 만들어졌다. 여기에서 소개한 다섯 가지 공식은 전형적인 것으로, 그중에서도 (1)은 가장 기본이 되는 공식이다. 이것을 바탕으로 다른 공식을 유도할 수 있다.

왜 그렇게 될까?

(1) 이 공식은 '삼각형의 넓이는 직사각형의 넓이의 절반'이라는 점에 착안했다.
오른쪽 그림에서 삼각형의 넓이 S는

$$S = S_1 + S_2$$

여기에서 $2S_1 + 2S_2 = lh$

그러므로 $S_1 + S_2 = \dfrac{lh}{2}$

따라서 $S = \dfrac{lh}{2} = \dfrac{\text{밑변} \times \text{높이}}{2}$ 이다.

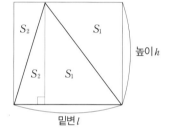

(2) 이 공식은 삼각형의 높이 h를 $l\sin\theta$로 나타낼 수 있다는 것에서 착안했다.**(52)**

(3) 이 공식은 헤론의 공식이라고 하며, 세 변의 길이를 알면 넓이를 알 수 있는 훌륭한 공식이다.

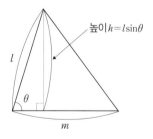

오른쪽 그림의 삼각형에서

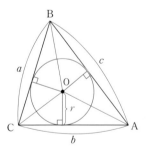

$$s = \frac{1}{2}(a+b+c)$$

$$\cos A = \frac{b^2+c^2-a^2}{2bc} \ \cdots\cdots① \ \textbf{(24)}$$

$$\sin^2 A + \cos^2 A = 1 \ \cdots\cdots② \ \textbf{(52)}$$

①, ②에서

$$\sin^2 A = 1 - \cos^2 A = 1 - \frac{(b^2+c^2-a^2)^2}{4b^2c^2}$$

$$= \cdots = \frac{(b+c-a)(b+c+a)(a-b+c)(a+b-c)}{4b^2c^2}$$

$$= \frac{(2s-2a)(2s)(2s-2b)(2s-2c)}{4b^2c^2}$$

$\sin A > 0$ 이므로 $\sin A = \dfrac{2\sqrt{s(s-a)(s-b)(s-c)}}{bc}$

공식 (2)의 $S = \dfrac{1}{2}lm\sin\theta$ 에서

$$S = \frac{1}{2}bc\sin A = \frac{1}{2}bc \times \frac{2\sqrt{s(s-a)(s-b)(s-c)}}{bc} = \sqrt{s(s-a)(s-b)(s-c)}$$

(4) 이 공식은 내접원의 반지름 r이 삼각형의 각 변을 밑변으로 하는 높이에 해당한다는 데서 유도할 수 있다. 즉,

$\triangle ABC = \triangle OBC + \triangle OCA + \triangle OAB$ 와

(1)에 따라 넓이 S는 다음과 같다.

$$S = \frac{1}{2}ra + \frac{1}{2}rb + \frac{1}{2}rc = \frac{1}{2}r(a+b+c)$$

참고로 (3)의 s를 사용하면 이 식을 $S = rs$로 간단히 나타낼 수 있다.

(5) 이 공식은 사인 법칙(**23**)에서 얻을 수 있다.

사인 법칙에 따라 $\dfrac{a}{\sin A} = 2R$ (단, R은 외접원의 반지름)이다.

이것을 변형하면 $\sin A = \dfrac{a}{2R}$ 이고,

(2)의 공식에 대입하면 공식 (5)가 성립한다.

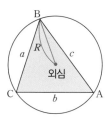

$$S = \frac{1}{2}\,bc\sin A = \frac{1}{2}\,bc\,\frac{a}{2R} = \frac{abc}{4R}$$

예제 두 변의 길이가 4와 7이고, 그 끼인각이 30°인 삼각형의 넓이 S를 구하여라.

[해답] 첫머리 공식 (2)에 따라 $S = \dfrac{1}{2} \times 4 \times 7 \times \sin 30 = \dfrac{1}{2} \times 4 \times 7 \times \dfrac{1}{2} = 7$

예제 헤론의 공식을 사용해 세 변의 길이가 9, 10, 17인 삼각형의 넓이를 구하여라.

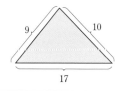

[해답] $s = \dfrac{9+10+17}{2} = 18$ 이므로,

$$S = \sqrt{s(s-a)(s-b)(s-c)} = \sqrt{18(18-9)(18-10)(18-17)}$$
$$= \sqrt{36^2} = 36$$

'높이가 필요 없는' 헤론의 공식

헤론은 고대 그리스의 기계공학자이자 수학자이다. 서기 60년경에 활약했다는 설도 있고, 기원전 사람이라는 설도 있다. 헤론의 공식은 그의 책 《측량술》에 "임의의 삼각형의 세 변이 주어졌을 때, 높이를 찾지 않고 그 넓이를 구할 일반적인 방법을 알려 주겠다."라는 말과 함께 소개되어 있다.

21 메넬라우스의 정리

삼각형 ABC의 꼭짓점을 지나가지 않는 직선 l이 세 변 BC, CA, AB 를 내분, 외분하는 점을 P, Q, R이라고 하면 다음의 관계가 성립한다.

$$\frac{BP}{PC} \cdot \frac{CQ}{QA} \cdot \frac{AR}{RB} = 1 \cdots\cdots ①$$

(주) 그 역도 성립한다.

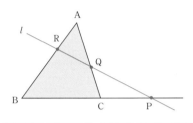

해설! 메넬라우스의 정리

꼭짓점을 지나가지 않는 한 직선이 삼각형의 세 변과 만날 수는 없다. 적어도 하나는 변의 연장선과 만난다. 이때 각 변 위의 선분의 비를 곱하면 반드시 1이 된다는 것이 메넬라우스의 정리다.

하나의 꼭짓점, 예를 들어 B부터 시작해 ①, ②, ③, ④, ⑤, ⑥의 순서로 리드 미컬하게 이동해서 출발 지점으로 돌아온다. 이것은 직선이 삼각형과 공유점을 가질 경우(아래 왼쪽 그림)뿐만 아니라 갖지 않을 경우(아래 오른쪽 그림)에도 성립한다.

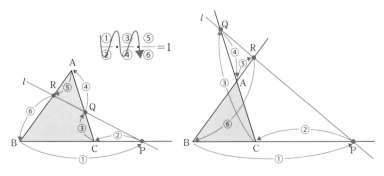

왜 그렇게 될까?

점 C를 지나고 직선 PQ와 평행한 직선이 변 AB와 만나는 점을 S라고 가정하자. 여기에서 BR=x, RA=z, SR=y라고 하면,

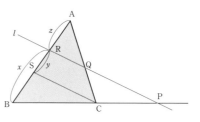

$$\frac{\text{BP}}{\text{PC}} = \frac{x}{y}, \quad \frac{\text{CQ}}{\text{QA}} = \frac{y}{z}, \quad \frac{\text{AR}}{\text{RB}} = \frac{z}{x}$$

그러므로 $\dfrac{\text{BP}}{\text{PC}} \cdot \dfrac{\text{CQ}}{\text{QA}} \cdot \dfrac{\text{AR}}{\text{RB}} = \dfrac{x}{y} \cdot \dfrac{y}{z} \cdot \dfrac{z}{x} = 1$ 이다.

예제 오른쪽 삼각형 ABC에서 AD:AE = 2:3, BD:CE = 3:1이라고 할 때, $\dfrac{\text{BF}}{\text{CF}}$ 를 구하여라.

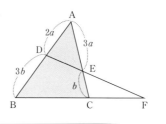

[해답] AD:AE = $2a$:$3a$, BD:CE = $3b$:b라고 하면, 메넬라우스의 정리에 따라

$$\frac{\text{BF}}{\text{FC}} \cdot \frac{\text{CE}}{\text{EA}} \cdot \frac{\text{AD}}{\text{DB}} = \frac{\text{BF}}{\text{CF}} \cdot \frac{b}{3a} \cdot \frac{2a}{3b} = 1 \text{ 이다. 그러므로 } \frac{\text{BF}}{\text{CF}} = \frac{9}{2}$$

'구면 삼각형'까지 생각한 메넬라우스

메넬라우스는 서기 98년경의 수학자이자 천문학자이다. 그의 저서 《구면론》에는 구면 기하학이 설명되어 있다. 그는 유클리드가 평면 기하학에서 논한 방법과 같은 방법을 사용해 구면 삼각형의 명제들을 증명했다. 가령 구면 삼각형의 세 변의 합은 대원(구면을 구의 중심을 지나가는 평면으로 잘랐을 때 생기는 단면의 원)보다 작다는 것이나 구면 삼각형의 세 각의 합은 180°보다 크다는 것 등이다.

제 3 장 도형과 방정식

메넬라우스의 정리

22 체바의 정리

삼각형 ABC의 세 변 BC, CA, AB 또는 그 연장선상에 각각 점 P, Q, R이 있고 세 직선 AP, BQ, CR이 한 점 L에서 만날 때,

$$\frac{BP}{PC} \cdot \frac{CQ}{QA} \cdot \frac{AR}{RB} = 1 \cdots\cdots ① \text{ 이다.}$$

(주) 그 역도 성립한다.

해설! '비의 곱'이 1이 되는 체바의 정리

체바의 정리는 메넬라우스의 정리와 매우 비슷하다. 한 점에서 삼각형의 각 꼭짓점을 향해 그은 직선이 대변 또는 그 연장선과 만날 때 그 세 교점이 각 변을 내분 또는 외분하는 비의 값에 관한 정리다.

예를 들어 아래의 그림에서 한 꼭짓점 B부터 시작해 ①, ②, ③, ④, ⑤, ⑥의 순서로 리드미컬하게 이동해 출발 지점으로 돌아왔을 때 비의 곱이 1이 된다는 것이다. 이 정리는 점 L이 삼각형의 안쪽(왼쪽 아래 그림)뿐만 아니라 바깥쪽(오른쪽 아래 그림)에 존재할 때도 성립한다.

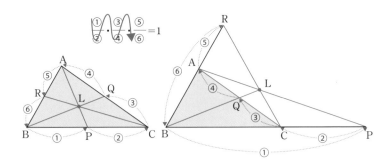

왜 그렇게 될까?

꼭짓점 B, C에서 직선 AP에 내린 수선의 발을 각각 D, E라고 하고 △ABL과 △ACL의 넓이에 관해 생각할 때, AL을 밑변이라고 생각하면 다음과 같다.

$$\frac{\triangle ABL}{\triangle ACL} = \frac{BD}{CE}$$

여기에서 BD∥CE이므로 $\frac{BD}{CE} = \frac{BP}{CP}$ 이다.

따라서 $\frac{\triangle ABL}{\triangle ACL} = \frac{BP}{CP}$ 이다.

마찬가지로 $\frac{\triangle BCL}{\triangle ABL} = \frac{CQ}{QA}$,

$\frac{\triangle CAL}{\triangle BCL} = \frac{AR}{RB}$ 이다.

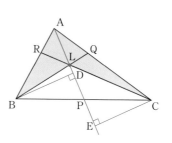

그러므로 $\frac{BP}{PC} \cdot \frac{CQ}{QA} \cdot \frac{AR}{RB} = \frac{\triangle ABL}{\triangle ACL} \cdot \frac{\triangle BCL}{\triangle ABL} \cdot \frac{\triangle CAL}{\triangle BCL} = 1$ 이다.

사용해 보자! 체바의 정리

아래 그림의 삼각형에서 AD:BD $= t$:1, AE:EC $= 1$:$t+1$일 때 $\frac{BF}{FC}$의 값을 구하면, 체바의 정리에 따라 다음과 같다.

$$\frac{BF}{FC} \cdot \frac{CE}{EA} \cdot \frac{AD}{DB}$$
$$= \frac{BF}{FC} \cdot \frac{t+1}{1} \cdot \frac{t}{1} = 1$$

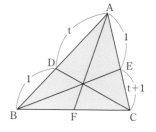

그러므로 $\frac{BF}{FC} = \frac{1}{t(t+1)}$ 이다.

체바와 메넬라우스는 1,500년의 시간 차이

이탈리아의 기하학자이자 수력 기관사이기도 했던 체바(1647~1734)는 1678년에 《직선에 관해서》라는 책에서 이 정리를 발표했다. 체바의 정리와 메넬라우스의 정리 사이에는 1,500년이라는 시간의 차이가 있다.

체바의 정리

23 사인 법칙

삼각형 ABC에서 다음의 관계가 성립한다.

$$\frac{a}{\sin A} = \frac{b}{\sin B} = \frac{c}{\sin C} = 2R \cdots\cdots ①$$

여기에서 R은 삼각형 ABC의 외접원의 반지름이다.

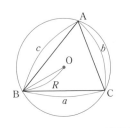

해설! 삼각형의 '각과 변'의 관계는?

삼각형에서는 각이 클수록 그 각과 마주 대한 변의 길이가 길어진다. 다시 말해, 각 그리고 그 각과 마주 대한 변의 길이에는 어떤 관계가 있다. 그 관계를 나타낸 것이 ①의 사인 법칙이다. 즉, 변의 비는 마주 대한 각의 sin의 비인 '$a : b : c = \sin A : \sin B : \sin C$'이다. 이때 비의 값은 외접원의 지름이 된다. 사인 법칙은 아래의 그림과 같이 사인(sin)의 정의(**52**)를 확장한 것이다.

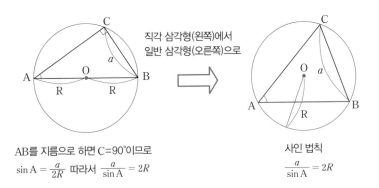

직각 삼각형(왼쪽)에서
일반 삼각형(오른쪽)으로

AB를 지름으로 하면 C=90°이므로
$\sin A = \frac{a}{2R}$ 따라서 $\frac{a}{\sin A} = 2R$

사인 법칙
$\frac{a}{\sin A} = 2R$

참고로 사인 법칙은 11~12세기의 아라비아에서 발견되었는데, 다음 단원의 코사인 법칙은 놀랍게도 유클리드의《원론》(기원전 3세기)에 그 원형이 실려 있다.

왜 그렇게 될까?

삼각형 ABC에서 A가 어떤 각이든 $\dfrac{a}{\sin A} = 2R$ ······② 이 성립한다면 $2R$ 을 매개체로 ①을 말할 수 있다.

(1) A가 예각(그림 1) : $\sin A = \sin D = \dfrac{a}{2R}$ 그러므로 $\dfrac{a}{\sin A} = 2R$

(2) A가 직각(그림 2) : $2R = a$, $\sin A = 1$ 그러므로 $\dfrac{a}{\sin A} = 2R$

(3) A가 둔각(그림 3) : $\sin D = \sin(180° - A) = \sin A = \dfrac{a}{2R}$

그러므로 $\dfrac{a}{\sin A} = 2R$

(주) $\angle A + \angle D = 180°$, $\sin(180° - A) = \sin A$

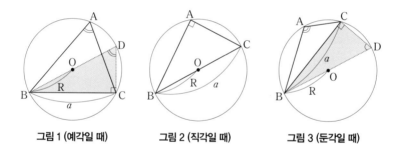

그림 1 (예각일 때)   그림 2 (직각일 때)   그림 3 (둔각일 때)

예제 삼각형 ABC에서 $c = 1$, B $= 45°$, C $= 60°$ 일 때 b를 구하여라.

[해답] 사인 법칙에 따라 $\dfrac{b}{\sin 45°} = \dfrac{1}{\sin 60°}$ 이므로 $b = \dfrac{\sin 45°}{\sin 60°} = \dfrac{\sqrt{6}}{3}$ 이다.

24 코사인 법칙

삼각형 ABC에서

$$a^2 = b^2 + c^2 - 2bc\cos A \quad \cdots\cdots ①$$

$$b^2 = c^2 + a^2 - 2ca\cos B \quad \cdots\cdots ②$$

$$c^2 = a^2 + b^2 - 2ab\cos C \quad \cdots\cdots ③$$

해설! 코사인 법칙과 피타고라스의 정리

'$a^2 = b^2 + c^2 - 2bc\cos A$'라는 식을 보면 무엇인가와 닮았다는 생각이 들지 않는가? 그렇다. 피타고라스의 정리인 '$a^2 = b^2 + c^2$'을 쏙 빼닮았다. '$a^2 = b^2 + c^2$'이 성립하는 삼각형은 A = 90°인 직각 삼각형이다. 그리고 이때 삼각비의 정의 (**52**)에 따라 $\cos A = \cos 90° = 0$이다.

즉, 코사인 법칙 '$a^2 = b^2 + c^2 - 2bc\cos A$'는 A = 90°일 때 피타고라스의 정리로 변신한다. 다른 시각으로 바라보면 피타고라스의 정리를 직각 삼각형이 아닌 일반 삼각형으로 확장한 것이 코사인 법칙이라고 할 수 있다.

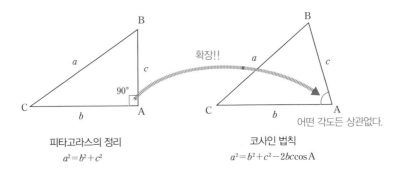

피타고라스의 정리
$$a^2 = b^2 + c^2$$

코사인 법칙
$$a^2 = b^2 + c^2 - 2bc\cos A$$

확장!!

어떤 각도든 상관없다.

왜 그렇게 될까?

오른쪽 그림의 직각 삼각형 ABH에 주목하면

$$BH = c\sin A, \ AH = c\cos A$$

그러므로

$$CH = AC - AH = b - c\cos A$$

여기에서 삼각형 BHC는 직각 삼각형이므로

$$BC^2 = CH^2 + HB^2$$

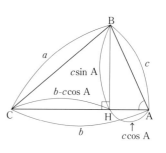

따라서 $a^2 = (b - c\cos A)^2 + (c\sin A)^2$ 이다.

이것을 전개해서 정리하면 ①을 얻는다. ②, ③도 마찬가지다.

사용해 보면 알 수 있다!

①을 보면 알 수 있지만, 코사인 법칙을 사용하면 두 변 b, c와 그 끼인각 A를 알 경우 나머지 변 a의 길이를 구할 수 있다. 또, 코사인 법칙을 코사인에 대해 풀면 삼각형의 세 변 a, b, c를 알 경우 각 A, B, C의 코사인을 알 수 있다. 이것으로 다음과 같이 꼭지각을 구할 수 있다.

$$\cos A = \frac{b^2 + c^2 - a^2}{2bc}, \quad \cos B = \frac{c^2 + a^2 - b^2}{2ca}, \quad \cos C = \frac{a^2 + b^2 - c^2}{2ab}$$

예제 $a = 3$, $b = 4$, $c = 5$인 삼각형의 각 A의 크기를 구하여라.(단, 변 a, b, c에 대한 각을 A, B, C 라고 한다.)

[해답] $\cos A = \dfrac{b^2 + c^2 - a^2}{2bc} = \dfrac{4^2 + 5^2 - 3^2}{2 \times 4 \times 5} = \dfrac{4}{5}$

교과서나 인터넷에 있는 삼각비 표를 이용해 이것을 역으로 추적하면 A≒36.87°다.

참고로, 정확히는 역삼각 함수(**57**)를 이용해 A = $\cos^{-1} 0.8$이라고 쓴다.

25 평행 이동한 도형의 방정식

좌표 평면 위의 도형 F의 방정식을
$f(x, y) = 0$……① 이라고 한다.
이 도형을 x축 방향으로 p, y축 방향으로
q만큼 평행 이동한 도형 G의 방정식은
$f(x-p, y-q) = 0$……② 가 된다.

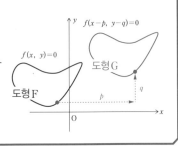

해설! 위치를 움직이며 생각한다.

이 ①, ②의 식을 사용하면 도형을 평행 이동시켜 생각하기 편한 곳에서 다루
거나 도형의 방정식을 간결하게 표현할 수 있어 매우 편리하다. 다만 익숙하지
않으면 ①, ②의 표현이 잘 이해가 안 될지도 모른다.

①에서 $f(x, y) = 0$의 $f(x, y)$는 'x와 y를 사용한 식'이라는 뜻이다. 가령 $f(x, y) = x^2 + 2xy + 1$ 등을 들 수 있다. 또 ②의 $f(x-p, y-q)$는 $f(x, y)$의 x에 $x-p$를, y에 $y-q$를 대입한 식임을 의미한다. 예를 들어 $f(x, y) = x^2 + 2xy + 1$일 때는 $f(x-2, y-3) = (x-2)^2 + 2(x-2)(y-3) + 1$이 된다.

왜 그렇게 될까?

도형 F의 방정식이란, 도형 F 위의 임의의 점을
P(x, y)라고 할 때 P가 F 위에 있음으로써 발생하는
x와 y 사이에 충족되어야 할 조건 식이다. 이것을 바
탕으로 ①에서 ②를 이끌어내 보자.

도형 F를 x축 방향으로 p, y축 방향
으로 q만큼 평행 이동한 도형 G 위의
임의의 점을 Q(X, Y)라고 하자.

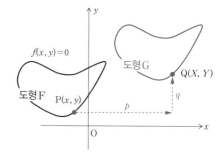

이 Q(X, Y)에 대응하는 도형 F 위
의 원래의 점을 P(x, y)라고 하면 다음
식이 성립한다.

$$X = x+p, \ Y = y+q$$

여기에서 $x = X-p, \ y = Y-q$ ……③이 된다.

이때 P(x, y)가 도형 F 위의 점이므로 x와 y는 $f(x, y) = 0$……①을 만족하며,
③을 ①에 대입하면 X, Y는 $(X-p, Y-q) = 0$을 만족함을 알 수 있다. 이것이 도
형 G 위의 임의의 점 Q(X, Y)가 만족해야 할 조건 식이다. 여기에서 X를 x로,
Y를 y로 고쳐 쓰면 $(x-p, y-q) = 0$……②를 얻는다. 이것이 G의 방정식이다.

예제 $x^2 + y^2 + 4x + 6y - 12 = 0$ ……④라는 방정식으로 나타낼 수 있는 도형을
x축 방향으로 2, y축 방향으로 3만큼 평행 이동한 도형의 방정식을 구하여라.

[해답] x에 $x-2$를, y에 $y-3$을 대입하면 다음의 식이 나온다.

$(x-2)^2 + (y-3)^2 + 4(x-2) + 6(y-3) - 12 = 0$

이 식을 정리하면 $x^2 + y^2 = 5^2$이다. 이것은 반지름
이 5인 원의 방정식이다. 따라서 ④가 나타내는 도
형은 C(-2, -3)을 중심으로 반지름이 5인 원임
을 알 수 있다.

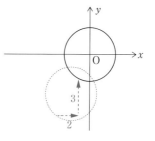

26 회전 이동한 도형의 방정식

좌표 평면 위의 도형 F의 방정식을 $f(x, y)=0$ ······①이라고 한다.

이 도형을 원점을 중심으로 θ 만큼 회전시킨 도형 G의 방정식은 다음과 같다.

$$f(x\cos\theta+y\sin\theta, \ -x\sin\theta+y\cos\theta)=0 \ ······②$$

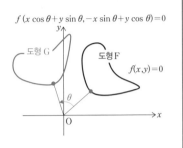

$f(x\cos\theta+y\sin\theta, -x\sin\theta+y\cos\theta)=0$

도형 G

도형 F

$f(x,y)=0$

해설! 회전 이동 후의 위치는?

②를 보면 왠지 어려울 것 같고 회전 이동 후의 도형의 방정식이 금방 이해되지 않는다. ②는 ①의 x에 $x\cos\theta+y\sin\theta$를, y에 $-x\sin\theta+y\cos\theta$를 각각 대입했음을 의미한다. 가령 원 $(x-2)^2+(y-2)^2=1$을 원점 중심으로 $45°$ 회전시켰을 경우를 생각해 보자. ①에 해당하는 식은 다음과 같다.

$$(x-2)^2+(y-2)^2-1=0$$

이 식의 x와 y에 각각 $x\cos45°+y\sin45°=\sqrt{2}\,(x+y)/2$, $-x\sin45°+y\cos45°=\sqrt{2}\,(-x+y)/2$ 를 대입하면 다음 식을 얻는다.

$$\{\sqrt{2}\,(x+y)/2-2\}^2+\{\sqrt{2}\,(-x+y)/2-2\}^2-1=0$$

이것을 전개해서 정리하면,

$$x^2+(y-2\sqrt{2}\,)^2=1^2$$

이 된다. 이것이 회전 이동 후의 원의 방정식이다.

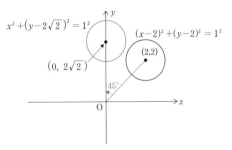

$x^2+(y-2\sqrt{2}\,)^2=1^2$

$(x-2)^2+(y-2)^2=1^2$

$(0, 2\sqrt{2}\,)$

$(2,2)$

$45°$

오른쪽 그림 F를 원점 중심으로 θ만큼 회전시킨 G의 임의의 점을 Q(X, Y)라고 하고, 이 점 Q(X, Y)에 대응하는 도형 F 위의 점을 P(x, y)라고 하면 다음과 같은 식이 성립한다.(**45**)

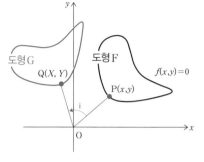

$$\begin{pmatrix} X \\ Y \end{pmatrix} = \begin{pmatrix} \cos\theta & -\sin\theta \\ \sin\theta & \cos\theta \end{pmatrix} \begin{pmatrix} x \\ y \end{pmatrix}$$

여기에 역행렬(**43**)을 곱한다.

$$\begin{pmatrix} x \\ y \end{pmatrix} = \begin{pmatrix} \cos\theta & -\sin\theta \\ \sin\theta & \cos\theta \end{pmatrix}^{-1} \begin{pmatrix} X \\ Y \end{pmatrix} = \begin{pmatrix} \cos\theta & \sin\theta \\ -\sin\theta & \cos\theta \end{pmatrix} \begin{pmatrix} X \\ Y \end{pmatrix}$$

따라서 $x = X\cos\theta + Y\sin\theta, \ y = -X\sin\theta + Y\sin\theta$ ……③

P(x, y)가 도형 F 위의 점이므로 x와 y는 $f(x, y) =$ ……①을 만족한다. 여기에서 ③을 ①에 대입하면 $f(X\cos\theta + Y\sin\theta, \ -X\sin\theta + Y\cos\theta) = 0$이다.

이것이 도형 G 위의 임의의 점 Q(X, Y)가 만족해야 할 조건 식이며, 여기에서 X를 x로, Y를 y로 고쳐 쓰면 ②를 얻는다. 이것이 G의 방정식이다.

사용해 보자! **회전 이동의 방정식**

방정식 $x^2 + 2xy + y^2 + \sqrt{2}\,x - \sqrt{2}\,y = 0$ ……④ 로 나타나는 도형을 원점을 중심으로 $-45°$ 회전시켰을 때 생기는 도형의 방정식을 구해 보자. 이를 위해서는 ④의 x, y에 각각

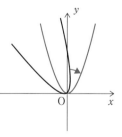

$$x\cos(-45°) + y\sin(-45°) = \sqrt{2}\,(x-y)/2$$
$$-x\sin(-45°) + y\cos(-45°) = \sqrt{2}\,(x+y)/2$$

를 대입하고 정리한다. 그러면 $y = x^2$을 얻으므로 ④는 포물선임을 알 수 있다.

27 직선의 방정식

(1) 기울기 m, y절편 n인 직선
   $$y = mx + n$$

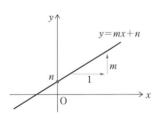

(2) 점 (x_1, y_1)을 지나고 기울기가 m인 직선
   $$y - y_1 = m(x - x_1)$$

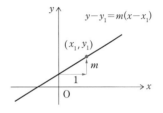

(3) 서로 다른 두 점 (x_1, y_1), (x_2, y_2)를 지나가는 직선
   $$y - y_1 = \frac{y_2 - y_1}{x_2 - x_1}(x - x_1) \quad (x_1 \neq x_2)$$
   $$x = x_1 \qquad\qquad\qquad (x_1 = x_2)$$

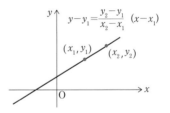

(4) x절편 a, y절편 b인 직선
   $$\frac{x}{a} + \frac{y}{b} = 1$$

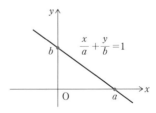

(주) 이것을 절편 방정식이라고 한다.

직선은 가장 기본적인 도형이며, 그 방정식은 다양한 곳에서 이용되고 있다. 방정식도 다양한 패턴이 있으므로 필요에 따라 적절한 방정식을 사용할 수 있다.

참고로 여기에서 소개한 방정식은 하나의 식으로 모든 직선을 표현할 수 있는 것들은 아니다. 가령 (1)은 y축에 평행한 직선을 표현하지 못한다. 어떤 직선이든 표현할 수 있는 방정식은 '$ax+by+c=0$'으로, 이것을 직선 방정식의 일반형이라고 한다. 다만 a, b 중 적어도 하나는 0이 아니라고 전제한다.

왜 그렇게 될까?

(1)을 바탕으로 (2)~(4)의 방정식을 이끌어낼 수 있으므로 (1)만 살펴보자.

기울기 m, y절편 n인 직선 위의 임의의 점을 (x, y)라고 하면 다음의 비례식이 성립한다.

$$x:y-n=1:m$$

'내항의 곱'='외항의 곱'이므로 $y-n=mx$가 되어 $y=mx+n$을 얻는다.

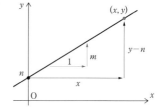

또한 두 직선 $y=m_1x+n_1$, $y=m_2x+n_2$에 대해 다음이 성립한다.

두 직선이 평행일 때 $\Leftrightarrow m_1=m_2$

두 직선이 수직일 때 $\Leftrightarrow m_1 \cdot m_2 = -1$

예제 다음 직선의 방정식을 구하여라.
① 두 점 (3, 4), (5, 8)을 지나가는 직선의 방정식
② x절편 3, y절편 5인 직선의 방정식

[해답] ①은 첫머리의 공식 (3)에 따라 $y-4=\dfrac{8-4}{5-3}(x-3)$이 되며, 정리하면 $y=2x-2$ 이다. ②는 공식 (4)에 따라 $\dfrac{x}{3}+\dfrac{y}{5}=1$이 된다.

28 타원·쌍곡선·포물선의 방정식

(1) 타원의 방정식

　　두 정점의 거리의 합이 일정한 점 P의 자취를 타원이라고 한다.

　　두 정점을 F$(c, 0)$, F′$(-c, 0)$이라고

　　하고 거리의 합을 $2a$라고 하면

　　타원의 방정식은 $\dfrac{x^2}{a^2} + \dfrac{y^2}{b^2} = 1$

　　단, $a > c > 0$, $b = \sqrt{a^2 - c^2}$

　　$(c = \sqrt{a^2 - b^2})$

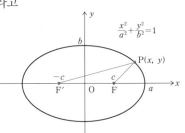

(주) 이 두 정점을 타원의 초점이라고 한다.

(2) 쌍곡선의 방정식

　　두 정점으로부터의 거리의 차가 일정한 점 P의 자취를 쌍곡선이라고

　　한다. 두 정점을 F$(c, 0)$, F′$(-c, 0)$이라고 하고 거리의 차를 $2a$라고

　　하면, 쌍곡선의 방정식은 $\dfrac{x^2}{a^2} - \dfrac{y^2}{b^2} = 1$ 이다.

　　단, $c > a > 0$, $b = \sqrt{c^2 - a^2}$

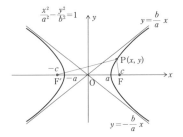

(주1) 이 두 정점을 쌍곡선의 초점이라고 한다.
　　쌍곡선은 점근선을 가지며, 그 점근선의
　　방정식은 $y = \pm\dfrac{b}{a}x$가 된다.

(주2) 점근선이란 그 곡선이 한없이 가까워지
　　는 직선을 의미한다.

(3) 포물선 방정식

정점과 정직선으로부터 같은 거리에 있는 점의 자취를 포물선이라고 한다.

정점을 F(0, p)라고 하고 정직선을 $y = -p$라고 하면 포물선의 방정식은 $4py = x^2$ 이다.

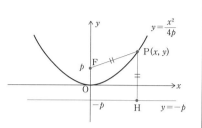

(주) 이 정점을 포물선의 초점, 정직선을 준선이라고 한다.

해설! 타원~포물선까지

어떤 조건을 만족하면서 움직이는 점이 그리는 도형을 그 조건을 만족하는 점의 자취라고 한다. 가령 타원은 '두 정점의 거리의 합이 일정'이라는 조건을 만족하는 점의 자취, 쌍곡선은 '두 정점으로부터의 거리의 차가 일정'이라는 조건을 만족하는 점의 자취, 포물선은 '정점과 정직선의 거리가 동일'이라는 조건을 만족하는 점의 자취다.

식을 이끌어 내자!

주어진 조건으로부터 타원, 쌍곡선, 포물선의 방정식을 이끌어내기 위해서는 좌표 평면 위의 조건을 만족하는 점을 P(x, y)라고 하고 x와 y에 관한 방정식을 작성하면 된다. 어떤 경우든 원리는 같으므로 여기에서는 타원의 경우에 관해 살펴보도록 하겠다.

타원이란 두 정점으로부터 거리의 합이 일정한 점 P의 자취다. 지금 두 정점을 좌표 평면 위의 F(c, 0), F'($-c$, 0)이라고 하고, 이 두 정점으로부터 거리의 합이 $2a$로 일정한 점을 P(x, y)라고 한다.

제 3 장 도형과 방정식

타원·쌍곡선·포물선의 방정식

$PF + PF' = 2a$ ……①이므로

$$\sqrt{(x-c)^2+y^2} + \sqrt{(x+c)^2+y^2} = 2a \quad\text{……②}$$

②의 양변에 $\sqrt{(x-c)^2+y^2} - \sqrt{(x+c)^2+y^2}$ 을 곱하면

$$\{(x-c)^2+y^2\}-\{(x+c)^2+y^2\} = 2a\left(\sqrt{(x-c)^2+y^2} - \sqrt{(x+c)^2+y^2}\right)$$

따라서 $\sqrt{(x-c)^2+y^2} - \sqrt{(x+c)^2+y^2} = -\dfrac{2c}{a}x$ ……③

②+③을 2로 나누면 $\sqrt{(x-c)^2+y^2} = a - \dfrac{c}{a}x$,

이 식의 양변을 제곱하고 정리하면 $\dfrac{a^2-c^2}{a^2}x^2 + y^2 = a^2 - c^2$,

$b = \sqrt{a^2-c^2}$ 이라고 하면 $\dfrac{x^2}{a^2} + \dfrac{y^2}{b^2} = 1$을 얻는다.

타원, 쌍곡선, 포물선을 그려 보자

타원, 쌍곡선, 포물선의 정의를 바탕으로 이들 곡선을 실제로 그려 보자. 준비할 것은 '끈'과 '막대'와 '삼각자' 등이다.

(1) 타원을 끈 하나로 그린다

오른쪽 그림처럼 끈의 양 끝을 평면 위에 고정시킨다. 고정시킨 점이 타원의 초점이다. 그 후 끈을 팽팽하게 잡아당긴 상태로 연필을 이동시키면 타원을 그릴 수 있다. 여기에서 $PF + PF'$(끈의 길이)가 일정해지는 것은 분명하다. 참고로 두 초점을 일치시키면 원을 그릴 수 있다. 요컨대 '원은 타원의 특수한 경우'인 것이다.

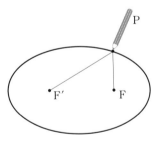

좌표 평면 위의 두 점 $A(x_1, y_1)$, $B(x_2, y_2)$의 거리 AB의 공식

$$AB = \sqrt{(x_2 - x_1)^2 + (y_2 - y_1)^2}$$

그 이유는 피타고라스의 정리에 따라

$$AB^2 = AC^2 + BC^2$$

그러므로 $AB = \sqrt{AC^2 + BC^2}$

$$= \sqrt{(x_2 - x_1)^2 + (y_2 - y_1)^2}$$

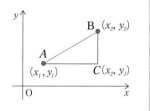

(2) 쌍곡선을 막대와 끈으로 그린다

여기에서 끈의 길이를 u, 막대의 길이를 v라고 하면, 오른쪽 그림에서

$$l_1 + l_2 = u \quad \cdots\cdots ①$$

$$l_1 + l_3 = v \quad \cdots\cdots ②$$

①−②를 하면

$$l_2 - l_3 = u - v = 일정$$

그러므로 점 P의 자취는 쌍곡선이다.

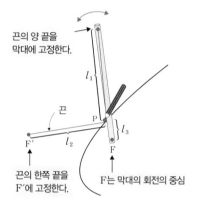

끈의 양 끝을 막대에 고정한다.

끈

끈의 한쪽 끝을 F′에 고정한다.

F는 막대의 회전의 중심

(3) 포물선을 끈과 직각 삼각자와 막대로 그린다

먼저 끈의 길이와 아래 그림의 삼각자의 높이를 똑같이 만들고 끈의 한쪽 끝을 삼각자 위의 꼭짓점에 고정시켜 늘어뜨린다. 다음에는 삼각자를 막대(준선) 위에 올려놓고 초점과 끈이 겹치는 위치로 이동시킨 뒤, 끈의 다른 쪽 끝을 초점에 고정시키고 오른쪽 그림처럼 팽팽하게 잡아당긴 상태로 삼각자를 막대 위에서 이동시키며 그린다.

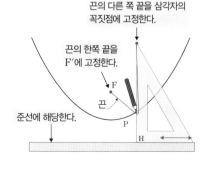

끈의 다른 쪽 끝을 삼각자의 꼭짓점에 고정한다.

끈의 한쪽 끝을 F′에 고정한다.

F

끈

준선에 해당한다.

P

H

29 타원·쌍곡선·포물선의 접선

2차 곡선 $ax^2 + 2hxy + by^2 + 2px + 2qy + c = 0$ ……①의
점 $\mathrm{P}(x_1,\ y_1)$에 대한 접선 l의 방정식은 다음과 같다.

$$ax_1 x + h(x_1 y + y_1 x) + by_1 y + p(x_1 + x) + q(y_1 + y) + c = 0 \quad\text{……②}$$

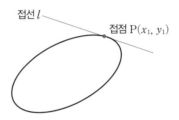

접선 l

접점 $\mathrm{P}(x_1,\ y_1)$

$ax^2 + 2hxy + by^2 + 2px + 2qy + c = 0$

해설! 2차 곡선의 접선

일반적으로 2차 방정식을 만족하는 곡선을 2차 곡선이라고 한다.

$$ax^2 + 2hxy + by^2 + 2px + 2qy + c = 0 \quad\text{……①}$$

계수 a, h, b의 값에 따라 타원, 쌍곡선, 포물선으로 모습을 바꾼다.

그래서 여기에서는 타원, 쌍곡선, 포물선의 접선의 공식을 개별적으로 다루지 않고 일괄해서 방정식 ①로 다뤄 보았다. 그것이 ②의 공식이다. ①의 식과 비교하며 ②의 특징을 파악해 보기 바란다. ①에서 계수에 2가 붙어 있는 이유가 이해될 것이다.

$$ax_1 x + h(x_1 y + y_1 x) + by_1 y + p(x_1 + x) + q(y_1 + y) + c = 0 \quad\text{……②}$$

◉ 2차 곡선을 분류한다

$ax^2+2hxy+by^2+2px+2qy+c = 0$ ……①이 나타내는 도형은 a, h, b의 값에 따라 다음과 같이 분류된다.

(1) $ab-h^2>0$ 라면 타원

(2) $ab-h^2<0$ 라면 쌍곡선

(3) $ab-h^2=0$ 라면 포물선

이 판정 기준은 ①이 나타내는 도형을 원점 주위로 적당한 양만큼 회전 이동시킴으로써 얻을 수 있다. 참고로 ①의 특수한 경우로서 한 점, 교차하는 두 직선 등의 도형이 될 때가 있다.

◉ 초점에서 출발한 빛의 행방

타원, 쌍곡선, 포물선의 초점에서 출발한 빛은 이들 곡선에 부딪혀 반사될 때 접선과 수직인 아래 그림의 직선(법선)에 대해 $\alpha = \beta$가 되도록 반사된다. 즉, 입사각과 반사각이 같아지도록 반사된다.

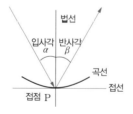

이 점을 고려하면 타원의 경우 하나의 초점에서 출발한 빛은 곡선에서 반사되어 또 하나의 초점을 향하게 된다.

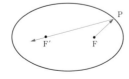

쌍곡선의 경우, 초점에서 출발한 빛이 곡선에 부딪히면 마치 또 하나의 초점에서 출발한 것처럼 반사된다.

포물선의 경우는 곡선에 부딪힌 빛이 축과 평행하게 반사된다. 이것은 달리 말해 축과 평행하게 들어온 빛은 전부 초점으로 모인다는 의미다. 이것이 파라볼라 안테나의 원리다.

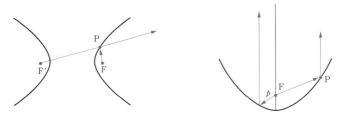

왜 그렇게 될까?

$ax^2 + 2hxy + by^2 + 2px + 2qy + c = 0$ ······① 을 x로 미분하면,

$2ax + 2h(y + xy') + 2byy' + 2p + 2qy' = 0$ 이다.(**71**)

여기에서 $y' = -\dfrac{ax + hy + p}{hx + by + q}$ 이므로 점 $P(x_1, y_1)$에서 접선의 방정식은 기울

기가 $y' = -\dfrac{ax_1 + hy_1 + p}{hx_1 + by_1 + q}$ 이다. 따라서 $y - y_1 = -\dfrac{ax_1 + hy_1 + p}{hx_1 + by_1 + q}(x - x_1)$ 이며,

이것을 $ax_1^2 + 2hx_1y_1 + by_1^2 + 2px_1 + 2qy_1 + c = 0$을 사용해 정리하면, 다음과 같다.

$ax_1x + h(x_1y + y_1x) + by_1y + p(x_1 + x) + q(y_1 + y) + c = 0$ ······②

예제 (1) 타원 $\dfrac{x^2}{a^2} + \dfrac{y^2}{b^2} = 1$, (2) 쌍곡선 $\dfrac{x^2}{a^2} - \dfrac{y^2}{b^2} = 1$, (3) 포물선 $4py = x^2$의 점 $P(x_1, y_1)$에서의 접선의 방정식을 구하여라.

[해답] (1)의 점 $P(x_1, y_1)$에서의 접선의 방정식은 $\dfrac{x_1x}{a^2} + \dfrac{y_1y}{b^2} = 1$ 이다.

예를 들어 $\dfrac{x^2}{25} + \dfrac{y^2}{9} = 1$ 의 점 $P\left(3, \dfrac{12}{5}\right)$에서의 접선은

$$\frac{3x}{25} + \frac{1}{9} \times \frac{12y}{5} = 1, \text{ 즉, } y = -\frac{9}{20}x + \frac{15}{4} \text{ 이다.}$$

(2)의 점 $P(x_1, y_1)$에서의 접선의 방정식은 $\dfrac{x_1 x}{a^2} - \dfrac{y_1 y}{b^2} = 1$ 이다.

(3)의 점 $P(x_1, y_1)$에서의 접선의 방정식은 $2p(y_1 + y) = x_1 x$ 이다.

아폴로니우스의 원뿔 곡선

원뿔을 자르면 '단면'에 '타원, 쌍곡선, 포물선'이 나타난다. 그래서 이들 곡선을 원뿔 곡선(또는 아폴로니우스의 원뿔 곡선)이라고 한다.

참고로 모선과 평행하지 않은 평면으로 잘랐을 때 그 단면이 한쪽에만 생기면 타원(그림 1), 양쪽에 생기면 쌍곡선(그림 2), 모선과 평행한 평면으로 자르면 포물선(그림 3)이 된다.

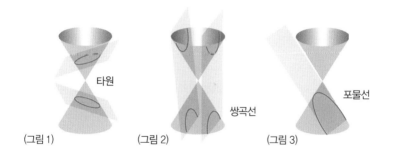

(그림 1)　　　　(그림 2)　　　　(그림 3)

원뿔 곡선과 그 기본적 성질은 고대 그리스 시대에 이미 발견되었다. 그 후 아폴로니우스가 기원전 200년경에 《원뿔 곡선론》을 정리했고, 중세가 되자 케플러(1571~1630)가 천체와 원뿔 곡선에 관련이 있음을 밝혀냈다. 그 후 데카르트(1596~1650) 등이 고안해 낸 해석 기하를 통해 원뿔 곡선은 2차 곡선으로 해석되었다.

30 리사주 곡선

곡선 $\begin{cases} x = a\sin(mt+\alpha) \\ y = b\sin(nt+\beta) \end{cases}$ 를 리사주 곡선이라고 한다.

단, a, b, m, n, α, β는 정수, t는 매개 변수라고 한다.

해설! 리사주 곡선

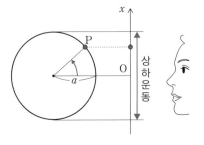

x축 위를 운동하는 점 P의 시각 t에서의 위치가 $x = a\sin(mt+\alpha)$로 표시되는 운동을 단진동이라고 한다. 이것은 반지름이 a인 투명한 바퀴의 가장자리에 공을 달고 등속도로 회전시키면서 바퀴와 같은 평면에서 봤을 때 보이는 공의 상하 운동과 같다. a를 진폭, m을 각속도, α를 초기 위상, $T = 2\pi/m$을 주기라고 한다.

리사주 곡선은 xy 평면 위에서 x축 방향의 단진동 $x = a\sin(mt+\alpha)$와 y축 방향의 단진동 $y = b\sin(nt+\beta)$를 합성한 것이다. 이 곡선은 프랑스의 과학자 쥘 앙투안 리사주(1822~1880)가 고안한 것으로, 주파수 측정 등에 사용된다.

(주) 변수 t를 매개로 x와 y가 결정되기 때문에 t를 매개 변수라고 한다.

◉ 리사주 곡선을 실제로 살펴보자

리사주 곡선이 실제로 어떤 곡선인지 이해하기 위해 컴퓨터(엑셀)로 그린 그래프를 살펴보자. a, b, m, n, α, β의 값에 따라 여러 가지 모양으로 바뀐다.

$\begin{cases} x = \sin t \\ y = \sin 2t \end{cases}$
$\begin{cases} x = \sin 2t \\ y = \sin 3t \end{cases}$

진자를 사용해서 그려 보자!

단진동에 가까운 운동으로 진자의 운동이 있다. 끈의 길이를 l이라고 하면 진자의 주기는 $\sqrt{l}$ 에 비례한다. 또 단진동 $x = a\sin(mt + \alpha)$의 주기는 $T = 2\pi/m$이다. 여기서

$$x = a\sin(mt + \alpha) \cdots\cdots ①$$
$$y = b\sin(nt + \beta) \cdots\cdots ②$$

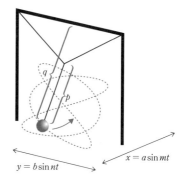

의 두 단진동을 진자로 표현하기 위해서는 오른쪽 그림에서

$$p:q = m^2:n^2$$

을 만족하도록 진자의 길이 p, q를 조정한 그네를 만들면 리사주 곡선을 실제로 그릴 수 있다.

(주) $\sqrt{p} : \sqrt{q} = \dfrac{2\pi}{n} : \dfrac{2\pi}{m} = m : n$ 여기에서 q는 ①, p는 ②의 단진동을 실현하는 진자의 길이다.

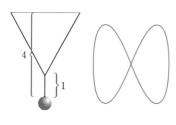

$$\begin{cases} x = \sin t \\ y = \sin 2t \end{cases}$$

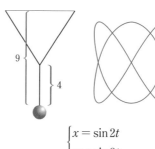

$$\begin{cases} x = \sin 2t \\ y = \sin 3t \end{cases}$$

31 사이클로이드

원이 직선 위를 미끄러지지 않고 구를 때, 원둘레 위의 고정된 점 P가 그리는 곡선을 사이클로이드라고 한다.

오른쪽 그림처럼 좌표축을 잡으면 사이클로이드의 방정식은 다음과 같다.

$$\begin{cases} x = a(\theta - \sin\theta) \\ y = a(1 - \cos\theta) \end{cases}$$

여기에서 a는 원의 반지름, θ는 원의 회전각이다.

해설! 사이클로이드 곡선

사이클로이드는 등시성과 최속하강성이라는 매우 재미있는 성질이 있다.

◎ 등시성이 있다

사이클로이드는 등시성이라는 성질을 지니고 있다. 즉, 아래의 그림에서 '공을 어느 위치에 놓고 손을 떼든 가장 바닥인 점 X에 도달하는 시간은 같다.'는 성질이다. 즉, A에서 X에 도달하는 시간과 B에서 X에 도달하는 시간이 같다.

A에서 X, B에서 X에 도달 시간이 같다.

◎ 최속하강성이 있다.

다음 그림과 같이 벽면에 사이클로이드 미끄럼틀과 다른 곡선(직선 포함)의 미끄럼틀이 설치되어 있다고 가정하자. 같은 위치에서 공을 굴렸을 때 X에 가장 빠르게 도달하는 것은 사이클로이드 미끄럼틀을 이용한 공이다. 이것을 최속하강성이라고 한다. 단, 이때 중력으로 미끄러져 내려오며 마찰은 없다고 전제한다.

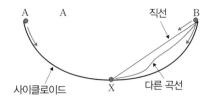

왜 그렇게 될까?

사이클로이드의 방정식이 첫머리의 식으로 표현되는 이유를 살펴보자.

반지름 a인 원의 중심 C와 원둘레 위의 점 P의 첫 위치를 각각 $(0, a)$와 $(0, 0)$이라고 한다. 이 원이 θ회전한 후의 점 P의 좌표를 (x, y)라고 하면 오른쪽 그림에서 다음의 식이 성립한다.

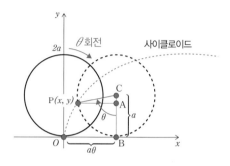

$$x = \mathrm{OB} - \mathrm{PA} = 호\,\mathrm{PB} - \mathrm{CP}\sin\theta = a\theta - a\sin\theta = a(\theta - \sin\theta)$$
$$y = \mathrm{CB} - \mathrm{CA} = a - \mathrm{CP}\cos\theta = a - a\cos\theta = a(1 - \cos\theta)$$

사이클로이드로 서울에서 부산까지 편도로 10분!

서울과 부산을 직선 거리로 $400km$라고 어림잡고, 두 곳을 연결하는 사이클로이드 터널의 방정식은 $2a\pi = 400km$에 따라 다음과 같다.

$$x = 200(\theta - \sin\theta)/\pi$$
$$y = 200(1 - \cos\theta)/\pi$$
$$(단위는 km)$$

이 터널에 마찰이 없고 자유 낙하만으로 서울에서 부산을 오간다면 편도로 9분 30초 정도가 걸린다.

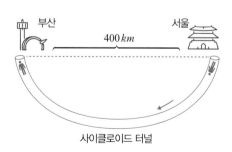

사이클로이드 터널

32 복소수의 사칙 연산

a, b, c, d가 실수이고, i가 허수 단위인 두 복소수를 $a+bi$, $c+di$라고 할 때, 복소수의 덧셈, 뺄셈, 곱셈, 나눗셈을 다음과 같이 정의한다.

(1) $(a+bi)+(c+di) = (a+c)+(b+d)i$

(2) $(a+bi)-(c+di) = (a-c)+(b-d)i$

(3) $(a+bi)(c+di) = (ac-bd)+(ad+bc)i$

(4) $\dfrac{a+bi}{c+di} = \dfrac{ac+bd}{c^2+d^2} + \dfrac{bc-ad}{c^2+d^2}i$

해설! 복소수의 덧셈, 뺄셈, 곱셈, 나눗셈

'제곱하면 -1이 되는 수'를 생각하고 이것을 문자 i로 나타냈을 때 이 i를 허수 단위라고 한다. 즉, i는 $i^2=-1$을 만족하는 하나의 수이다.

◉ $\sqrt{-1}=i$ 가 허수의 근본

음수 $-a\,(a>0)$의 제곱근은 $-a=ai^2$이므로 $\sqrt{a}\,i$와 $-\sqrt{a}\,i$이다. 그래서 양수 a에 관해 $\sqrt{-a}=\sqrt{a}\,i$로 정의한다. 특히 $\sqrt{-1}=i$가 된다.

◉ 복소수는 '실수부와 허수부'로 구성되어 있다

두 실수 a, b를 사용해 $a+bi$의 형태로 표시되는 수를 복소수라고 한다.

a를 실수부, b를 허수부라고 했을 때, 복소수는 허수부 b가 0이냐 아니냐에 따라 다음과 같이 분류된다.

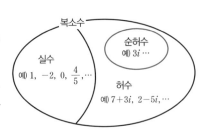

복소수 $a+bi$
(complex number) $\begin{cases} b=0 \text{ 일 때 } a+bi \text{ 는 실수} \\ \quad \text{(real number)} \\ \\ b\neq0 \text{ 일 때 } a+bi \text{ 는 허수} \\ \quad \text{(imaginary number)} \end{cases}$

(주) 특히 $a=0$, $b\neq0$일 때 순허수라고 한다.

◎ 복소수의 상등(실수부와 허수부로 나눠서 생각한다)

두 복소수 $a+bi$, $c+di$가 있고 '$a=c$ 그리고 $b=d$'일 때, '이 두 복소수는 같다.'라고 하고 '$a+bi=c+di$'라고 쓴다. 특히 $0=0+0i$이므로 다음의 동치 관계가 성립한다.

$$a+bi=0 \Leftrightarrow a=0 \text{ 그리고 } b=0$$

◎ 복소수의 사칙 연산

복소수의 사칙 연산은 첫머리와 같이 정의되는데, **이것은 허수 단위 i를 실수를 나타내는 문자로 생각하고 문자식의 사칙 연산 법칙에 따라서 계산한 다음 i^2을 -1로 치환**한 것과 같다.

이와 같이 복소수의 사칙 연산을 정의하면 복소수 전체의 집합은 덧셈, 뺄셈, 곱셈, 나눗셈(0으로 나누는 경우는 제외)에 관해 닫혀 있다(복소수 속에서 자유롭게 계산할 수 있다.)는 것과 덧셈과 곱셈의 교환 법칙과 결합 법칙, 그리고 곱셈의 분배 법칙이 성립한다는 것을 알 수 있다.

◎ 켤레 복소수의 세 가지 성질

복소수 $\alpha=a+bi$에 대하여 허수의 부호를 바꾼 복소수 $a-bi$를 α의 켤레 복소수라고 하며 $\overline{\alpha}$라고 적는다. 켤레 복소수에는 다음과 같은 성질이 있다.

(1) 켤레 복소수의 합과 곱은 모두 실수다.

즉, $\alpha+\overline{\alpha}=2a$, $\alpha\overline{\alpha}=a^2+b^2$

(2) 복소수 α가 실수이거나 허수일 조건은 다음과 같다.

α가 실수일 조건 $\Leftrightarrow \alpha = \overline{\alpha}$

α가 순허수일 조건 $\Leftrightarrow \alpha + \overline{\alpha} = 0 \, (\alpha \neq 0)$

(3) 켤레 복소수의 계산

$$\overline{\alpha \pm \beta} = \overline{\alpha} \pm \overline{\beta}, \quad \overline{\alpha \beta} = \overline{\alpha} \, \overline{\beta}, \quad \overline{\left(\dfrac{\alpha}{\beta}\right)} = \dfrac{\overline{\alpha}}{\overline{\beta}} \quad (\beta \neq 0)$$

◉ 복소수의 절댓값과 가우스 평면

복소수 $\alpha = a+bi$에 대해 $\sqrt{a^2+b^2}$ 을 α의 절댓값이라고 하고 $|\alpha|$라고 적는다. 이것은 0 이상의 실수이다.

$$|\alpha| = |a+bi| = \sqrt{a^2+b^2}$$

실수를 그림으로 나타낼 때는 수직선을 이용했다. 그러나 복소수 $\alpha = a+bi$를 그림으로 나타내려면 수직선으로는 무리가 있다.

$$\xrightarrow{\hspace{2cm} \underset{a}{\bullet} \hspace{2cm}}$$

실수 → 수직선으로 나타낼 수 있다.

복소수 → 수직선으로 나타낼 수 없다.

그래서 좌표 평면 위의 점 (a, b)가 복소수 $\alpha = a+bi$를 나타낸다고 생각할 수 있다. 이 평면을 복소평면 혹은 가우스 평면이라고 한다. 복소평면에서 가로축 위의 점은 실수를, 세로축 위의 점은 순허수를 나타낸다. 그래서 가로축을 실수축, 세로축을 허수축이라고 한다. 또 복소수 α를 나타내는 점을 단순히 점 α라고 한다.

복소평면으로 복소수를 표시하면 복소수의 절댓값이나 켤레 복소수를 이해하는 데 많은 도움이 된다.

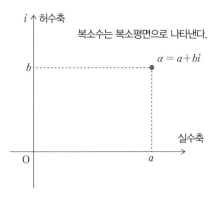

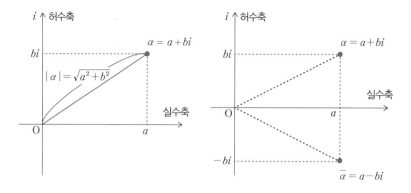

예제 다음 복소수를 계산하여라.

(1) $(3+2i)+(5+7i)$ (2) $(3+2i)-(5+7i)$

(3) $(3+2i)(5+7i)$ (4) $\dfrac{2+3i}{2-i}$

[해답]

(1) $(3+2i)+(5+7i) = (3+5)+(2+7)i = 8+9i$

(2) $(3+2i)-(5+7i) = (3-5)+(2-7)i = -2-5i$

(3) $(3+2i)(5+7i) = (15-14)+(21+10)i = 1+31i$

(4) $\dfrac{2+3i}{2-i} = \dfrac{(2+3i)(2+i)}{(2-i)(2+i)} = \dfrac{1+8i}{4+1} = \dfrac{1}{5}+\dfrac{8}{5}i$

허수의 발견!

16세기에 이탈리아의 수학자 라파엘 봄벨리는 음수의 제곱근의 중요성을 깨닫고 처음으로 '허수'를 정의했다. 당시는 0이나 음수조차 중요시되지 않았던 시절임을 생각하면 그의 선견지명에 놀라게 된다. 참고로, 제곱했을 때 -1이 되는 수를 i로 표기한 사람은 오일러(**34**)이다.

33 극형식과 드무아브르의 정리

두 복소수 z_1, z_2가 극형식 표시로 다음과 같이 주어졌다고 가정한다.

$$z_1 = r_1(\cos\theta_1 + i\sin\theta_1),\ z_2 = r_2(\cos\theta_2 + i\sin\theta_2)$$

이때, 다음 식이 성립한다.

(1) $z_1 z_2 = r_1 r_2(\cos(\theta_1 + \theta_2) + i\sin(\theta_1 + \theta_2))$

(2) $\dfrac{z_1}{z_2} = \dfrac{r_1}{r_2}(\cos(\theta_1 - \theta_2) + i\sin(\theta_1 - \theta_2))$

(3) $(\cos\theta + i\sin\theta)^n = \cos n\theta + i\sin n\theta$ ····· 드무아브르의 정리

해설! 복소수를 나타내기 위해

복소수 $z = a + bi$가 복소평면에 대응하는 점을 A라고 하고, $|z| = \mathrm{OA} = r$, OA와 실수축의 양의 부분이 이루는 각을 θ라고 하면,

$$z = a + bi = r(\cos\theta + i\sin\theta)$$

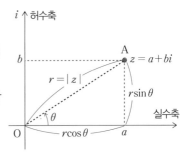

라고 쓸 수 있다. 이 표현을 복소수의 극형식(극좌표 표시)이라고 한다.

또 θ를 편각이라고 하며, 복소수 z의 편각을 $arg(z)$라고 쓴다. 즉, $\theta = arg(z)$이다.

◉ 곱셈은 회전, 나눗셈은 역회전

두 복소수를 z_1, z_2라고 하면, (1)에서

$$|z_1 z_2| = |z_1 \| z_2| \qquad \arg(z_1 z_2) = \arg(z_1) + \arg(z_2)$$

가 된다. 그러므로 z_1에 z_2를 곱한다는 것은 z_1의 절댓값을 $|z_2|$배 한 것을 다시

원점 중심으로 $\arg(z_2)$만큼 회전시키는 셈이 된다.

(2)에서 $\left| \dfrac{z_1}{z_2} \right| = \dfrac{|z_1|}{|z_2|}$ $\qquad \arg\left(\dfrac{z_1}{z_2} \right) = \arg(z_1) - \arg(z_2)$

가 된다. 그러므로 z_1을 z_2로 나눈다는 것은 z_1의 절댓값을 $|z_2|$로 나눈 것을 원점 중심으로 $\arg(z_2)$만큼 역회전시키는 셈이 된다.

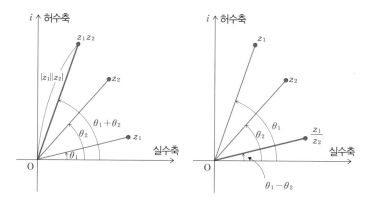

◉ i 를 곱하면 90° 회전, -1을 곱하면 180° 회전

'복소수 z에 i를 곱한다.'는 것은 $i = \cos \dfrac{\pi}{2} + i \sin \dfrac{\pi}{2}$ 이므로 $\dfrac{\pi}{2}$, 즉 90° 회전시킨다는 뜻이다. 또 '복소수 z에 -1을 곱한다.'는 것은 $-1 = \cos \pi + i \sin \pi$ 이므로 π, 즉 180° 회전한다는 의미다. 따라서 실수 a에 -1을 곱하면 수직선상에서 원점을 중심으로 180° 회전해 반대쪽에 위치한다.

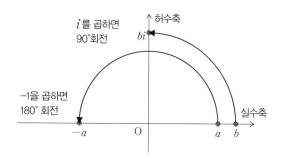

● 드무아브르의 정리로 삼각 함수의 배각 공식을 간단히 이끌어낼 수 있다

(3)의 드무아브르의 정리에서 $n=2$라고 하면 다음의 식을 얻을 수 있다.

$$(\cos\theta + i\sin\theta)^2 = \cos2\theta + i\sin2\theta \quad \cdots\cdots ①$$

또한 좌변을 전개하면,

$$(\cos\theta + i\sin\theta)^2 = \cos^2\theta - \sin^2\theta + 2i\sin\theta\cos\theta \quad \cdots\cdots ②$$

①, ②에서 실수부와 허수부에 주목하면 다음의 2배각 공식을 얻는다.

$$\cos2\theta = \cos^2\theta - \sin^2\theta, \ \sin2\theta = 2\sin\theta\cos\theta$$

이와 마찬가지로 $n=3, 4, \cdots\cdots$를 대입하면 3배각, 4배각, $\cdots\cdots$의 공식을 얻을 수 있다.

왜 그렇게 될까?

(1), (2)의 성립 근거는 삼각 함수의 덧셈 정리에 있다.

$$\sin(\alpha \pm \beta) = \sin\alpha\cos\beta \pm \cos\alpha\sin\beta \ (\text{복호동순})$$
$$\cos(\alpha \pm \beta) = \cos\alpha\cos\beta \mp \sin\alpha\sin\beta \ (\text{복호동순})$$

(1) $z_1z_2 = r_1r_2(\cos\theta_1 + i\sin\theta_1)(\cos\theta_2 + i\sin\theta_2)$
$\quad = r_1r_2\{(\cos\theta_1\cos\theta_2 - \sin\theta_1\sin\theta_2) + i(\cos\theta_1\sin\theta_2 + \sin\theta_1\cos\theta_2)\}$
$\quad = r_1r_2(\cos(\theta_1 + \theta_2) + i\sin(\theta_1 + \theta_2))$

(2) $\dfrac{z_1}{z_2} = \dfrac{r_1}{r_2}\dfrac{(\cos\theta_1 + i\sin\theta_1)}{(\cos\theta_2 + i\sin\theta_2)}$

$\quad = \dfrac{r_1}{r_2}\dfrac{(\cos\theta_1 + i\sin\theta_1)(\cos\theta_2 - i\sin\theta_2)}{(\cos\theta_2 + i\sin\theta_2)(\cos\theta_2 - i\sin\theta_2)}$

$\quad = \dfrac{r_1}{r_2}\dfrac{\{(\cos\theta_1\cos\theta_2 + \sin\theta_1\sin\theta_2) + i(\sin\theta_1\cos\theta_2 - \cos\theta_1\sin\theta_2)\}}{\cos^2\theta^2 + \sin^2\theta^2}$

$\quad = \dfrac{r_1}{r_2}(\cos(\theta_1 - \theta_2) + i\sin(\theta_1 - \theta_2))$

(3) 이것은 $r_1 = r_2 = 1$, $\theta_1 = \theta_2 = \theta$로서 (1)을 반복해서 사용하면 얻을 수 있다. 엄밀히는 수학적 귀납법(**65**)을 사용한다.

예제 극형식으로 다음을 계산하여라.

(1) $(1+\sqrt{3}\,i)(\sqrt{3}+i)$ (2) $\dfrac{1+\sqrt{3}\,i}{\sqrt{3}+i}$ (3) $(1+\sqrt{3}i)^{300}$

[해답] (1) $(1+\sqrt{3}\,i)(\sqrt{3}+i)=2\left(\dfrac{1}{2}+\dfrac{\sqrt{3}}{2}i\right)\times 2\left(\dfrac{\sqrt{3}}{2}+\dfrac{1}{2}i\right)$

$=4\left(\cos\dfrac{\pi}{3}+i\sin\dfrac{\pi}{3}\right)\left(\cos\dfrac{\pi}{6}+i\sin\dfrac{\pi}{6}\right)$

$=4\left\{\cos\left(\dfrac{\pi}{3}+\dfrac{\pi}{6}\right)+i\sin\left(\dfrac{\pi}{3}+\dfrac{\pi}{6}\right)\right\}=4\left(\cos\dfrac{\pi}{2}+i\sin\dfrac{\pi}{2}\right)=4i$

(2) $\dfrac{1+\sqrt{3}\,i}{\sqrt{3}+i}=\dfrac{2\left(\dfrac{1}{2}+\dfrac{\sqrt{3}}{2}i\right)}{2\left(\dfrac{\sqrt{3}}{2}+\dfrac{1}{2}i\right)}=\dfrac{\cos\dfrac{\pi}{3}+i\sin\dfrac{\pi}{3}}{\cos\dfrac{\pi}{6}+i\sin\dfrac{\pi}{6}}$

$=\cos\left(\dfrac{\pi}{3}-\dfrac{\pi}{6}\right)+i\sin\left(\dfrac{\pi}{3}-\dfrac{\pi}{6}\right)$

$=\cos\dfrac{\pi}{6}+i\sin\dfrac{\pi}{6}=\dfrac{\sqrt{3}}{2}+\dfrac{1}{2}i$

(3) $(1+\sqrt{3}i)^{300}=\left\{2\left(\dfrac{1}{2}+\dfrac{\sqrt{3}}{2}i\right)\right\}^{300}=\left\{2\left(\cos\dfrac{\pi}{3}+i\sin\dfrac{\pi}{3}\right)\right\}^{300}$

$=2^{300}\left(\cos\dfrac{300\pi}{3}+i\sin\dfrac{300\pi}{3}\right)=2^{300}(\cos 100\pi+i\sin 100\pi)$

$=2^{300}(\cos 2\times 50\pi+i\sin 2\times 50\pi)=2^{300}$

참고로 드무아브르의 정리는 다음 단원에서 소개할 '오일러의 공식'을 오일러가 이끌어낼 때 기본으로 사용한 정리이다.

34 오일러의 공식

$$e^{i\theta} = \cos\theta + i\sin\theta \cdots\cdots ①$$

(i는 허수 단위, e는 오일러 상수 $2.71828\cdots$)

해설! 삼각 함수와 지수 함수를 연결한다

이 오일러의 공식에서 우변인 $\cos\theta + i\sin\theta$의 의미는 무엇일까? θ를 실수라고 하면 $\cos\theta + i\sin\theta$는 극형식으로 표시된 복소수이며, 그 절댓값은 1이고 편각은 θ다.(오른쪽 그림) 따라서 이 복소수는 복소평면에서 '원점 중심, 반지름 1'인 단위원의 둘레 위에 있음을 알 수 있다.

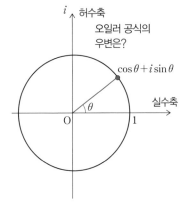

그렇다면 좌변의 $e^{i\theta}$은 어떤 의미일까? 이것은 지수 함수 $y = e^x$의 x에 $i\theta$를 대입한 것인데, 대체 어떤 수일까? 여기에서 오일러는 "$e^{i\theta}$은 $\cos\theta + i\sin\theta$이다."라고 주장했다.

$e^{i\theta} = \cos\theta + i\sin\theta$는 복소평면에서 보면 중심이 원점이고 반지름이 1인 단위원의 둘레 위에 있는 복소수였다. 그렇다면 일반 복소수를 지수로 표시할 경우 어떻게 될까? 일반적인 복소수 $z = a+bi$를 극형식으로 표현하면 $r(\cos\theta + i\sin\theta)$가 된다.

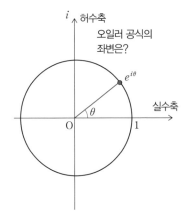

따라서, 다음과 같이 된다.

$$z = a + bi = r(\cos\theta + i\sin\theta) = re^{i\theta}$$

여기에서 $r = |z| = \sqrt{a^2 + b^2}$ 이다.

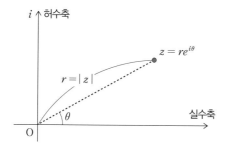

(주) 오일러 상수 e에 관해서는 도함수와 기본 함수의 도함수(**67**) 참고.

◉ 삼각 함수를 지수로 표시한다

오일러의 공식 ①은 복소수의 세계에서 삼각 함수와 지수 함수를 연결하는 강력한 공식이다. 복소수의 세계에서는 이 공식을 이용해 아래와 같이 삼각 함수를 지수 함수로 표현할 수 있다.

$$\cos\theta = \frac{e^{i\theta} + e^{-i\theta}}{2} \; , \; \sin\theta = \frac{e^{i\theta} - e^{-i\theta}}{2i}$$

삼각 함수는 미분이나 적분을 하면 형태를 바꾸지만 지수 함수 e^x은 형태를 바꾸지 않는다.(아래 참고)

$$(\sin x)' = \cos x, \; (\cos x)' = -\sin x, \; (e^x)' = e^x$$

이 오일러의 공식을 이용하면 sin과 cos의 계산을 지수 함수로 대신할 수 있어 복잡한 삼각 함수의 계산이 간단해진다.

오일러의 공식에 대한 증명은 테일러 전개를 이용한 매클로린의 정리(**76**)에서 소개하고, 여기에서는 드무아브르의 정리(**33**)를 바탕으로 오일러의 공식을 이끌어내 보겠다. 증명이 아니다.

드무아브르의 정리에 따라 정수 n에 관해 다음이 성립한다.

$$(\cos\theta + i\sin\theta)^n = \cos n\theta + i\sin n\theta \quad \cdots\cdots ②$$

$$(\cos\theta - i\sin\theta)^n = \cos n\theta - i\sin n\theta \quad \cdots\cdots ③ \ (주1)$$

②+③, ②−③에 따라

$$\cos n\theta = \frac{1}{2}\{(\cos\theta + i\sin\theta)^n + (\cos\theta - i\sin\theta)^n\} \quad \cdots\cdots ④$$

$$i\sin n\theta = \frac{1}{2}\{(\cos\theta + i\sin\theta)^n - (\cos\theta - i\sin\theta)^n\} \quad \cdots\cdots ⑤$$

여기에서 $x = n\theta$로 놓으면 ④, ⑤는

$$\cos x = \frac{1}{2}\left\{\left(\cos\frac{x}{n} + i\sin\frac{x}{n}\right)^n + \left(\cos\frac{x}{n} - i\sin\frac{x}{n}\right)^n\right\} \quad \cdots\cdots ⑥$$

$$i\sin x = \frac{1}{2}\left\{\left(\cos\frac{x}{n} + i\sin\frac{x}{n}\right)^n - \left(\cos\frac{x}{n} - i\sin\frac{x}{n}\right)^n\right\} \quad \cdots\cdots ⑦$$

⑥+⑦에 따라

$$\cos x + i\sin x = \left(\cos\frac{x}{n} + i\sin\frac{x}{n}\right)^n$$

$n \to \infty$일 때 $\dfrac{x}{n} \to 0$

또 $\dfrac{x}{n} \fallingdotseq 0$일 때, $\cos\dfrac{x}{n} \fallingdotseq 1$, $\sin\dfrac{x}{n} \fallingdotseq \dfrac{x}{n}$ $\cdots\cdots$(함수의 1차 근사(**75**))

따라서, $n \to \infty$일 때,

$$\cos x + i\sin x = \lim_{n\to\infty}\left(1 + i\frac{x}{n}\right)^n \quad \cdots\cdots ⑧$$

여기에서 $\displaystyle\lim_{n\to\infty}\left(1 + \frac{x}{n}\right)^n = e^x \quad \cdots\cdots ⑨ \ (주2)$

이 x에 ix를 대입하면, $\lim\limits_{n \to \infty}\left(1+\dfrac{ix}{n}\right)^n = e^{ix}$ ......⑩

⑧과 ⑩에서 오일러의 공식 $\cos x + i \sin x = e^{ix}$ ......①을 유도할 수 있다.

(주1) ②의 θ에 $-\theta$를 대입하면,

$$(\cos(-\theta)+i\sin(-\theta))^n = \cos(-n\theta)+i\sin(-n\theta) \cdots\cdots ③$$

$\cos$은 우함수이므로 $\cos(-\theta)=\cos\theta$, $\cos(-n\theta)=\cos n\theta$

$\sin$은 기함수이므로 $\sin(-\theta)=-\sin\theta$, $\sin(-n\theta)=-\sin n\theta$

(주2) 여기에서 $\lim\limits_{n\to\infty}\left(1+\dfrac{1}{n}\right)^n = e(=2.71828\cdots)$이므로(**67**)

$$\lim_{n\to\infty}\left(1+\frac{x}{n}\right)^n = \lim_{n\to\infty}\left(1+\frac{x}{n}\right)^{\frac{n}{x}x} = \lim_{\frac{n}{x}\to\infty}\left\{\left(1+\frac{x}{n}\right)^{\frac{n}{x}}\right\}^x = e^x$$

사용해 보면 알 수 있다!

(1) 오일러 공식의 θ에 π를 대입하면 다음 식을 얻는다.

$$e^{i\pi} = \cos\pi + i\sin\pi = -1, \text{ 즉 } e^{i\pi} = -1$$

이 식을 '오일러의 등식'이라고 하며, 원주율 π와 오일러 상수 e, 허수 단위 i의 관계를 표현한 것이다.

(2) $\dfrac{d}{dx}e^{ix} = \dfrac{d}{dt}e^t\dfrac{dt}{dx} = e^t \times i = ie^{ix}\ (t=ix)$

이것은 $\cos x + i\sin x$를 x로 미분한 것과 같은 함수다.

오일러의 공식은 가장 아름다운 공식?

오일러의 공식을 발견한 사람은 스위스에서 태어난 레온하르트 오일러(1707~1783)로, 18세기 최고의 수학자이자 물리학자다. 양자 역학 분야에서 업적을 남겨 노벨 물리학상을 받은 리처드 파인만은 오일러의 공식을 '인류의 보배'이며 '모든 공식 중에서 가장 아름다운 공식'이라고 찬양했다.

35 벡터의 정의

크기와 방향을 지닌 양을 벡터라고 한다. 벡터를 표현하는 방법에는 화살표 표시와 성분 표시가 있다.

벡터의 화살표 표시

오른쪽의 그림처럼 '크기'와 '방향'을 화살표로 표시한 것을 벡터의 화살표 표시라고 한다.

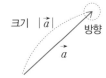

벡터의 화살표 표시

또한 두 벡터 $\vec{a}$, $\vec{b}$에 대해 아래의 그림과 같이 계산 규칙 $\vec{a} + \vec{b}$, $-\vec{a}$, $\vec{a} - \vec{b}$를 정의한다.

그리고 $\vec{a}$에 대해 크기가 같고 방향이 반대인 것을 역벡터라고 하고 '$-\vec{a}$'라고 표기하며, 크기가 0인 벡터를 영 벡터라고 하고 '$\vec{0}$'라고 표기한다.

(1) 벡터의 덧셈

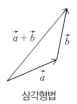

삼각형법

평행사변형법

(2) 역벡터

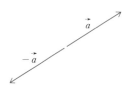

(3) 벡터의 뺄셈

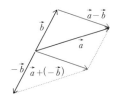

(4) 벡터의 k 배

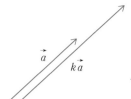

$\begin{cases} k>0일 \text{ 때, } \vec{a}와 \text{ 방향이 같고 크기는 } k배 \\ k=0일 \text{ 때, 영 벡터} \\ k<0일 \text{ 때, 방향이 반대이고 크기는 } -k배 \end{cases}$

벡터의 성분 표시

평면 위에 있는 임의의 벡터 $\vec{a}$ 는 기본 벡터 $\vec{e_1}$, $\vec{e_2}$(축과 방향이 같고 크기가 1인 벡터)를 사용해

$$\vec{a} = a_1 \vec{e_1} + a_2 \vec{e_2}$$

라고 쓸 수 있다. 이때 기본 벡터의 계수 a_1, a_2를 사용해 $\vec{a} = (a_1, a_2)$라고 표현한 것을 벡터의 성분 표시라고 한다.

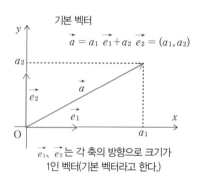

기본 벡터
$$\vec{a} = a_1 \vec{e_1} + a_2 \vec{e_2} = (a_1, a_2)$$

$\vec{e_1}$, $\vec{e_2}$는 각 축의 방향으로 크기가 1인 벡터(기본 벡터라고 한다.)

두 벡터 (a_1, a_2), (b_1, b_2) 에 대해 벡터의 덧셈, 역벡터, 벡터의 뺄셈, 벡터의 k배를 아래와 같이 계산할 수 있다.

(1) 벡터의 덧셈 : $(a_1, a_2)+(b_1, b_2) = (a_1+b_1, a_2+b_2)$

(2) 역벡터 : $-(a_1, a_2) = (-a_1, -a_2)$

(3) 벡터의 뺄셈 : $(a_1, a_2)-(b_1, b_2) = (a_1-b_1, a_2-b_2)$

(4) 벡터의 k배 : $k(a_1, a_2) = (ka_1, ka_2)$

(5) 벡터의 크기 : $\vec{a} = (a_1, a_2)$일 때 $|\vec{a}| = \sqrt{a_1^2 + a_2^2}$

36 벡터의 일차 독립

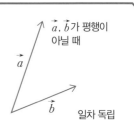

평면 위의 영 벡터가 아닌 두 벡터 $\vec{a}$, $\vec{b}$가 평행이 아닐 때, 이 두 벡터는 일차 독립이라고 한다. 또 이때 평면 위의 임의의 벡터 $\vec{p}$는 실수 m, n을 사용해서 $\vec{p} = m\vec{a} + n\vec{b}$로 나타낼 수 있다.

$\vec{a}$, $\vec{b}$가 평행이 아닐 때

일차 독립

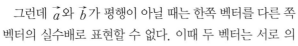

해설! 일차 독립과 일차 종속

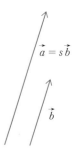

두 벡터 $\vec{a}$, $\vec{b}$가 평행일 때, 어떤 실수 s가 존재하며 $\vec{a} = s\vec{b}$라고 쓸 수 있다.(오른쪽 그림) 이것은 한쪽이 다른 한쪽에 의존(종속)하는 셈이 된다. 그래서 이 경우 두 벡터 $\vec{a}$, $\vec{b}$는 일차 종속이라고 한다.

$\vec{a} = s\vec{b}$

그런데 $\vec{a}$와 $\vec{b}$가 평행이 아닐 때는 한쪽 벡터를 다른 쪽 벡터의 실수배로 표현할 수 없다. 이때 두 벡터는 서로 의존하지 않기 때문에 일차 독립이라고 한다. 평면 위에 있는 임의의 벡터는 반드시 일차 독립인 다른 두 벡터의 실수배의 합으로 나타낼 수 있다.

왜 그렇게 될까?

$\vec{p}$와 $\vec{a}$, $\vec{b}$의 시점을 일치시키면 두 벡터 $\vec{a}$, $\vec{b}$는 평행이 아니므로 오른쪽 그림과 같은 평행사변형 ODPC를 그릴 수 있다. 또,

$\overrightarrow{OC} /\!/ \overrightarrow{OA}$ 이므로 $\overrightarrow{OC} = m\vec{a}$

$\overrightarrow{OD} /\!/ \overrightarrow{OB}$ 이므로 $\overrightarrow{OD} = n\vec{b}$

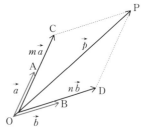

라고 쓸 수 있다.

따라서 $\vec{p} = \overrightarrow{OC} + \overrightarrow{OD} = m\vec{a} + n\vec{b}$ 라고 쓸 수 있다.

성분 표시를 사용해도 이해할 수 있다!

두 벡터 $\vec{a} = (1, 2)$, $\vec{b} = (2, 1)$은 평행이 아니므로 일차 독립이다. 이때 실수 m, n을 이용해서 임의의 벡터 $\vec{p} = (s, t)$를 $\vec{p} = m\vec{a} + n\vec{b}$로 표현해 보자.

$$\vec{p} = m\vec{a} + n\vec{b}$$

라고 하면, 다음과 같다.

$$(s, t) = m(1, 2) + n(2, 1) = (m + 2n, 2m + n)$$

따라서,

$$m + 2n = s,\ 2m + n = t \ \cdots\cdots①$$

이것을 m, n에 대해 풀면, 다음과 같다.

$$m = \frac{2t - s}{3},\ n = \frac{2s - t}{3} \ \cdots\cdots②$$

따라서, 다음과 같이 쓸 수 있다.

$$\vec{p} = \frac{2t - s}{3}\vec{a} + \frac{2s - t}{3}\vec{b}$$

(주) $\vec{0}$가 아닌 $\vec{a}$와 $\vec{b}$가 서로 평행이 아닐 때 일차 독립이라고 한다. 식에서는 ①로부터 구할 수 있는 ②가 단 한 가지뿐일 때 $\vec{a}$와 $\vec{b}$의 일차 독립이라고 한다.

37 벡터의 내적

(1) 두 벡터 $\vec{a}$와 $\vec{b}$가 이루는 각을 θ라고 할 때, $|\vec{a}\|\vec{b}|\cos\theta$를 $\vec{a}$, $\vec{b}$의 내적이라고 정의하고 $\vec{a}\cdot\vec{b}$라고 쓴다.

즉, $\vec{a}\cdot\vec{b} = |\vec{a}\|\vec{b}|\cos\theta$

(2) 두 벡터를 $\vec{a} = (a_1,\ a_2)$와 $\vec{b} = (b_1,\ b_2)$라고 할 때,

$\vec{a}\cdot\vec{b} = a_1 b_1 + a_2 b_2$

해설! 외적과 내적?

두 벡터 $\vec{a}$, $\vec{b}$가 이루는 각 θ는 두 벡터의 시점을 일치시켰을 때 생기는 각이다. 두 벡터 $\vec{a}$와 $\vec{b}$의 내적은 정의에서 알 수 있듯이 벡터가 아니라 단순한 수(스칼라)이다. 또한 벡터의 곱셈에는 내적 외에 외적도 있다.

왜 그렇게 될까?

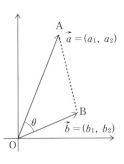

그림에서 $\overrightarrow{OA} = \vec{a} = (a_1,\ a_2)$, $\overrightarrow{OB} = \vec{b} = (b_1,\ b_2)$라고 하고 이 두 벡터가 이루는 각을 θ라고 한다. 여기에서 삼각형 OAB에 코사인 법칙(**24**)을 사용하면,

$$AB^2 = OA^2 + OB^2 - 2OA\cdot OB\cos\theta$$

이 식을 성분을 사용해서 나타내면 다음과 같다.

$$(a_1 - b_1)^2 + (a_2 - b_2)^2$$
$$= a_1{}^2 + a_2{}^2 + b_1{}^2 + b_2{}^2 - 2|\vec{a}\|\vec{b}|\cos\theta$$

이것을 전개해 정리하면 다음과 같다.

$$|\vec{a}\|\vec{b}|\cos\theta = a_1 b_1 + a_2 b_2$$

따라서 내적의 정의 $\vec{a}\cdot\vec{b} = |\vec{a}\|\vec{b}|\cos\theta$에 따라,

$$\vec{a}\cdot\vec{b} = a_1 b_1 + a_2 b_2$$가 된다.

사용해 보면 알 수 있다!

(1) 내적의 정의 $\vec{a}\cdot\vec{b} = |\vec{a}\|\vec{b}|\cos\theta$와 $\vec{a}\cdot\vec{b} = a_1 b_1 + a_2 b_2$에서 공식

$$\cos\theta = \frac{a_1 b_1 + a_2 b_2}{\sqrt{a_1{}^2 + a_2{}^2}\sqrt{b_1{}^2 + b_2{}^2}}$$ 를 얻는다. 이에 따라 두 벡터의 성분을 알면

벡터가 이루는 각을 구할 수 있다.

예를 들어, 두 벡터 $\vec{a} = (3, \sqrt{3})$과 $\vec{b} = (\sqrt{3}, 3)$이 이루는 각 θ는,

$$\cos\theta = \frac{\vec{a}\cdot\vec{b}}{|\vec{a}\|\vec{b}|} = \frac{3\sqrt{3} + 3\sqrt{3}}{\sqrt{9+3}\sqrt{3+9}} = \frac{6\sqrt{3}}{12} = \frac{\sqrt{3}}{2}$$ 이므로,

$\theta = 30°$이다.

(2) 벡터의 수직 조건을 내적으로 표현해 보자.

두 벡터 $\vec{a}\cdot\vec{b}$가 수직이라면 θ가 직각이어서
$\cos\theta = 0$이 되므로 내적은 0이 된다.

따라서 다음과 같다고 할 수 있다.

'$\vec{a}$, $\vec{b}$의 내적이 $0 \Leftrightarrow \vec{a} \perp \vec{b}$'

이것은 다양한 분야에서 사용되는 중요한 공식이다.

참고로, 내적은 물리의 세계에서는 '**일**'에 해당한다. 즉, 힘의 이동 방향으로의 정사영($|\vec{f}|\cos\theta$)×이동 거리($|\vec{s}|$) = 내적($\vec{f}\cdot\vec{s}$)이라고 할 수 있다.

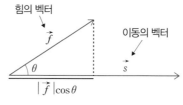

물리의 '일'과 벡터의 내적

38 분점의 공식

두 점 A, B의 위치 벡터를 $\vec{a}$, $\vec{b}$라고 할 때, 선분 AB를 $m:n$으로 나누는 점 P의 위치 벡터 $\vec{p}$는 다음 식을 얻을 수 있다.

$$\vec{p} = \frac{m\vec{b} + n\vec{a}}{m+n} \quad \cdots\cdots ①$$

단,

내분일 때, m과 n은 같은 부호

외분일 때, m과 n은 다른 부호

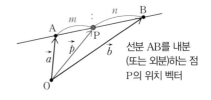

선분 AB를 내분
(또는 외분)하는 점
P의 위치 벡터

해설! 내분점과 외분점

평면이나 공간 안에 한 점 O를 고정시키고 이것을 원점이라고 부르도록 한다. 그러면 평면이나 공간 안의 임의의 점 P에 대해 $\overrightarrow{OP}$가 단 하나 결정된다. 이 $\overrightarrow{OP}$를 점 P의 위치 벡터라고 한다.

◎ 내분점이란?

선분 AB 위의 점 P가 AP:PB $= m:n$을 만족할 때 이 점 P를 '선분 AB를 $m:n$으로 내분하는 점(내분점)'이라고 한다.

내분한다.

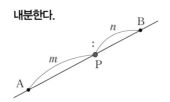

선분 AB를 $m:n$으로 내분
(선분 BA를 $n:m$으로 내분)

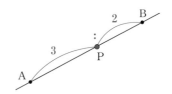

선분 AB를 3:2로 내분
(선분 BA를 2:3으로 내분)

◎ 외분점이란?

선분 AB의 연장선상에 있는 점 P가 AP:PB$=m:n$을 만족할 때 이 점 P를 '선분 AB를 $m:n$으로 외분하는 점(외분점)'이라고 한다. m과 n의 대소 관계에 따라 점 P가 선분 AB의 어느 쪽 연장선상에 있는지가 달라진다.

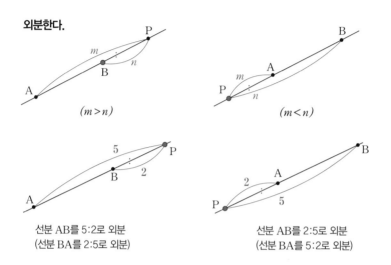

외분한다.

$(m>n)$

$(m<n)$

선분 AB를 5:2로 외분
(선분 BA를 2:5로 외분)

선분 AB를 2:5로 외분
(선분 BA를 5:2로 외분)

참고로, 선분 AB를 외분할 경우는 A에서 출발해 일단 선분 AB의 연장선상으로 나갔다가 다시 B로 돌아오게 된다. 그래서 '선분 AB를 $m:n$으로 외분한다'를 '선분 AB를 $m:-n$으로 **나눈다**'라든가 '선분 AB를 $-m:n$으로 **나눈다**'와 같이 음수로 표현할 때도 있다.

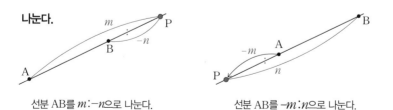

나눈다.

선분 AB를 $m:-n$으로 나눈다.

선분 AB를 $-m:n$으로 나눈다.

(1) $m:n$으로 내분

$\quad$ m, n 모두 양수일 경우는

$$\vec{p} = \vec{a} + \overrightarrow{AP} = \vec{a} + \frac{m}{m+n}\overrightarrow{AB}$$

$$= \vec{a} + \frac{m}{m+n}(\vec{b} - \vec{a})$$

$$= \frac{(m+n)\vec{a} + m(\vec{b} - \vec{a})}{m+n} = \frac{m\vec{b} + n\vec{a}}{m+n}$$

여기에서

$$\frac{m\vec{b} + n\vec{a}}{m+n} = \frac{(-m)\vec{b} + (-n)\vec{a}}{(-m) + (-n)}$$

그러므로, ①은 m과 n이 모두 음수여도 성립한다.

(2) $m:n$으로 외분

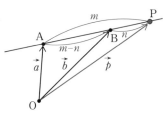

$\quad$ $m > n > 0$이고 AB를 $m:n$으로 외분할 경우
는 B가 AP를 $m-n:n$으로 내분하는 점이
된다. 그러므로,

$$\vec{b} = \frac{(m-n)\vec{p} + n\vec{a}}{(m-n) + n}$$

이것을 $\vec{p}$에 대해 풀면 $\vec{p} = \dfrac{m\vec{b} - n\vec{a}}{m-n}$ ......②

$n > m > 0$이고 AB를 $m:n$으로 외분할 경우도 똑같은 방법을 사용하면

$\vec{p} = \dfrac{-m\vec{b} + n\vec{a}}{-m+n}$ 를 얻는다. 또, $\dfrac{m\vec{b} - n\vec{a}}{m-n} = \dfrac{-m\vec{b} + n\vec{a}}{-m+n}$이므로 ②는

①에서 m과 n이 서로 다른 부호일 경우에 해당한다.

$\quad$ (1)과 (2)에 따라 내분이든 외분이든 분점은 ①로 나타낼 수 있다. 수학에서는
이와 같이 언뜻 달라 보이는 세계를 통일된 식으로 표현할 수 있는 경우가 드물
지 않다. 수학의 아름다운 일면이다.

◉ 분점의 위치를 좌표로 나타낸다

분점의 공식 ①을 성분 표시하면 분점을 좌표로 나타내는 것도 가능하다.

$\vec{p} = (x, y)$, $\vec{a} = (x_1, y_1)$, $\vec{b} = (x_2, y_2)$ 라고 하고 ①을 성분 표시하면,

$$x = \frac{mx_2 + nx_1}{m+n}, \quad y = \frac{my_2 + ny_1}{m+n} \quad \cdots\cdots ③$$

$\vec{p} = (x, y, z)$, $\vec{a} = (x_1, y_1, z_1)$, $\vec{b} = (x_2, y_2, z_2)$ 라고 하고 ①을 성분 표시하면,

$$x = \frac{mx_2 + nx_1}{m+n}, \quad y = \frac{my_2 + ny_1}{m+n}, \quad z = \frac{mz_2 + nz_1}{m+n} \quad \cdots\cdots ④$$

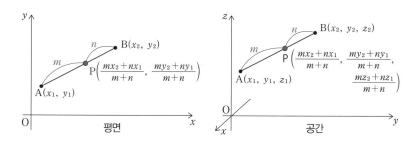

평면   공간

예제 A(1, 2), B(4, 3)이라고 할 때, 선분 AB를 3 : 2로 내분하는 점 P, 외분하는 점 Q 의 위치 벡터를 성분 표시하여라.

[해답] 점 A, B, P, Q의 위치 벡터를 각각 $\vec{a}$, $\vec{b}$, $\vec{p}$, $\vec{q}$ 라고 할 때,

$m=3$, $n=2$일 경우,

$$\vec{p} = \frac{3\vec{b} + 2\vec{a}}{3+2} = \frac{3(4, 3) + 2(1, 2)}{5} = \frac{(12, 9) + (2, 4)}{5}$$
$$= \frac{(14, 13)}{5} = \left(\frac{14}{5}, \frac{13}{5}\right)$$

$m=3$, $n=-2$일 경우,

$$\vec{q} = \frac{3\vec{b} - 2\vec{a}}{3-2} = \frac{3(4, 3) - 2(1, 2)}{1} = (12, 9) - (2, 4) = (10, 5)$$

39 평면 도형의 벡터 방정식

(1) 점 C가 중심이고 반지름이 r인 원의
벡터 방정식

$$|\vec{p} - \vec{c}| = r$$

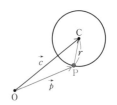

(2) 점 A를 지나가고 $\vec{e}$와 평행한 직선 l의
벡터 방정식

$$\vec{p} = \vec{a} + t\vec{e} \quad (t는 임의의 실수)$$

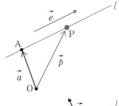

(3) 점 A를 지나고 $\vec{n}$과 수직인 직선 l의
벡터 방정식

$$(\vec{p} - \vec{a}) \cdot \vec{n} = 0$$

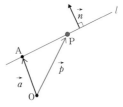

해설! 벡터의 방정식

도형 F 위에 있는 임의의 점 P의 위치 벡터 $\vec{p}$가 만족해야 할 벡터 사이의 관계(조건)식을 도형 F의 벡터 방정식이라고 한다.

벡터 방정식을 성분 표시하면 xy평면에서 x와 y에 관한 방정식이 된다. 가령 (2)의 벡터 방정식을 $\vec{p} = (x, y)$, $\vec{a} = (x_1, y_1)$, $\vec{e} = (h, k)$로 성분 표시하면 다음과 같다.

$$(x, y) = (x_1, y_1) + t(h, k) = (x_1 + th, y_1 + tk)$$

그리고 직선의 방정식은 임의의 실수 t를 사용해,

$$x = x_1 + th$$
$$y = y_1 + tk \quad (t\text{는 임의의 실수})$$

로 표시할 수 있다. 이 t를 매개 변수라고 한다. 이 두 식에서 매개 변수 t를 소거하면 h, k가 모두 0이 아닐 때,

$$t = \frac{x - x_1}{h}, \ t = \frac{y - y_1}{k} \ \text{이므로,}$$

$$\frac{x - x_1}{h} = \frac{y - y_1}{k} \ \text{이다.}$$

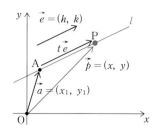

왜 그렇게 될까?

(1)의 경우, P가 원둘레 위의 어느 위치에 있더라도 $\overrightarrow{PC}$ 의 크기는 r이 된다. 따라서 $|\overrightarrow{CP}| = r$이 되어 $|\vec{p} - \vec{c}| = r$을 얻는다.

(2)의 경우, P가 직선 l 위의 어느 위치에 있더라도 $\overrightarrow{OP} = \overrightarrow{OA} + \overrightarrow{AP}$ 이므로 적당한 실수 t를 사용해 $\vec{p} = \vec{a} + t\vec{e}$ 라고 쓸 수 있다.

(3)의 경우, P가 직선 l 위의 어느 위치에 있더라도 $\overrightarrow{AP} \perp \vec{n}$ 이므로 $\overrightarrow{AP} \cdot \vec{n} = 0$ 이 된다.(**37**) 따라서 $(\vec{p} - \vec{a}) \cdot \vec{n} = 0$ 이 성립한다.

예제 x와 y를 사용해 점 C$(3, 2)$가 중심이고 반지름이 5인 원의 방정식을 구하여라.

[해답] 이 원의 벡터 방정식은 $|\vec{p} - \vec{c}| = r$ 이 된다. 여기에서 $\vec{p}$ 는 원 위에 있는 임의의 점의 위치 벡터이고, $\vec{c}$ 는 점 C의 위치 벡터다. 이 방정식에서 $\vec{p} = (x, y)$, $\vec{c} = (3, 2)$, $r = 5$ 라고 하면,

$\vec{p} - \vec{c} = (x - 3, y - 2)$ 이므로 $\sqrt{(x-3)^2 + (y-2)^2} = 5$ 가 된다.

이 양변을 제곱하면 아래와 같다.

$$(x - 3)^2 + (y - 2)^2 = 5^2$$

이것이 x와 y를 사용한 원의 방정식이다.

40 공간 도형의 벡터 방정식

3차원 공간에서 구면, 직선, 평면의 벡터 방정식

(1) 점 C를 중심으로 반지름이 r인 구면의
   벡터 방정식

$$|\vec{p} - \vec{c}| = r$$

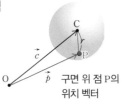

구면 위 점 P의
위치 벡터

(2) 점 A를 지나가고 $\vec{e}$와 평행한 직선 l의
   벡터 방정식

$$\vec{p} = \vec{a} + t\vec{e} \ (t\text{는 임의의 실수})$$

(주) $\vec{e}$를 직선 l의 방향 벡터라고 한다.

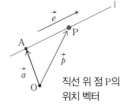

직선 위 점 P의
위치 벡터

(3) 점 A를 지나고 $\vec{n}$과 수직인 평면 α의
   벡터 방정식

$$(\vec{p} - \vec{a}) \cdot \vec{n} = 0$$

(주) $\vec{n}$을 평면 α의 법선 벡터라고 한다.

평면 위 점 P의
위치 벡터

해설! 공간 도형의 벡터

(1)은 앞 단원의 원의 벡터 방정식과 같다. C를 지나가는 평면으로 구면을 자르면 그 단면은 원이 되기 때문이다.(121쪽의 왼쪽 그림) (2)는 직선의 벡터 방정식인데, 이것은 평면에서든 공간에서든 똑같다. (3)은 앞 단원의 직선의 벡터 방정식과 같다. 평면을 평면으로 자르면 그 단면은 직선이 되기 때문이다.(121쪽의 오른쪽 그림)

여기에서는 전형적인 세 가지 도형에 대한 벡터 방정식을 소개했는데, 전부 표현이 간결하다. 이 벡터 방정식을 성분 표시하면 x, y, z에 관한 방정식을 얻는다.

구면을 평면으로 자른다.→ 원   평면을 평면으로 자른다.→ 직선

왜 그렇게 될까?

(1)의 경우, P가 구면 위의 어느 위치에 있더라도 $\overrightarrow{PC}$의 크기는 r이 된다. 따라서 $|\overrightarrow{CP}| = r$이 되어 $|\vec{p} - \vec{c}| = r$을 얻는다.

(2)의 경우, P가 직선 l 위의 어느 위치에 있더라도 $\overrightarrow{OP} = \overrightarrow{OA} + \overrightarrow{AP}$이므로 적당한 실수 t를 사용해 $\vec{p} = \vec{a} + t\vec{e}$라고 쓸 수 있다.

(3)의 경우, P가 평면 α 위의 어느 위치에 있더라도 $\overrightarrow{AP} \perp \vec{n}$이므로 $\overrightarrow{AP} \cdot \vec{n} = 0$이 된다.(**37**) 따라서 $(\vec{p} - \vec{a}) \cdot \vec{n} = 0$이 성립한다.

참고로 (3)은 $\vec{p} = (x, y, z)$, $\vec{a} = (a_1, a_2, a_3)$, $\vec{n} = (h, k, j)$라고 하고 벡터 방정식을 성분 표시하면 $h(x-a_1) + k(y-a_2) + j(z-a_3) = 0$을 얻는다. 이것으로 3차원 좌표 공간에서 평면 방정식은 x, y, z의 1차 방정식임을 알 수 있다.

예제 점 A$(4, 5, 6)$을 지나가고 $\vec{n} = (1, 2, 3)$에 수직인 평면의 x, y, z에 관한 방정식을 구하여라.

[해답] 이 문제의 벡터 방정식은 $(\vec{p} - \vec{a}) \cdot \vec{n} = 0$ ……① 이 된다. 여기에서

$\vec{p} = (x, y, z)$, $\vec{a} = (4, 5, 6)$이므로 $\vec{p} - \vec{a} = (x-4, y-5, z-6)$ 이다.

이것을 ①에 대입하면

$$1 \times (x-4) + 2(y-5) + 3(z-6) = 0 \text{ 이 되고,}$$

정리하면 다음과 같다.

$$x + 2y + 3z - 32 = 0$$

41 두 벡터에 수직인 벡터

3차원 공간에서 다음의 벡터 $\vec{c}$는 두 벡터

$$\vec{a} = (a_1, a_2, a_3), \vec{b} = (b_1, b_2, b_3)$$

에 수직인 벡터다.

$$\vec{c} = (a_2b_3 - a_3b_2, a_3b_1 - a_1b_3, a_1b_2 - a_2b_1) \cdots ①$$

해설! 공간에서 수직인 벡터?

위와 같이 두 벡터 $\vec{a}$, $\vec{b}$에서 만들어진 벡터 $\vec{c}$의 성분은 복잡해서 금방 이해가 되지 않는다. 그럴 때는 다음 그림을 통해 관계를 파악해 보자.

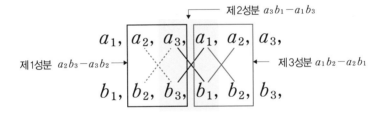

(주) 다음 단원의 행렬식(**42**)을 사용하면 $\vec{c} = \left(\begin{vmatrix} a_2 & a_3 \\ b_2 & b_3 \end{vmatrix}, \begin{vmatrix} a_3 & a_1 \\ b_3 & b_1 \end{vmatrix}, \begin{vmatrix} a_1 & a_2 \\ b_1 & b_2 \end{vmatrix} \right)$이라고 쓸 수 있다.

왜 그렇게 될까?

여기에서는 $\vec{a} \perp \vec{c}$ 그리고 $\vec{b} \perp \vec{c}$임을 살펴보기 위해 먼저 $\vec{a}$와 $\vec{c}$의 내적을 계산해 보겠다.

$$\vec{a} \cdot \vec{c} = a_1(a_2b_3 - a_3b_2) + a_2(a_3b_1 - a_1b_3) + a_3(a_1b_2 - a_2b_1)$$
$$= a_1a_2b_3 - a_1a_3b_2 + a_2a_3b_1 - a_2a_1b_3 + a_3a_1b_2 - a_3a_2b_1 = 0$$

따라서 $\vec{a} \perp \vec{c}$가 된다. 이와 마찬가지로 $\vec{b} \cdot \vec{c} = 0$이므로 $\vec{b} \perp \vec{c}$가 된다.

> **예제** $\vec{a} = (1,\ 2,\ 3)$과 $\vec{b} = (-2,\ 4,\ 5)$에 수직이 되는 벡터를 구하여라.

[해답] 첫머리의 공식 ①에 대입하면,

$(2 \times 5 - 3 \times 4,\ 3 \times (-2) - 1 \times 5,\ 1 \times 4 - 2 \times (-2)) = (-2,\ -11,\ 8)$

◎ 외적이란 무엇일까?

벡터에 내적이 있다면 당연히 '외적'도 있을 것 같지 않은가? 실제로 외적은 있다. 그렇다면 외적은 무엇일까?

두 벡터 $\vec{a} = (a_1,\ a_2,\ a_3)$와 $\vec{b} = (b_1,\ b_2,\ b_3)$가 있을 때, 이 벡터의 내적은

$$\vec{a} \cdot \vec{b} = |\vec{a}| |\vec{b}| \cos\theta = a_1 b_1 + a_2 b_2 + a_3 b_3$$ 이었다.

한편 $\vec{a}$와 $\vec{b}$의 외적은

$(a_2 b_3 - a_3 b_2,\ a_3 b_1 - a_1 b_3,\ a_1 b_2 - a_2 b_1)$을 의미하며, $\vec{a} \times \vec{b}$로 표현한다. 즉, ①의 벡터이다.

이때 외적 $\vec{a} \times \vec{b}$의 방향은 오른쪽 그림과 같이 오른손의 엄지손가락과 둘째손가락, 가운뎃손가락을 수직으로 세우고 엄지손가락을 $\vec{a}$의 방향, 둘째손가락을 $\vec{b}$의 방향에 맞췄을 때 '가운뎃손가락의 방향'이 된다.

오른손

$\vec{c}$ = 외적 $(\vec{a} \times \vec{b})$

또 외적 $\vec{a} \times \vec{b}$의 크기는 $\vec{a}$와 $\vec{b}$가 만드는 평행사변형의 넓이와 같다. 이제 외적의 이미지가 조금 잡힐 것이다.

참고로, $\vec{a} \times \vec{b} = -\vec{b} \times \vec{a}$ 이다.

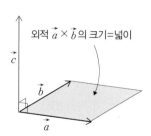

외적 $\vec{a} \times \vec{b}$의 크기=넓이

42 행렬의 계산 규칙

> (1) 수나 식을 직사각형 모양으로 나열한 것을 행렬이라고 한다. 행수가
> m이고 열수가 n인 행렬을 $m \times n$ 행렬이라고 한다.
> (2) 행렬의 덧셈, 뺄셈, 곱셈 등을 다음과 같이 정의한다.
>   (가) k배 : 행렬의 k(실수)배는 각 성분을 k배
>   (나) 덧셈 : 대응하는 성분끼리의 합
>   (다) 뺄셈 : 대응하는 성분끼리의 차
>   (라) 곱셈 : $m \times n$행렬 A와 $n \times l$행렬 B를 곱한 행렬 C는 $m \times l$행렬
>   이며, 그 ij성분은 행렬 A의 제i행 벡터와 행렬B의 제j열 벡터의
>   내적이다.

해설! 행과 열이어서 '행렬'?

(1)의 정의를 보면 왠지 어렵게 느껴질지도 모르지만, 결국은 '수를 직사각형으로 늘어놓아 정리한 것'을 행렬이라고 한다. 예시를 살펴보면 한눈에 이해할수 있다.

$$2 \times 3 \text{행렬} \begin{pmatrix} 2 & -3 & 5 \\ -7 & 1 & 8 \end{pmatrix} \quad 2 \times 2 \text{행렬} \ A = \begin{pmatrix} a & b \\ c & d \end{pmatrix}$$

여기에서 가로줄을 행, 세로줄을 열이라고 한다. 또 행렬의 i행을 제i행 벡터, j열을 제j열 벡터라고 하며, i행j열의 성분을 ij성분이라고 한다.

(2)에서는 행렬 사이의 계산을 정의했다. 덧셈이나 뺄셈은 금방 이해가 되겠지만, 벡터의 내적(37)을 이용한 곱셈의 정의는 처음에는 어색할 것이다. 그러나익숙해지면 이 정의의 훌륭함을 알 수 있다.

◉ 행렬의 계산 규칙을 구체적으로 살펴보자

다음의 예를 보면 행렬의 계산 규칙을 쉽게 이해할 수 있을 것이다.

(가) k배의 예 : $3\begin{pmatrix} a & b & c \\ d & e & f \end{pmatrix} = \begin{pmatrix} 3a & 3b & 3c \\ 3d & 3e & 3f \end{pmatrix}$

(나) 덧셈의 예 : $\begin{pmatrix} a & b & c \\ d & e & f \end{pmatrix} + \begin{pmatrix} p & q & r \\ s & t & u \end{pmatrix} = \begin{pmatrix} a+p & b+q & c+r \\ d+s & e+t & f+u \end{pmatrix}$

(주) 덧셈에서는 교환 법칙이 성립한다.

(다) 뺄셈의 예 : $\begin{pmatrix} a & b & c \\ d & e & f \end{pmatrix} - \begin{pmatrix} p & q & r \\ s & t & u \end{pmatrix} = \begin{pmatrix} a-p & b-q & c-r \\ d-s & e-t & f-u \end{pmatrix}$

(라) 곱셈의 예 : $\begin{pmatrix} a & b & c \\ d & e & f \end{pmatrix}\begin{pmatrix} p & q \\ r & s \\ t & u \end{pmatrix} = \begin{pmatrix} ap+br+ct & aq+bs+cu \\ dp+er+ft & dq+es+fu \end{pmatrix}$

위에서 (라)의 곱셈을 $AB = C$ 라고 쓰면, 가령 C의 1×2성분은 A의 제1행 벡터$(\begin{matrix} a & b & c \end{matrix})$와 B의 제2열 벡터$\begin{pmatrix} q \\ s \\ u \end{pmatrix}$의 내적(대응하는 성분끼리의 곱의 합), 즉 $aq+bs+cu$가 된다.

$$\begin{pmatrix} a & b & c \\ d & e & f \end{pmatrix}\begin{pmatrix} p & q \\ r & s \\ t & u \end{pmatrix} = \begin{pmatrix} ap+br+ct & aq+bs+cu \\ dp+er+ft & dq+es+fu \end{pmatrix}$$

주의할 점은 A의 열수와 B의 행수가 같지 않으면 곱 AB를 계산할 수 없다는 것이다. 또한 AB와 BA를 계산할 수 있다고 해도 $AB = BA$가 되지는 않는다. **즉, 곱셈에 대해서는 교환 법칙이 성립하지 않는다.** 다만 곱셈에 대한 배분 법칙과 결합 법칙은 성립한다. 따라서 곱셈 연산이 가능한 행렬은 다음과 같다.

$A(B+C) = AB+AC$, $(A+B)C = AC+BC$, $(AB)C = A(BC)$

◉ 특수한 행렬을 알아 두자

영 행렬 : 모든 성분이 0인 행렬이다.

영행렬은 O으로 표기하며, 수의 세계의 0에 해당한다.

예) $O = \begin{pmatrix} 0 & 0 & 0 \\ 0 & 0 & 0 \end{pmatrix}$

정사각 행렬 : 행의 수와 열의 수가 같은 행렬이다.

단위행렬 : ii의 성분이 1, 다른 성분이 0인 정사각 행렬이다.

단위행렬은 E로 표기하며, 수의 세계의 1에 해당한다.

예) $E = \begin{pmatrix} 1 & 0 \\ 0 & 1 \end{pmatrix}$

사용해 보면 알 수 있다!

(1) $A = \begin{pmatrix} 1 & 0 \\ 1 & 0 \end{pmatrix}$, $B = \begin{pmatrix} 0 & 0 \\ 1 & 0 \end{pmatrix}$일 때

$$AB = \begin{pmatrix} 1 & 0 \\ 1 & 0 \end{pmatrix}\begin{pmatrix} 0 & 0 \\ 1 & 0 \end{pmatrix} = \begin{pmatrix} 0 & 0 \\ 0 & 0 \end{pmatrix}$$

$$BA = \begin{pmatrix} 0 & 0 \\ 1 & 0 \end{pmatrix}\begin{pmatrix} 1 & 0 \\ 1 & 0 \end{pmatrix} = \begin{pmatrix} 0 & 0 \\ 1 & 0 \end{pmatrix}$$

이 예를 보면 '$AB = O$이더라도 반드시 $A = O$ 또는 $B = O$인 것은 아니다.'라고 할 수 있다. 참고로 '$A \neq O$, $B \neq O$, $AB = O$'인 A, B를 영 인자라고 한다.

(2) 연립 방정식 $\begin{cases} ax + by = s \\ cx + dy = t \end{cases}$ 는 행렬 $\begin{pmatrix} a & b \\ c & d \end{pmatrix}\begin{pmatrix} x \\ y \end{pmatrix} = \begin{pmatrix} s \\ t \end{pmatrix}$로 쓸 수 있다.

이것은 $A = \begin{pmatrix} a & b \\ c & d \end{pmatrix}$, $X = \begin{pmatrix} x \\ y \end{pmatrix}$, $B = \begin{pmatrix} s \\ t \end{pmatrix}$로 놓으면 $AX = B$라고 쓸 수 있다.

연립 방정식을 행렬로 표현하면 1차 방정식으로 볼 수 있다.

개념 넓히기

행렬식

   행렬은 수를 직사각형으로 늘어놓은 것이었는데, 행렬을 정사각형으로 늘어놓은 것에 값을 부여한 행렬식이라는 것이 있다.

● 2차 행렬식

   2×2행렬 $A = \begin{pmatrix} a_{11} & a_{12} \\ a_{21} & a_{22} \end{pmatrix}$에 대해 $a_{11}a_{22} - a_{12}a_{21}$을 행렬 A의 행렬식

   이라고 하고 $|A|$라고 표기한다. 즉, 아래와 같다.

$$\begin{vmatrix} a_{11} & a_{12} \\ a_{21} & a_{22} \end{vmatrix} = a_{11}a_{22} - a_{12}a_{21}$$

● 3차 행렬식

   3×3행렬 $A = \begin{pmatrix} a_{11} & a_{12} & a_{13} \\ a_{21} & a_{22} & a_{23} \\ a_{31} & a_{32} & a_{33} \end{pmatrix}$에 대해

$$a_{11}a_{22}a_{33} + a_{12}a_{23}a_{31} + a_{13}a_{21}a_{32} - a_{13}a_{22}a_{31} - a_{11}a_{23}a_{32} - a_{12}a_{21}a_{33}$$

   을 행렬 A의 행렬식이라고 하고 $|A|$라고 표기한다. 즉, 아래와 같다.

$$\begin{vmatrix} a_{11} & a_{12} & a_{13} \\ a_{21} & a_{22} & a_{23} \\ a_{31} & a_{32} & a_{33} \end{vmatrix} = a_{11}a_{22}a_{33} + a_{12}a_{23}a_{31} + a_{13}a_{21}a_{32}$$
$$- a_{13}a_{22}a_{31} - a_{11}a_{23}a_{32} - a_{12}a_{21}a_{33}$$

   이 행렬식에는 '사루스의 법칙'이라는 암기법이 있다.

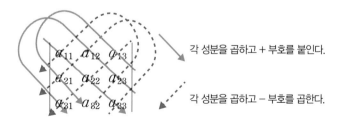

각 성분을 곱하고 + 부호를 붙인다.

각 성분을 곱하고 – 부호를 곱한다.

43 역행렬의 공식

$A = \begin{pmatrix} a & b \\ c & d \end{pmatrix}$ 에 대해

(1) $ad - bc \neq 0$ 라면 역행렬이 존재하며 $A^{-1} = \dfrac{1}{ad - bc} \begin{pmatrix} d & -b \\ -c & a \end{pmatrix}$

(2) $ad - bc = 0$ 이라면 역행렬은 존재하지 않는다.

해설! 역행렬이란 무엇일까?

정사각 행렬 A에 대해 $AX = XA = E$가 되는 행렬 X를 행렬 A의 역행렬이라고 하고 A^{-1}이라고 표기한다. 즉, 다음 식이다.

$$A^{-1}A = AA^{-1} = E$$

여기에서 E는 단위행렬이며, 역행렬을 갖는 행렬을 정칙 행렬(가역 행렬)이라고 한다.

참고로, $ad - bc$는 행렬 A의 행렬식 $|A|$를 의미한다.(**42**) 그렇다면 행렬 A가 정칙 행렬일 조건은 $|A| \neq 0$ 라고 쓸 수 있다.

역행렬은 수의 세계로 치면 역수에 해당한다. '나눗셈은 역수를 곱하는 것'이라고 할 수 있으므로 '역행렬을 곱하는 것'은 행렬의 나눗셈에 해당한다.

왜 그렇게 될까?

$X = \begin{pmatrix} x & y \\ u & v \end{pmatrix}$ 라고 하면, $AX = E$는 다음과 같다.

$$\begin{pmatrix} a & b \\ c & d \end{pmatrix} \begin{pmatrix} x & y \\ u & v \end{pmatrix} = \begin{pmatrix} ax + bu & ay + bv \\ cx + du & cy + dv \end{pmatrix} = \begin{pmatrix} 1 & 0 \\ 0 & 1 \end{pmatrix}$$

따라서

$$ax+bu=1 \ \cdots\cdots① \quad ay+bv=0 \qquad\qquad \cdots\cdots②$$

$$cx+du=0 \ \cdots\cdots③ \quad cy+dv=1 \qquad\qquad \cdots\cdots④$$

①×d−③×b이므로 $(ad-bc)x=d$ $\qquad\qquad \cdots\cdots⑤$

①×c−③×a이므로 $(ad-bc)u=-c$ $\qquad\qquad \cdots\cdots⑥$

②×d−④×b이므로 $(ad-bc)y=-b$ $\qquad\qquad \cdots\cdots⑦$

②×c−④×a이므로 $(ad-bc)v=a$ $\qquad\qquad \cdots\cdots⑧$

(i) 여기에서 $ad-bc\neq0$이면, ⑤, ⑥, ⑦, ⑧에 따라

$$x=\frac{d}{ad-bc}, \ y=\frac{-b}{ad-bc}, \ u=\frac{-c}{ad-bc}, \ v=\frac{a}{ad-bc}$$

그러므로 $X=\begin{pmatrix} x & y \\ u & v \end{pmatrix}=\dfrac{1}{ad-bc}\begin{pmatrix} d & -b \\ -c & a \end{pmatrix}$ 이다.

또, 이때 $XA=E$가 성립함을 계산으로 알 수 있다.

(ii) $ad-bc=0$이면 ⑤, ⑥, ⑦, ⑧을 만족하는 x, y, u, v는 $a=b=c=d=0$만이 존재한다. 그러나 이때도 $A=O$가 되기 때문에 $AX=XA=E$를 만족하는 X는 존재하지 않는다.

(주) 일반적으로 n차 정사각 행렬에도 그 역행렬을 생각할 수 있다. 다만 2차 행렬만큼 단순하지는 않다.

예제 $A=\begin{pmatrix} 1 & 2 \\ 3 & 4 \end{pmatrix}$의 역행렬을 구하여라.

[해답] 역행렬의 공식에 따라 다음과 같이 구할 수 있다.

$$A^{-1}=\frac{1}{1\times4-2\times3}\begin{pmatrix} 4 & -2 \\ -3 & 1 \end{pmatrix}=-\frac{1}{2}\begin{pmatrix} 4 & -2 \\ -3 & 1 \end{pmatrix}$$

$$=\begin{pmatrix} -2 & 1 \\ \dfrac{3}{2} & -\dfrac{1}{2} \end{pmatrix}$$

44 행렬과 연립 방정식

2원 1차 연립 방정식 $\begin{cases} ax+by=p \\ cx+dy=q \end{cases}$ 는 $\begin{pmatrix} a & b \\ c & d \end{pmatrix}\begin{pmatrix} x \\ y \end{pmatrix}=\begin{pmatrix} p \\ q \end{pmatrix}$ 라고 쓸 수

있으며, 다음이 성립한다.

(1) $ad-bc \neq 0$일 때 $\begin{pmatrix} x \\ y \end{pmatrix}=\begin{pmatrix} a & b \\ c & d \end{pmatrix}^{-1}\begin{pmatrix} p \\ q \end{pmatrix}$ 이다.

(2) $ad-bc=0$일 때 '부정' 또는 '불능'이다.

해설! 연립 방정식을 기계적으로 풀 수 있다!

연립 방정식은 행렬을 사용하면 위와 같이 간결하게 쓸 수 있다. 여기에서,

$$A = \begin{pmatrix} a & b \\ c & d \end{pmatrix}, \ X = \begin{pmatrix} x \\ y \end{pmatrix}, \ B = \begin{pmatrix} p \\ q \end{pmatrix} \cdots\cdots ①$$

이라고 하면 연립 방정식은 $AX=B$라고 쓸 수 있다. 물론 이것은 2원 1차 연립 방정식에만 적용되는 이야기가 아니다. n원 1차 연립 방정식에도 일반적으로 적용된다. 따라서 연립 방정식을 푼다는 것은 $AX=B$를 만족하는 X를 구하는 것을 뜻하며, 결국 미지수 계수의 행렬 A의 역행렬 A^{-1}을 구하면 되는 셈이다.

이것은 매우 중요한 사실로, 연립 방정식을 기계적으로 풀 수 있음을 의미한다.

◎ 2×2행렬의 역행렬 A^{-1}

2×2행렬 $A = \begin{pmatrix} a & b \\ c & d \end{pmatrix}$의 역행렬 A^{-1}은 $ad-bc \neq 0$일 때, 다음과 같다.(**43**)

$$A^{-1} = \frac{1}{ad-bc}\begin{pmatrix} d & -b \\ -c & a \end{pmatrix}$$

왜 그렇게 될까?

130쪽의 ①을 사용하면 2원 1차 연립 방정식을 $AX=B$라고 쓸 수 있다. 따라서 $ad-bc\neq0$일 때는 행렬 A가 역행렬 A^{-1}을 가지므로 $AX=B$의 각 변에 이것을 곱한다.

$$A^{-1}AX=A^{-1}B \text{ 따라서, } X=A^{-1}B$$

$ad-bc=0$일 때는 a, b, c, d, p, q의 값에 따라 부정(해가 무수히 많다.) 또는 불능(해가 존재하지 않는다.) 중 하나가 된다.

예제 행렬을 사용해서 다음 연립 방정식을 풀어라.

(1) $\begin{cases} x+2y=3 \\ 3x+4y=5 \end{cases}$ (2) $\begin{cases} x+2y=3 \\ 2x+4y=6 \end{cases}$ (3) $\begin{cases} x+2y=3 \\ 2x+4y=5 \end{cases}$

[해답] (1) $ad-bc=1\times4-2\times3\neq0$

$$\binom{x}{y}=\begin{pmatrix} 1 & 2 \\ 3 & 4 \end{pmatrix}^{-1}\binom{3}{5}=\frac{1}{1\times4-2\times3}\begin{pmatrix} 4 & -2 \\ -3 & 1 \end{pmatrix}\binom{3}{5}$$

$$=-\frac{1}{2}\binom{4\times3-2\times5}{-3\times3+1\times5}=-\frac{1}{2}\binom{2}{-4}=\binom{-1}{2}$$

(2) $ad-bc=1\times4-2\times2=0$

$$\begin{cases} x+2y=3 \\ 2x+4y=6 \end{cases} \Leftrightarrow \begin{cases} x+2y=3 \\ x+2y=3 \end{cases} \Leftrightarrow x+2y=3$$

이것을 만족하는 해는 무수히 많다. $y=t$, $x=3-2t$ (t는 임의의 수)

(3) $ad-bc=1\times4-2\times2=0$

$$\begin{cases} x+2y=3 \\ 2x+4y=5 \end{cases} \Leftrightarrow \begin{cases} 2x+4y=6 \\ 2x+4y=5 \end{cases}$$

이것을 만족하는 해는 존재하지 않는다. 즉, 불능이다.

45 행렬과 1차 변환

(1) 평면상의 점 $\begin{pmatrix} x \\ y \end{pmatrix}$ 를 점 $\begin{pmatrix} x' \\ y' \end{pmatrix}$ 로
옮기는 변환식은 다음과 같다.

$$\begin{pmatrix} x' \\ y' \end{pmatrix} = \begin{pmatrix} a & b \\ c & d \end{pmatrix} \begin{pmatrix} x \\ y \end{pmatrix} \cdots\cdots ①$$

이 때의 변환 f 를 1차 변환이라고 한다.

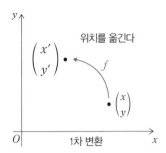

(2) 1차 변환의 특징은 행렬 A 에 따라 결정되며, 공식은 다음과 같다.

① x 축에 대한 대칭 이동 $A = \begin{pmatrix} 1 & 0 \\ 0 & -1 \end{pmatrix}$

② y 축에 대한 대칭 이동 $A = \begin{pmatrix} -1 & 0 \\ 0 & 1 \end{pmatrix}$

③ 직선 $y=x$ 에 대한 대칭 이동 $A = \begin{pmatrix} 0 & 1 \\ 1 & 0 \end{pmatrix}$

④ 원점에 대한 대칭 이동 $A = \begin{pmatrix} -1 & 0 \\ 0 & -1 \end{pmatrix}$

⑤ 항등변환(자기 자신으로 이동) $A = \begin{pmatrix} 1 & 0 \\ 0 & 1 \end{pmatrix}$

⑥ 원점을 중심으로 k 배 $A = \begin{pmatrix} k & 0 \\ 0 & k \end{pmatrix}$

⑦ 원점을 중심으로 θ 회전 $A = \begin{pmatrix} \cos\theta & -\sin\theta \\ \sin\theta & \cos\theta \end{pmatrix}$

해설! 점의 이동을 나타내는 1차 변환

$A = \begin{pmatrix} a & b \\ c & d \end{pmatrix}$, $\vec{u} = \begin{pmatrix} x \\ y \end{pmatrix}$, $\vec{u'} = \begin{pmatrix} x' \\ y' \end{pmatrix}$ 라고 하면 ①은 $\vec{u'} = A\vec{u}$ 라고 쓸 수 있다.

이때, 행렬 A를 1차 변환을 나타내는 행렬이라고 한다. 평면 위에서의 점의 이동뿐만 아니라 3차원 공간에서의 점의 이동도 1차 변환이며, 3차원 공간의 경우 1차 변환을 나타내는 행렬은 3차 정사각 행렬이 된다.

왜 그렇게 될까?

첫머리의 공식 ⑦을 살펴보자.

$$x = r\cos\alpha, \quad y = r\sin\alpha$$

일 때, 이것을 원점을 중심으로 θ만큼
회전시킨 점은

$$x' = r\cos(\alpha+\theta) \qquad y' = r\sin(\alpha+\theta)$$

라고 쓸 수 있다.

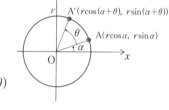

이것은 삼각 함수의 덧셈 정리에 따라 다음과 같다.

$$x' = r\cos(\alpha+\theta) = r\cos\alpha\cos\theta - r\sin\alpha\sin\theta = x\cos\theta - y\sin\theta$$
$$y' = r\sin(\alpha+\theta) = r\sin\alpha\cos\theta + r\cos\alpha\sin\theta = y\cos\theta + x\sin\theta$$

그러므로 $\begin{pmatrix} x' \\ y' \end{pmatrix} = \begin{pmatrix} \cos\theta & -\sin\theta \\ \sin\theta & \cos\theta \end{pmatrix}\begin{pmatrix} x \\ y \end{pmatrix}$ 가 된다.

예제 점 $(3, 4)$를 원점을 중심으로 $60°$ 회전시킨 점 (x, y)를 구하여라.

[해답] 공식 ⑦에 대입하면 다음과 같다.

$$\begin{pmatrix} x \\ y \end{pmatrix} = \begin{pmatrix} \cos\left(\dfrac{\pi}{3}\right) & -\sin\left(\dfrac{\pi}{3}\right) \\ \sin\left(\dfrac{\pi}{3}\right) & \cos\left(\dfrac{\pi}{3}\right) \end{pmatrix}\begin{pmatrix} 3 \\ 4 \end{pmatrix} = \begin{pmatrix} \dfrac{3-4\sqrt{3}}{2} \\ \dfrac{3\sqrt{3}+4}{2} \end{pmatrix}$$

46 고윳값과 고유 벡터

(1) $A = \begin{pmatrix} a & b \\ c & d \end{pmatrix}$에 대해 어떤 벡터 $\vec{u}\,(\neq 0)$가 존재하고 $A\vec{u} = k\vec{u}\,(k$는

수)가 될 때, k를 행렬 A의 고윳값, $\vec{u}$를 고윳값 k에 대한 고유 벡터라고 한다.

(2) 행렬 $A = \begin{pmatrix} a & b \\ c & d \end{pmatrix}$의 고윳값 k는 다음 2차 방정식의 해가 된다.

$$k^2 - (a+d)k + (ad-bc) = 0 \cdots\cdots ①$$

해설! 고유 벡터를 구하려면

영 벡터가 아닌 벡터 $\vec{u}$를 1차 변환 f로 옮기면 자기 자신의 k배가 되었을 때, k를 고윳값, $\vec{u}$를 고유 벡터라고 한다. 그림으로 나타내면 오른쪽 그림과 같다.

①로 고윳값 k를 구한다는 것이 (2)의 설명이다. 참고로, 이 ①을 행렬 A의 고유 방정식(특성 방정식)이라고 한다.

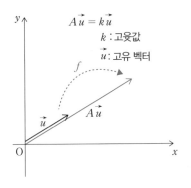

◉ 고유 방정식은 행렬식으로 표현한다

행렬 A의 고유 방정식은 행렬식(**42**)을 사용해 $|A-kE| = 0$으로 나타낼 수 있다. 단, E는 단위행렬이다. 그 이유는 다음과 같다.

$$|A-kE| = \begin{vmatrix} a-k & b \\ c & d-k \end{vmatrix} = (a-k)(d-k) - bc$$

$$= k^2 - (a+d)k + ad - bc = 0$$

왜 그렇게 될까?

첫머리 (2)의 공식 ①을 살펴보자.

$A\vec{u} = k\vec{u}$ 이므로 $A\vec{u} - k\vec{u} = (A - kE)\vec{u} = \vec{0}$ 이 된다. 이 식을 만족하는 $\vec{u}\,(\neq 0)$가 존재하려면 $A - kE = \begin{pmatrix} a-k & b \\ c & d-k \end{pmatrix}$의 역행렬이 존재해서는 안 된다. 존재할 경우, 그것을 $(A - kE)\vec{u} = \vec{0}$의 왼쪽에서 곱하면 $\vec{u} = \vec{0}$이 되기 때문이다. 따라서

$$(a-k)(d-k) - bc = 0$$

이 되어 ①을 얻는다.

예제 $A = \begin{pmatrix} 1 & 1 \\ -2 & 4 \end{pmatrix}$ 의 고윳값과 고유 벡터를 구하여라.

[해답] 고유 방정식에 따라 $k^2 - 5k + 6 = (k-2)(k-3) = 0$ 이다.

$k = 2$일 때 $\begin{pmatrix} 1 & 1 \\ -2 & 4 \end{pmatrix}\begin{pmatrix} x \\ y \end{pmatrix} = 2\begin{pmatrix} x \\ y \end{pmatrix}$이므로 $y - x = 0$이다. 따라서 고유 벡터는 $\begin{pmatrix} t \\ t \end{pmatrix}$이다.

$k = 3$일 때 $\begin{pmatrix} 1 & 1 \\ -2 & 4 \end{pmatrix}\begin{pmatrix} x \\ y \end{pmatrix} = 3\begin{pmatrix} x \\ y \end{pmatrix}$이므로 $y - 2x = 0$이다. 따라서 고유 벡터는 $\begin{pmatrix} t \\ 2t \end{pmatrix}$이다.

없어서는 안 될 도구, 고윳값과 고유 벡터

고윳값과 고유 벡터는 일반적으로 2차 정사각 행렬뿐만 아니라 n차 정사각 행렬에도 정의할 수 있다. 역사를 살펴보면 이 개념은 미분 방정식 등 행렬이 아닌 다른 분야의 연구에서 탄생했다고 한다. 18세기 이후 베르누이, 달랑베르, 오일러 등이 현의 운동을 연구하는 과정에서 고윳값 문제에 부딪힌 것으로 알려져 있다.

고윳값과 고유 벡터는 현재 자연 과학과 정보 공학, 통계학, 미분 방정식, 벡터 해석 등 실로 다양한 분야에서 없어서는 안 될 도구가 되었다.

47 행렬의 n제곱의 공식

행렬 A의 고윳값이 서로 다른 두 실수일 때, A^n은 다음과 같이 계산할 수 있다.

(1) A의 고윳값 α, β와 고유 벡터 $\begin{pmatrix} p_1 \\ p_2 \end{pmatrix}$, $\begin{pmatrix} q_1 \\ q_2 \end{pmatrix}$를 구한다.

(2) $A^n = \begin{pmatrix} p_1 & q_1 \\ p_2 & q_2 \end{pmatrix} \begin{pmatrix} \alpha^n & 0 \\ 0 & \beta^n \end{pmatrix} \begin{pmatrix} p_1 & q_1 \\ p_2 & q_2 \end{pmatrix}^{-1}$

해설! 행렬의 'n제곱'의 공식

가령 1차 변환 f를 n번 반복할 때 원래의 점이 어디로 이동할지 생각해 보자. 이때 1차 변환 f를 나타내는 행렬을 A라고 하면 A^n을 계산할 필요가 있다. 이 공식은 행렬 A의 고윳값과 고유 벡터를 구할 수 있으면 A^n을 구할 수 있음을 보여 준다. 여기에서는 2×2행렬을 다루지만, 이 원리는 n차 정사각 행렬로 확장할 수 있다.

왜 그렇게 될까?

행렬 $A = \begin{pmatrix} a & b \\ c & d \end{pmatrix}$의 고윳값이 서로 다른 두 실수 α, β일 때, 고윳값 α, β의 고유 벡터를 $\begin{pmatrix} p_1 \\ p_2 \end{pmatrix}$, $\begin{pmatrix} q_1 \\ q_2 \end{pmatrix}$, $P = \begin{pmatrix} p_1 & q_1 \\ p_2 & q_2 \end{pmatrix}$로 놓으면 $P^{-1}AP = \begin{pmatrix} \alpha & 0 \\ 0 & \beta \end{pmatrix}$가 된다. 이 정리는 대각 행렬(행 번호와 열 번호가 다른 성분은 전부 0), 즉 대각화를 할 때 없어서는 안 될 정리로, 대각 행렬을 사용하면 다음과 같이 A^n을 구할 수 있다.

$B = P^{-1}AP = \begin{pmatrix} \alpha & 0 \\ 0 & \beta \end{pmatrix}$ 로 놓으면 $B^2 = \begin{pmatrix} \alpha & 0 \\ 0 & \beta \end{pmatrix} \begin{pmatrix} \alpha & 0 \\ 0 & \beta \end{pmatrix} = \begin{pmatrix} \alpha^2 & 0 \\ 0 & \beta^2 \end{pmatrix}$ 에서

알 수 있듯이 $B^n = \begin{pmatrix} \alpha^n & 0 \\ 0 & \beta^n \end{pmatrix}$ 이 된다.

여기에서 $B = P^{-1}AP$ 이므로 다음과 같이 나열할 수 있다.

$$B^2 = P^{-1}APP^{-1}AP = P^{-1}A^2P$$

$$B^3 = B^2B = P^{-1}A^2PP^{-1}AP = P^{-1}A^3P$$

$$\cdots\cdots\cdots$$

$$B^n = B^{n-1}B = P^{-1}A^{n-1}PP^{-1}AP = P^{-1}A^nP$$

그러므로 $A^n = PB^nP^{-1}$ 이다.

예제 $A = \begin{pmatrix} 1 & 1 \\ -2 & 4 \end{pmatrix}$ 일 때, A^n 을 구하여라.

[채답] 이 행렬의 고윳값과 고유 벡터는 다음과 같다. **(46)**

고윳값 2, 고유 벡터 $\begin{pmatrix} t \\ t \end{pmatrix}$ 와 고윳값 3, 고유 벡터 $\begin{pmatrix} t \\ 2t \end{pmatrix}$

여기에서 계산을 간단히 하기 위해 고유 벡터로 $\begin{pmatrix} 1 \\ 1 \end{pmatrix}$ 과 $\begin{pmatrix} 1 \\ 2 \end{pmatrix}$ 를 적용하면,

$$A^n = \begin{pmatrix} 1 & 1 \\ 1 & 2 \end{pmatrix} \begin{pmatrix} 2^n & 0 \\ 0 & 3^n \end{pmatrix} \begin{pmatrix} 1 & 1 \\ 1 & 2 \end{pmatrix}^{-1} = \begin{pmatrix} 1 & 1 \\ 1 & 2 \end{pmatrix} \begin{pmatrix} 2^n & 0 \\ 0 & 3^n \end{pmatrix} \begin{pmatrix} 2 & -1 \\ -1 & 1 \end{pmatrix}$$

$$= \begin{pmatrix} 2^n & 3^n \\ 2^n & 2\times3^n \end{pmatrix} \begin{pmatrix} 2 & -1 \\ -1 & 1 \end{pmatrix} = \begin{pmatrix} 2^{n+1}-3^n & -2^n+3^n \\ 2^{n+1}-2\times3^n & -2^n+2\times3^n \end{pmatrix}$$

위의 계산에서는 특정 고유 벡터를 사용했지만, 고유 벡터를 $\begin{pmatrix} s \\ s \end{pmatrix}$, $\begin{pmatrix} t \\ 2t \end{pmatrix}$ 로 해도 계산 결과는 같다.

48 케일리-해밀턴 정리

$$A = \begin{pmatrix} a & b \\ c & d \end{pmatrix} \text{일 때 } A^2 - (a+d)A + (ad-bc)E = O \cdots\cdots ①$$

해설! 행렬의 n제곱이나 역행렬을 구할 때 사용한다

①은 케일리-해밀턴 정리라고 하며, 임의의 2차 정사각 행렬에 대해 성립한다. 여기에서 위의 2차 정사각 행렬 A에 대해

$$f(x) = x^2 - (a+d)x + (ad-bc) = 0$$

을 고유 방정식 또는 특성 방정식이라고 한다. 그러면 ①은

$$f(A) = A^2 - (a+d)A + (ad-bc)E = O$$

라고 쓸 수 있다. 이 정리는 A^n의 계산이나 역행렬 A^{-1}을 구할 때 사용된다.

왜 그렇게 될까?

①의 케일리-해밀턴 정리가 성립하는 이유는 간단하다. ①의 좌변을 성분으로 표시해 계산해 보면 알 수 있다.

$$A^2 - (a+d)A + (ad-bc)E$$
$$= \begin{pmatrix} a & b \\ c & d \end{pmatrix}\begin{pmatrix} a & b \\ c & d \end{pmatrix} - (a+d)\begin{pmatrix} a & b \\ c & d \end{pmatrix} + (ad-bc)\begin{pmatrix} 1 & 0 \\ 0 & 1 \end{pmatrix} = \cdots = O$$

예제 다음 행렬을 간단하게 만들어라.

$$\begin{pmatrix} 3 & -1 \\ 5 & -2 \end{pmatrix}^3 + 2\begin{pmatrix} 3 & -1 \\ 5 & -2 \end{pmatrix}^2 - 3\begin{pmatrix} 3 & -1 \\ 5 & -2 \end{pmatrix} - \begin{pmatrix} 1 & 0 \\ 0 & 1 \end{pmatrix}$$

[해답] $A = \begin{pmatrix} 3 & -1 \\ 5 & -2 \end{pmatrix}$ 라고 하면, 주어진 식은 $A^3 + 2A^2 - 3A - E$ 라고 쓸 수 있다.

케일리–해밀턴 정리에 따라,

$$A^2 - A - E = O \text{이므로 } A^2 = A + E \text{ 이다.}$$

이것을 주어진 식에 반복해서 대입하면 다음과 같다.

$$\begin{aligned}
A^3 + 2A^2 - 3A - E &= A(A+E) + 2(A+E) - 3A - E \\
&= A^2 + A + 2A + 2E - 3A - E \\
&= A + E + E = A + 2E \\
&= \begin{pmatrix} 3 & -1 \\ 5 & -2 \end{pmatrix} + 2\begin{pmatrix} 1 & 0 \\ 0 & 1 \end{pmatrix} = \begin{pmatrix} 5 & -1 \\ 5 & 0 \end{pmatrix}
\end{aligned}$$

참고로, 정식의 나눗셈을 이용해 몫과 나머지를 구하고 다음과 같이 푸는 방법도 있다.

$$x^3 + 2x^2 - 3x - 1 = (x^2 - x - 1)(x+3) + x + 2$$

$x^2 - x - 1 = 0$을 이용하면 $A^3 + 2A^2 - 3A - E = A + 2E$

개념 넓히기

n차 정사각 행렬에서의 케일리–해밀턴 정리

케일리–해밀턴 정리는 2차 정사각 행렬에 대해서만 성립하는 것이 아니다. 일반적인 n차 정사각 행렬 A에 대해 성립한다. 즉, 행렬 $A - xE$의 행렬식 $|A - xE|$(**42**)를 0으로 놓은 행렬 A의 고유 방정식 $|A - xE| = 0$에서 얻는 n차 방정식은 다음과 같다.

$$f(x) = x^n + a_{n-1}x^{n-1} + \cdots\cdots + a_1 x + a_0 = 0$$

여기서 x에 A를 대입하고 a_0을 $a_0 E$로 고쳐 쓰면 다음 식이 성립한다.

$$f(A) = A^n + a_{n-1}A^{n-1} + \cdots\cdots + a_1 A + a_0 E = O$$

참고로 이 정리는 영국의 아서 케일리(1821~1895)가 발견한 것으로 알려져 있지만, 윌리엄 로언 해밀턴(고차원 복소수인 사원수를 고안한 아일랜드의 수학자, 1805~1865)의 연구에서 많은 도움을 받았다는 케일리의 발언과 두 사람의 시간적 순서를 고려해 '해밀턴–케일리 정리'라고 부르기도 한다.

49 함수 그래프의 평행 이동 공식

함수 $y=f(x)$ ……①의 그래프를 x 축
방향으로 p , y 축 방향으로 q 만큼 평행
이동시킨 그래프가 나타내는 함수는

$$y=f(x-p)+q$$ ……②

가 된다.

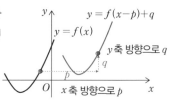

해설! 그래프의 평행 이동

두 변수 x , y 사이에 x 의 값이 결정되면 그에 대응하는 y 의 값이 결정된다고
할 때, ' y 는 x 의 함수'라고 하고 $y=f(x)$ 라고 적는다. 위의 ②는 함수의 그래프
의 평행 이동 공식으로 자주 사용된다.

이 공식 ②에서 y 축 방향은 q 만큼 평행 이동하므로 ' $+q$ '인 것이 쉽게 이해가
되지만, x 축 방향은 헷갈리기 쉽다. x 축 방향으로 p 만큼 평행 이동하는데 왜 ' $+p$ '
가 아닌 ' $-p$ '인지 금방 이해가 되지 않을 것이다. 이에 관해서는 '왜 그렇게 될
까?'에서 설명하겠다.

참고로 이 평행 이동 공식을 외울 때는 ②를

$$y-q=f(x-p)$$ ……③

로 변환시키는 편이 좋다. x 축 방향으로 p 만큼 평행 이동하면 $y=f(x)$ 의 x 를
 $x-p$ 로 고쳐 쓰고 y 축 방향으로 q 만큼 평행 이동하면 $y=f(x)$ 의 y 를 $y-q$ 로 고
쳐 쓰는 형식이 되므로 둘 다 '빼는 것'으로 통일할 수 있기 때문이다.

왜 그렇게 될까?

 x 와 y 를 동시에 생각하면 혼란스러우니 따로 나눠서 생각한다.

◎ x축 방향으로 p만큼 평행 이동

함수 $y=f(x)$의 그래프를 x축 방향으로 p 만큼 평행 이동시킨 그래프가 나타내는 함수를 $y=g(x)$라고 하면, $x=a$에서 $y=g(x)$의 함숫값 $g(a)$와 $x=a-p$에서 $y=f(x)$의 함숫값 $f(a-p)$는 같다. 즉,

$$g(a)=f(a-p)\text{이다.}$$

이것이 임의의 a에 대해 성립하므로 a를 x 로 고쳐 쓰면 다음과 같다.

$$g(x)=f(x-p) \quad \therefore \ y=g(x)=f(x-p)$$

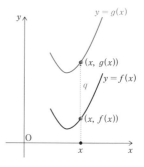

x축 방향으로 p만큼 이동한다.

◎ y축 방향으로 q만큼 평행 이동

함수 $y=f(x)$의 그래프를 y축 방향으로 q만 큼 평행 이동시킨 그래프가 나타내는 함수를 $y=g(x)$라고 하면, $g(x)=f(x)+q$이므로 다음과 같다.

$$y=g(x)=f(x)+q$$

y축 방향으로 q만큼 이동한다.

위의 두 증명에 따라 평행 이동의 공식 ②가 됨을 알 수 있다.

사용해 보면 알 수 있다!

(1) 2차 함수 $y=x^2$의 그래프를 x축 방향으로 2, y축 방향으로 3만큼 평행 이동 시킨 그래프가 나타내는 함수는 공식 ②에 따라 $y=(x-2)^2+3$이 된다.

(2) 분수 함수 $y=\dfrac{x-5}{x+2}$ 의 그래프를 x축 방향으로 -3, y축 방향으로 -7만큼 평행 이동시킨 그래프의 함수는 x를 $x-(-3)=x+3$으로 고쳐 쓰고 y에서 7을 빼서, $y=\dfrac{(x+3)-5}{(x+3)+2}-7=\dfrac{x-2}{x+5}-7$이 된다.

50 1차 함수의 그래프

1차 함수 $y = ax+b$의 그래프는 아래와 같이 직선이다.

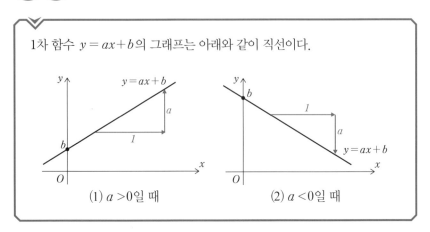

(1) $a > 0$일 때   (2) $a < 0$일 때

'기울기와 절편'에 따라 결정된다

1차 함수의 그래프는 단순한 직선이다. 자연 현상이나 사회 현상을 1차 함수로 표현할 때가 종종 있다. x에 관한 1차항의 계수 a를 기울기라고 하는데, a가 양수일 경우는 'x가 증가하면 y도 증가하는 관계'가 되며 이를 단조 증가 함수라고 한다. 또 a가 음수일 경우는 반대로 'x가 증가하면 y는 감소하는 관계'가 되며 이를 단조 감소 함수라고 한다. 참고로 그래프와 y축이 만나는 점의 y좌표를 y절편이라고 하는데, 1차 함수 $y = ax+b$의 경우 y절편은 b이다.

◎ $b = 0$일 경우만 비례 관계를 나타낸다

$y = ax+b$의 형태를 '비례 함수'라고 생각하는 사람이 있는데, 이것은 오해다. y가 x에 비례한다는 것은 비례 상수를 a라고 할 때 $y = ax$라고 쓸 수 있는 경우로, 요컨대 $y = ax+b$의 상수항 b가 0일 때 비례 관계라고 할 수 있다. 그러므로 상수항이 0이 아닌 $y = ax+b$의 형태는 비례 관계라고 할 수 없다.

통계학 분야에는 회귀 분석이라는 매우 유명한 데이터 분석법이 있다. 이것은 1차 함수를 이용해서 분석하는 방법으로, 그리 어렵지 않으니 도전해 보도록 하자.

연도	광고비 x	매출액 y
2010	2	50
2011	3	70
2012	5	40
2013	8	90

(단위 : 천만원)

오른쪽의 표는 어떤 회사의 연도별 광고비 x와 매출액 y에 관한 데이터이다. 이 데이터를 바탕으로 x에서 y를 추정하는 식,

$$y = ax + b \cdots \cdots ①$$

를 만들어 보자.

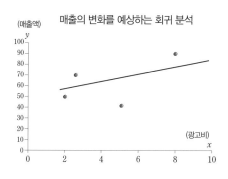

예를 들어 2010년도에 주목하면 $x=2$일 때 $y=50$이므로, ①에 $x=2$를 대입하면 $2a+b$가 된다. 따라서 추정 오차의 절댓값은

$$| (2a+b) - 50 |$$

이다. 회귀 분석의 개념은 각 연도별 오차의 제곱의 합인 e^2이 최소가 되는 a, b를 ①로 삼자는 것이다. 그림으로 생각하면 위 그림의 네 점 (2, 50), (3, 70), (5, 40), (8, 90)과 최대한 근접한 직선을 구하는 셈이다. 그렇다면 표에 있는 4년분의 데이터에서 e^2을 계산해 보자.

$$e^2 = (2a+b-50)^2 + (3a+b-70)^2 + (5a+b-40)^2 + (8a+b-90)^2$$

여기에서 e^2이 최소가 되는 값을 구하는 것은 상당히 어려운 작업이다. 실제로는 완전 제곱식 변형(**16**) 방법이나 뒤에서 설명할 편미분(**80**)이라는 방법을 이용한다. 그러면 '$a=5$, $b=40$일 때 e^2은 최솟값'이 됨을 알 수 있다. 따라서 구하는 추정식은 $y=5x+40$이며, 이것은 네 점 모두에 최대한 가까운 곳을 지나가는 직선이다. 즉, 광고비가 9일 때, 매출액은 $5 \times 9 + 40 = 85$라고 예측할 수 있다.

51 2차 함수의 그래프

2차 함수 $y = ax^2 + bx + c$의 그래프는 곡선 $y = ax^2$을 평행 이동시킨 포물선이다.

(1) 축의 방정식

$$x = -\frac{b}{2a}$$

(2) 꼭짓점의 좌표

$$\left(-\frac{b}{2a}, \ -\frac{D}{4a}\right)$$

단, $D = b^2 - 4ac$

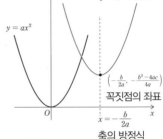

(주) 그림과 같이 포물선이 아래로 볼록한 것은 $a > 0$일 경우다.
$a < 0$일 경우는 위로 볼록하다.

해설! 자연계에 많은 '2차 함수'

물건을 떨어트렸을 때 그 물건이 낙하하는 거리나 에너지의 관계 등은 1차 함수가 아니라 2차 함수다. 이와 같이 2차 함수는 자연계에서 자주 볼 수 있는 함수다. 또 2차 함수의 그래프를 이용하면 2차 방정식이나 2차 부등식의 해를 눈으로 판별할 수 있다. 그래서 2차 함수의 그래프의 성질 (1)과 (2)는 다양한 용도로 사용된다.

◉ 2차 함수에는 최댓값, 최솟값이 있다

양쪽 끝을 포함한 어떤 구간에 대해 생각하면, 1차 함수나 2차 함수 등의 연속 함수(그래프가 끊어지지 않고 이어져 있는 함수)는 반드시 그 구간에서 최댓값과 최솟값을

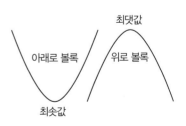

가진다. 특히 2차 함수는 생각하는 구간에 꼭짓점이 있으면 그곳이 최댓값이나 최솟값이 된다.

◎ 꼭짓점의 좌표와 2차 방정식의 판별식 *D*

2차 함수 $y = ax^2 + bx + c$ 의 그래프에서 꼭짓점의 y좌표는 $-D/4a$다. 이 D는 2차 방정식 $ax^2 + bx + c = 0$ 의 판별식 그 자체다. 또 2차 방정식 $ax^2 + bx + c = 0$ 의 실수해는 $y = ax^2 + bx + c$ 의 그래프와 x축의 공유점의 x좌표다.

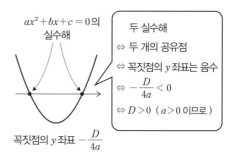

그래서 가령 판별식 $D = b^2 - 4ac > 0$일 때 $a > 0$이라면 꼭짓점의 y좌표는 음수가 되며, 위 그래프를 보면 2차 방정식이 서로 다른 두 실수해를 갖는 의미를 이해할 수 있다.

◎ 2차 부등식의 해는 그래프로 풀면 한눈에 보인다

2차 부등식 $ax^2 + bx + c < 0$ 등을 식의 형식만으로 풀기는 쉽지 않다. 그러나 2차 함수 $y = ax^2 + bx + c$의 그래프를 그리면 2차 부등식의 해가 일목요연해진다. 가령 아래의 그래프와 같이 $ax^2 + bx + c < 0$을 만족하는 x의 집합은 $y = ax^2 + bx + c$의 그래프에서 $y < 0$이 되는 x의 범위이다.

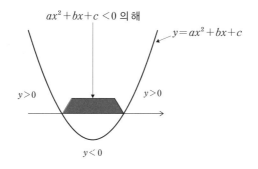

2차 함수 $y = ax^2 + bx + c$ ······① 의 식은 다음과 같이 변형시킬 수 있다.

$$y = a\left(x + \frac{b}{2a}\right)^2 - \frac{b^2 - 4ac}{4a} \cdots\cdots ②$$

이 변형이 완전 제곱식 변형이다.

그리고 함수 그래프의 평행 이동 공식(**49**)에 따라 ②의 그래프는 $y = ax^2$ ······③의 그래프를

x축 방향으로 $-\dfrac{b}{2a}$,

y축 방향으로 $-\dfrac{b^2 - 4ac}{4a}$

만큼 평행 이동시킨 것임을 알 수 있다.

$y = ax^2$ ······③의 그래프의 꼭짓점은 원점$(0, 0)$이고 축은 $x = 0$(y축)이므로 ②, 즉 ①의 그래프의 꼭짓점은

$\left(-\dfrac{b}{2a}, \ -\dfrac{b^2 - 4ac}{4a}\right)$이고, 축은

$x = -\dfrac{b}{2a}$임을 알 수 있다.

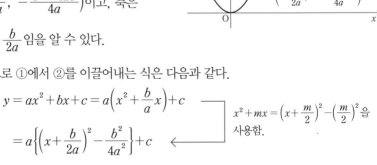

참고로 ①에서 ②를 이끌어내는 식은 다음과 같다.

$$y = ax^2 + bx + c = a\left(x^2 + \frac{b}{a}x\right) + c$$

$x^2 + mx = \left(x + \dfrac{m}{2}\right)^2 - \left(\dfrac{m}{2}\right)^2$ 을 사용함.

$$= a\left\{\left(x + \frac{b}{2a}\right)^2 - \frac{b^2}{4a^2}\right\} + c$$

$$= a\left(x + \frac{b}{2a}\right)^2 - \frac{b^2}{4a} + c = a\left(x + \frac{b}{2a}\right)^2 - \frac{b^2 - 4ac}{4a}$$

예제 가로 $200cm$, 세로 $50cm$인 직사각형 금속판을 아래 그림처럼 파란 선을 따라 구부려서 홈통을 만들고자 한다. 이 홈통의 단면적을 최대로 만들려면 아래 그림의 x가 몇 cm가 되어야 할까?

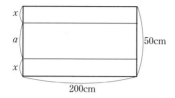

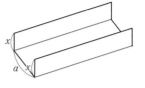

[해답] $2x + a = 50$ 이므로,

$$a = 50 - 2x \ (0 < x < 25)$$

따라서 단면적을 y라고 하면

$$y = ax = (50 - 2x)x$$
$$= -2x^2 + 50x$$
$$= -2\left(x - \frac{25}{2}\right)^2 + \frac{625}{2}$$

그러므로 $x = 12.5\,\mathrm{cm}$일 때 단면적이 최대가 된다.

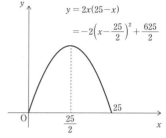

개념 넓히기

n차 함수의 그래프

아래는 왼쪽에서부터 1차, 2차, 3차, 4차 함수의 그래프의 일반형을 그린 것이다. 이들 그래프는 최고차항의 계수 a가 양수일 경우이며, 음수일 경우는 위아래가 뒤집힌다.

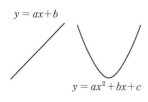

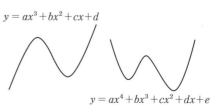

147

52 삼각 함수와 기본 공식

$$\sin^2\theta + \cos^2\theta = 1$$

해설! 직각 삼각형이 기본이다

◉ 각 변의 길이의 비로 정의하다

직각 삼각형의 직각이 아닌 한 각의 크기 θ에 대해 변의 이름과 길이를 오른쪽 그림처럼 표시한다. 직각 삼각형의 '빗변'은 가장 긴 변이며, 대변과 이웃 변은 기준으로 삼은 각에 따라 변한다. 오른쪽 그림은 어디까지나 θ라는 각을 기준으로 삼았을 경우인데, 이때 θ에 대해 변의 길이의 비를 대응시키는 $\sin(\theta)$, $\cos(\theta)$, $\tan(\theta)$라는 함수를 생각해 보자.

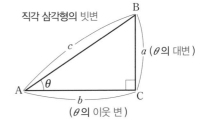

$$\sin(\theta) = \frac{\text{대변의 길이}}{\text{빗변의 길이}}, \quad \cos(\theta) = \frac{\text{이웃 변의 길이}}{\text{빗변의 길이}}, \quad \tan(\theta) = \frac{\text{대변의 길이}}{\text{이웃 변의 길이}}$$

즉, $\sin(\theta) = \dfrac{a}{c}$, $\cos(\theta) = \dfrac{b}{c}$, $\tan(\theta) = \dfrac{a}{b}$ 이다.

여기에서 ( )를 단 것은 함수 기호 $f(\ )$의 ( )와 같은 의미인데, 번잡하므로 생략하고 다음과 같이 쓰기로 한다.

$$\sin\theta = \frac{a}{c}, \ \cos\theta = \frac{b}{c}, \ \tan\theta = \frac{a}{b}$$

이처럼, $\sin\theta$, $\cos\theta$, $\tan\theta$는 각의 크기 θ에 대해 삼각형의 변의 길이의 비를 대응시키는 함수이므로 삼각 함수라고 하며, 이 단계의 삼각 함수를 삼각비라고 한다.

◉ 단위원을 이용해 다시 정의하다

직각 삼각형의 경우 가장 큰 각은 90°이다. 따라서 직각 삼각형을 기준으로 생각한 $\sin\theta$, $\cos\theta$, $\tan\theta$를 사용하는 이상은 θ의 값이 $0° < \theta < 90°$로 제약된다. 그러나 각도라는 것은 이 범위를 훨씬 넘어선다. 둔각 삼각형의 경우는 한 각이 90°보다 크다. 또 회전 운동 등을 생각하면 θ가 무한히 큰 각이거나 음의 각(반대 회전)이 되기도 한다. 만약 이와 같은 각에 대해서 $\sin\theta$, $\cos\theta$, $\tan\theta$를 사용하지 못하면 삼각 함수의 이용 범위가 좁아지고 만다. 그래서 최종적으로는 직각 삼각형을 떠나서 좌표 평면과 단위원(원점이 중심이고 반지름이 1인 원)을 이용해 $\sin\theta$, $\cos\theta$, $\tan\theta$를 다시 정의한다.

즉, θ가 주어지면 먼저 점 P가 단위원주 위의 (1, 0)에서 출발해 원점을 중심으로 θ만큼 회전한다. 그러면 움직이는 반지름(동경)의 위치 OP가 결정된다. 여기에서 θ가 양이라면 원점을 중심으로 단위원주 위를 시계 반대 방향(양의 방향)으로 회전하며, θ가 음이라면 시계 방향(음의 방향)으로 회전한다.

이때 점 P의 x좌표를 $\cos\theta$, y좌표를 $\sin\theta$로 정의한다.(아래 그림) 또한,

$$\tan \theta = \frac{\sin \theta}{\cos \theta} \ (단, \cos\theta \neq 0일 때)$$

로 정의한다. 이렇게 하면 θ가 어떤 각이든 $\sin\theta$, $\cos\theta$, $\tan\theta$의 값이 결정된다. θ가 예각일 경우의 $\sin\theta$, $\cos\theta$, $\tan\theta$는 직각 삼각형을 이용해 정의한 것이지만, 단위원을 이용한 정의는 이 것도 포함한다.

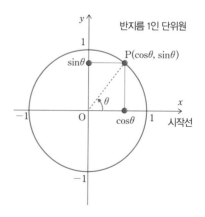

삼각 함수의 그래프

회전각 θ를 가로축, 함숫값을 세로축으로 잡으면 $\sin\theta$, $\cos\theta$, $\tan\theta$의 그래프는 각각 다음과 같다.

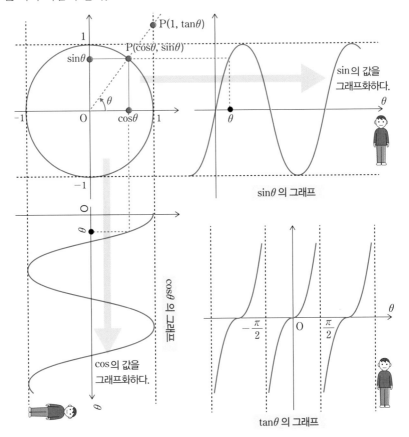

왜 그렇게 될까?

$\sin^2\theta + \cos^2\theta = 1$의 관계는 직각 삼각형으로 보면 피타고라스의 정리에서 도출된다. 또 단위원으로 정의했을 경우는 단위원의 방정식이 $x^2 + y^2 = 1$(이 또한 피타고라스의 정리에 따른 것이다.)에서 도출된다.

예제 $\sin\theta = \dfrac{1}{2}$ 일 때, $\cos\theta$, $\tan\theta$의 값을 구하여라.

[해답] $\sin^2\theta + \cos^2\theta = 1$에 따라 $\cos^2\theta = 1 - \sin^2\theta = 1 - \dfrac{1}{4} = \dfrac{3}{4}$

그러므로 $\cos\theta = \pm\dfrac{\sqrt{3}}{2}$,

$\tan\theta = \left(\dfrac{1}{2}\right)\bigg/\left(\pm\dfrac{\sqrt{3}}{2}\right) = \pm\dfrac{\sqrt{3}}{3}$ (복호동순)이다.

◎ 육십분법과 호도법의 구별

초등학교와 중학교에서는 각도를 잴 때 육십분법을 사용한다. 이것은 1회전을 360°, 직각을 90°로 삼는 측정법이다. 그리고 고등학교 수학부터는 호도법을 주로 사용한다. 이것은 부채꼴의 호의 길이가 반지름과 같을 때의 중심각을 1호도(라디안)로 삼는 측정법이다. 호도법의 경우 단위인 라디안은 보통 생략된다. 참고로, 육십분법과 호도법의 환산은 다음 식을 사용하면 편리하다.

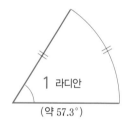

$180° = \pi$ 라디안

(단, $\pi = 3.141592\cdots\cdots$)

예제 육십분법의 60°, 30°, 45°, 360°를 호도법으로 구하여라.

[해답] $180° = \pi$(라디안)를 이용해 다음과 같이 구할 수 있다.

$60° = \dfrac{\pi}{3}$(라디안), $30° = \dfrac{\pi}{6}$(라디안)

$45° = \dfrac{\pi}{4}$(라디안), $360° = 2\pi$(라디안)

53 삼각 함수의 덧셈 정리

$$\sin(\alpha \pm \beta) = \sin\alpha\cos\beta \pm \cos\alpha\sin\beta \ \cdots\cdots ①$$

$$\cos(\alpha \pm \beta) = \cos\alpha\cos\beta \mp \sin\alpha\sin\beta \ \cdots\cdots ②$$

$$\tan(\alpha \pm \beta) = \frac{\tan\alpha \pm \tan\beta}{1 \mp \tan\alpha\tan\beta} \ \cdots\cdots ③(①\sim③은 \ 모두 \ 복호동순)$$

해설! 삼각 함수의 덧셈 정리

삼각 함수의 공식 중에서도 위의 공식은 삼각 함수의 덧셈 정리라고 하는 가장 기본적인 공식이다. 이 공식을 바탕으로 배각 공식, 삼각 함수의 합성 공식, 삼각 함수의 미분 공식 등 삼각 함수에 관한 중요한 공식을 도출할 수 있다.

왜 그렇게 될까?

◎ 회전 이동을 이용한 전형적인 증명

아래의 그림에서 삼각형 OCE(오른쪽 그림)는 삼각형 OAB(왼쪽 그림)를 원점을 중심으로 $-\beta$만큼 회전시킨 것이다.

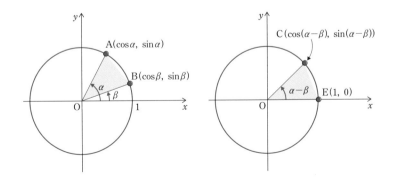

그러므로 삼각형 OCE와 삼각형 OAB는 합동이다. 따라서 $AB^2 = CE^2$이므로 다음 식이 성립한다.

$$(\cos\alpha - \cos\beta)^2 + (\sin\alpha - \sin\beta)^2 = (\cos(\alpha-\beta)-1)^2 + \sin^2(\alpha-\beta)$$

이 식을 $\sin^2\theta + \cos^2\theta = 1$ 등을 사용해 정리하면 다음과 같다.

$$\cos(\alpha - \beta) = \cos\alpha\cos\beta + \sin\alpha\sin\beta \ \cdots\cdots ④$$

이 ④는 ②의 일부다. ④의 β에 $-\beta$를 대입하거나 α에 $\frac{\pi}{2}-\alpha$를 대입하면 ①, ②를 얻을 수 있다. 또한,

$$\tan(\alpha \pm \beta) = \frac{\sin(\alpha \pm \beta)}{\cos(\alpha \pm \beta)} = \frac{\sin\alpha\cos\beta \pm \cos\alpha\sin\beta}{\cos\alpha\cos\beta \mp \sin\alpha\sin\beta}$$

의 분모와 분자를 $\cos\alpha\cos\beta$로 나누면 ③을 얻을 수 있다.

◉ 오일러의 공식 $e^{i\theta} = \cos\theta + i\sin\theta$를 사용한 증명

오일러의 공식(**34**)을 사용하면 ①, ②를 간단히 이끌어낼 수 있다. 즉, $e^{i\alpha}e^{i\beta} = e^{i\alpha + i\beta} = e^{i(\alpha+\beta)}$에 오일러의 공식을 적용한다.

$$(\cos\alpha + i\sin\alpha)(\cos\beta + i\sin\beta) = \cos(\alpha+\beta) + i\sin(\alpha+\beta)$$

이것을 전개해서 정리하면 다음과 같다.

$$(\cos\alpha\cos\beta - \sin\alpha\sin\beta) + i(\sin\alpha\cos\beta + \cos\alpha\sin\beta)$$
$$= \cos(\alpha+\beta) + i\sin(\alpha+\beta)$$

여기서 실수부와 허수부는 서로 같으므로

$$\cos(\alpha+\beta) = \cos\alpha\cos\beta - \sin\alpha\sin\beta \ \cdots\cdots②의 일부$$
$$\sin(\alpha+\beta) = \sin\alpha\cos\beta + \cos\alpha\sin\beta \ \cdots\cdots①의 일부$$

를 얻는다. 그리고 β에 $-\beta$를 대입하면 ①, ②의 나머지 공식을 얻는다.

단, 이때 sin함수는 기함수(**89**), cos함수는 우함수(**89**)임을 이용한다.

◎ 배각·반각의 공식

삼각 함수의 덧셈 정리 ①, ②, ③의 제1식에서 $\beta = \alpha$로 놓는다. 예를 들면 $\sin(\alpha + \alpha) = \sin\alpha\cos\alpha + \cos\alpha\sin\alpha$ 등이다.

그 후 이 식들을 정리하면 삼각 함수의 배각 공식을 얻을 수 있다.

$$\sin 2\alpha = 2\sin\alpha\cos\alpha$$

$$\cos 2\alpha = \cos^2\alpha - \sin^2\alpha = 1 - 2\sin^2\alpha = 2\cos^2\alpha - 1 \cdots ⑤$$

$$\tan 2\alpha = \frac{2\tan\alpha}{1 - \tan^2\alpha}$$

참고로, ⑤를 $\sin^2\alpha$, $\cos^2\alpha$에 대해 풀면 다음 식을 얻는다.

$$\sin^2\alpha = \frac{1 - \cos 2\alpha}{2} , \ \cos^2\alpha = \frac{1 + \cos 2\alpha}{2}$$

이 식의 α를 $\frac{\alpha}{2}$로 치환하면 다음의 반각 공식을 얻는다.

$$\sin^2\frac{\alpha}{2} = \frac{1 - \cos\alpha}{2} , \ \cos^2\frac{\alpha}{2} = \frac{1 + \cos\alpha}{2}$$

◎ 3배각 공식

$3\alpha = 2\alpha + \alpha$라고 생각하면 삼각 함수의 덧셈 정리 ①, ②에서 $\sin 3\alpha$, $\cos 3\alpha$의 식을 얻는다.

예) $\sin 3\alpha = \sin(2\alpha + \alpha) = \sin 2\alpha\cos\alpha + \cos 2\alpha\sin\alpha$

여기에서 앞의 배각 공식을 사용해 $\sin 2\alpha$, $\cos 2\alpha$를 $\sin\alpha$, $\cos\alpha$로 고쳐 쓰면 다음의 3배각 공식을 얻을 수 있다.

$$\sin 3\alpha = 3\sin\alpha - 4\sin^3\alpha$$

$$\cos 3\alpha = 4\cos^3\alpha - 3\cos\alpha$$

좌표 평면 위의 서로 수직이 아닌 두 직선 $y = m_1 x + n_1$과 $y = m_2 x + n_2$가 이루는 각을 θ라고 하면,

$$\tan \theta = \frac{m_1 - m_2}{1 + m_1 m_2}$$

가 성립한다.

이 $\tan\theta$의 공식도 삼각 함수의 덧셈 정리에서 이끌어낼 수 있다. 두 직선이 이루는 각은 두 직선의 교점이 원점이 되도록 평행 이동시켜서 생각할 수 있다.

직선 $y = m_1 x$와 $y = m_2 x$가 x축과 이루는 각을 각각 θ_1, θ_2라고 하면,

$$m_1 = \tan \theta_1, \ m_2 = \tan \theta_2, \ \theta = \theta_1 - \theta_2$$

가 된다. 그러므로 다음 식이 성립한다.

$$\tan \theta = \tan(\theta_1 - \theta_2) = \frac{\tan \theta_1 - \tan \theta_2}{1 + \tan \theta_1 \tan \theta_2} = \frac{m_1 - m_2}{1 + m_1 m_2}$$

삼각 함수가 지수 함수로 이어진다!

삼각비의 기원은 기원전 2000년경의 이집트까지 거슬러 올라갈 수 있다. 이것은 생활에 필요한 측량과 천문학에 사용되었다. 삼각 함수를 sin, cos으로 표기하게 된 시기는 17세기이며 1748년, 오일러의 공식(**34**)을 통해 '복소수의 세계에서는 삼각 함수가 지수 함수에 포함된다'는 것이 제시되었다.

54 삼각 함수의 합성 공식

$$a\sin\theta + b\cos\theta = \sqrt{a^2+b^2}\sin(\theta+\alpha) \quad \cdots\cdots ①$$

$$단, \ \sin\alpha = \frac{b}{\sqrt{a^2+b^2}}, \ \cos\alpha = \frac{a}{\sqrt{a^2+b^2}}$$

해설! 합성 공식이란?

$a\sin\theta + b\cos\theta$의 그래프는 물리학에서는 두 파동 $y = a\sin\theta$와 $y = b\cos\theta$가 겹쳤을 때의 파형이다. 이것은 복잡한 파형일 것처럼 생각되겠지만, 실제로는 하나의 삼각 함수로 나타낼 수 있음을 ①이 보여 준다. 아래의 그림은 실제로 세 그래프 $y = 3\sin\theta$, $y = 4\cos\theta$, $y = 3\sin\theta + 4\cos\theta$를 같은 좌표 평면 위에 그린 것이다.

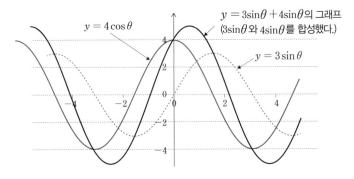

$y = 3\sin\theta + 4\cos\theta$의 검은색 그래프가 단순한 sin 곡선(또는 cos 곡선)이 되었음을 실감할 수 있다. ①은 이 그래프를

$$y = 5\sin(\theta + \alpha) \ (\alpha는 \ 상수)$$

라는 하나의 삼각 함수로 표현한 것이다.

왜 ①이 성립하는지는 한마디로 말하면 다음의 덧셈 정리에 있다.

$$\sin(\alpha+\beta) = \sin\alpha\cos\beta + \cos\alpha\sin\beta$$

이 정리를 사용하면 다음과 같이 식을 변환할 수 있다.

$$\begin{aligned}
a\sin\theta + b\cos\theta &= \sqrt{a^2+b^2}\left(\frac{a}{\sqrt{a^2+b^2}}\sin\theta + \frac{b}{\sqrt{a^2+b^2}}\cos\theta\right)\\
&= \sqrt{a^2+b^2}(\cos\alpha\sin\theta + \sin\alpha\cos\theta)\\
&= \sqrt{a^2+b^2}\sin(\theta+\alpha)
\end{aligned}$$

단, α는 오른쪽 그림의 각을 의미한다. 즉, α는 점 $P(a,\ b)$와 원점 O를 연결하는 직선이 x축과 이루는 각이다.

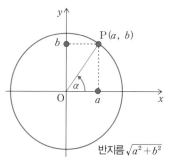

반지름 $\sqrt{a^2+b^2}$

예제 $\sin\theta + \sqrt{3}\cos\theta$를 합성해 하나의 삼각 함수로 표현하여라.

[해답] $\sin\theta + \sqrt{3}\cos\theta = 1\times\sin\theta + \sqrt{3}\times\cos\theta$가 되며, 이것은 공식 ①에서 $a=1$, $b=\sqrt{3}$인 경우로 생각할 수 있다. 따라서

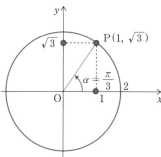

$$\sin\alpha = \frac{b}{\sqrt{a^2+b^2}} = \frac{\sqrt{3}}{2}$$
$$\cos\alpha = \frac{a}{\sqrt{a^2+b^2}} = \frac{1}{2}$$

을 만족하는 α는 $\frac{\pi}{3}$ 라디안이다. 그러므로

$$\begin{aligned}
&\sin\theta + \sqrt{3}\cos\theta\\
&\quad = 2\sin\left(\theta + \frac{\pi}{3}\right) \text{ 이 된다.}
\end{aligned}$$

55 지수의 확장

a를 양의 실수($a \neq 1$)라고 할 때 a^x을 다음과 같이 정의한다.

(1) x가 자연수일 때

$\quad a^x \cdots\cdots a$를 x번 곱한다.

(2) x가 0일 때

$\quad a^0 = 1$

(3) $-x$가 음의 정수(x가 양의 정수)일 때

$$a^{-x} = \frac{1}{a^x}$$

(4) x가 유리수 $\dfrac{n}{m}$일 때 (단, m, n은 정수이며 $m > 0$)

$$a^{\frac{n}{m}} = \sqrt[m]{a^n}$$

(주) $\sqrt[m]{A}$는 m제곱하면 A가 되는 양의 수이다. 단, $A > 0$

(5) x가 무리수일 때

$\quad a^x = \lim\limits_{n \to \infty} a^{x_n}$ (단, 수열 $\{x_n\}$은 극한값이 무리수 x인 유리수의 무

한 수열이다.)

(주) $\lim\limits_{n \to \infty} a^{x_n}$은 n을 한없이 크게 만들었을 때의 수열 $\{a^{x_n}\}$의 극한값이다.

해설! 지수를 계산한다

a^x의 의미는 x가 자연수일 경우 'a를 거듭 곱한다.'는 개념으로 설명이 가능하지만, x가 정수, 유리수, 무리수라면 이 개념으로는 설명이 불가능하다. 그러면 지금부터 3^x을 예로 지수 x의 확장을 살펴보도록 하자. 기본 원리는 자연수의 범위에서 성립하는 다음의 지수 법칙 (i), (ii), (iii)이 좀 더 넓은 범위의 수에서도

성립하도록 a^x을 정의하는 것이다.

(i) $a^p a^q = a^{p+q}$　　(ii) $(a^p)^q = a^{pq}$　　(iii) $(ab)^p = a^p b^p$

◎ 지수 x가 정수일 때

(1) x가 양의 정수(즉, 자연수)일 경우

이때 3^x은 3을 x번 곱한 값이다. 이것이 최초 단계의 지수의 의미였다. 예를 들면 $3^2 = 3 \times 3 = 9$가 된다.

(2) x가 0일 경우

그러나 (1)에 따르면 '3^0은 3을 0번 곱한 값'이 되는데, 이것은 무의미하다. 그 래서 $a^0 = 1$로 정의한다. 그 이유는 다음과 같다.

먼저, 지수 법칙 (i)이 p에 0을 대입해도 성립한다고 가정한다. 그러면,

$$a^0 a^q = a^{0+q} = a^q$$

이 된다. 이 식을 $a^q(>0)$으로 나누면 $a^0 = 1$이 된다.

그러므로 지수 법칙 (i)이 지수가 0이어도 성립하도록 $a^0 = 1$로 정의한다. 따 라서 3^0은 1이다.

(3) x가 음의 정수일 경우

가령 3^{-2}은 (1)에 따르면 '3을 -2번 곱한 값'이 되는데, 이것도 말이 안 되는 이야기이므로 $a^{-n} = \dfrac{1}{a^n}$로 정의한다. 그 이유는 다음과 같다.

먼저, 지수 법칙 (i)에서 p가 음의 정수여도 성립한다고 가정한다. 그리고 (i) 의 p에 $-n$, q에 n을 대입한다. 단, n은 양의 정수이다. 그러면 (2)에 따라 다 음 식이 성립한다.

$$a^{-n} a^n = a^{-n+n} = a^0 = 1$$

이 식을 $a^n(>0)$으로 나누면 $a^{-n} = \dfrac{1}{a^n}$이 된다.

그러므로 지수 법칙 (i)이 지수가 음의 정수여도 성립하도록 $a^{-n} = \dfrac{1}{a^n}$로 정 의한다. 따라서 $3^{-2} = \dfrac{1}{3^2} = \dfrac{1}{9}$이 된다.

◉ 지수 *x* 가 유리수일 때

예를 들면 $3^{\frac{2}{5}}$ 같은 경우, 이것을 '3을 $\frac{2}{5}$ 번 곱한 값'이라고 생각해서는 도저히 감이 잡히지 않는다. $3^{\frac{2}{5}}$ 을 어떻게 정의해야 할까?

먼저, 지수 법칙 (ii)의 p에 유리수 $\frac{n}{m}$ 을, q에 정수 m을 대입한 것이 성립한다고 가정한다. 그러면 $(a^{\frac{n}{m}})^m = a^{\frac{n}{m}m} = a^n$ 이며, 이를 통해 '$a^{\frac{n}{m}}$ 은 m제곱하면 a^n인 수'라고 생각할 수 있다. 이것은 a^n의 m제곱근이다.

일반적으로 $a^{\frac{n}{m}} = \sqrt[m]{a^n}$ 이라고 정의한다. 단, m, n은 정수이며 $m>0$이다. 요컨대 $a^{\frac{n}{m}}$ 은 'm제곱근 a의 n제곱', 즉 m제곱하면 a의 n제곱이 되는 양의 수라고 정의하는 것이다.

◉ 지수 *x* 가 무리수일 때

$3^{\sqrt{2}}$ 도 '3을 $\sqrt{2}$ 번 곱한 값'이라고 생각하는 것은 무의미하다. 그러므로 수열의 극한값이라고 생각한다.

$\sqrt{2}$ 를 소수로 표시한 $\sqrt{2} = 1.41421356\cdots$에 대해 다음의 무한 수열 $\{x_n\}$을 생각한다.

$$x_1 = 1, \ x_2 = 1.4, \ x_3 = 1.41, \ x_4 = 1.414,$$
$$x_5 = 1.4142, \ x_6 = 1.41421\cdots\cdots$$

이 유리수의 수열을 바탕으로 수열 {(수식)}을 생각하면, 이 수열은 단조 증가 수열이 된다.

$$3^1 < 3^{1.4} < 3^{1.41} < 3^{1.414} < 3^{1.4142} < 3^{1.41421} < \cdots\cdots$$

이 수열은 조금씩 커지지만 절대로 $3^2 = 9$를 넘지는 못한다. 그래서 수열에 관한 다음의 성질을 사용한다. 즉, '무한히 커지지 않는 단조 증가 수열은 일정 값에 한없이 가까워진다'라는 성질이다. 엄밀히는 '유한한 단조 증가 수열은 수렴한다'라고 표현한다.

따라서 3^1, $3^{1.4}$, $3^{1.41}$, $3^{1.414}$, $3^{1.4142}$ $\cdots\cdots$ 는 일정 값에 한없이 가까워진다. 그

값을 $3^{\sqrt{2}}$ 의 값으로 삼는다.

3^x의 x가 다른 무리수일 경우도 원리는 같다.

예제 다음의 (1)~(6)을 계산하여라.

(1) 2^5　　(2) 2^0　　(3) 2^{-5}　　(4) $2^{\frac{1}{3}}$　　(5) $2^{\frac{3}{5}}$　　(6) $2^{-\frac{3}{5}}$

[해답] (1) $\ 2^5 = 2 \times 2 \times 2 \times 2 \times 2 = 32$

(2) $\ 2^0 = 1$

(3) $\ 2^{-5} = \dfrac{1}{2^5} = \dfrac{1}{32}$

(4) $\ 2^{\frac{1}{3}} = \sqrt[3]{2} = 1.25992\cdots\cdots$　(3제곱하면 2가 되는 양의 수)

(5) $\ 2^{\frac{3}{5}} = \sqrt[5]{2^3} = \sqrt[5]{8} = 1.51571\cdots\cdots$　(5제곱하면 8이 되는 양의 수)

(6) $\ 2^{-\frac{3}{5}} = \sqrt[5]{2^{-3}} = \sqrt[5]{\dfrac{1}{8}} = \dfrac{1}{\sqrt[5]{8}} = 0.65975\cdots\cdots$

개념 넓히기

근호 $\sqrt[n]{}$ 의 정의

n을 양의 정수, a를 양의 실수라고 할 때, '$\sqrt[n]{a} = n$제곱하면 a가 되는 양의 수' 로 정의한다.

56 지수 함수와 성질

(1) 다음의 함수를 지수 함수라고 한다.

$$y = a^x \ (a > 0, \ a \neq 1)$$

(2) 지수 함수의 그래프

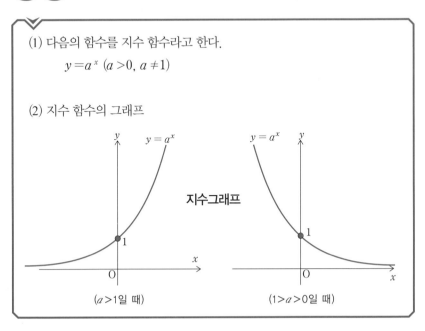

지수그래프

($a > 1$일 때)   ($1 > a > 0$일 때)

해설! 지수 함수와 그 그래프

함수 $y = a^x$은 지수 부분에 변수 x가 있기 때문에 지수 함수라고 한다. x가 가질 수 있는 값의 범위(정의역)는 실수 전체이며, y가 가질 수 있는 값의 범위(치역)는 양의 수다. 참고로, $y = x^2$ 같은 함수와 $y = 2^x$ 같은 지수 함수는 비슷하게 생겼지만 x의 위치가 다르다는 점에 주의해야 한다.

◉ 지수 함수의 값

지수 함수 $y = a^x$의 그래프는 위의 그림과 같다. 여기에서 지수 함수 $y = a^x$의 x에 대한 값(함숫값)은 x가 자연수일 때는 'a를 x번 곱한 값'이므로 쉽게 이해할 수 있다. 예를 들면 $a^3 = a \times a \times a$이다. 그러나 x가 0이나 음의 정수, 유리수,

무리수라면 그때의 함숫값은 금방 이해하기가 어렵다. 이런 경우의 함숫값에 관해서는 앞 단원에서 다뤘으니 참조하기 바란다.

사용해 보면 알 수 있다!

원금 1만 원을 연이율 r의 복리로 x년 동안 저금하면 x년 후의 원리합계 y는

$(1+r)^n$만 원

이다. 이때 $a = 1+r$이라고 하면 $y = a^x$이 되며, 이것은 곧 지수 함수다. 단, 이 경우 x의 값은 정수다. 아래 그림은 $r = 0.01$, 0.02, 0.03, 0.04, 0.05, 0.06, 0.07, 0.08일 경우에 대해 50년 후까지의 원리합계를 그래프로 나타낸 것이다. 위쪽에 위치하는 그래프일수록 이율이 높으며, 연이율 8퍼센트($r = 0.08$)라면 50년 후에는 거의 50배가 된다.

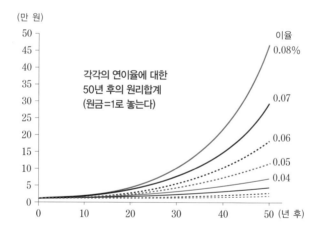

마지막으로 확장된 지수 법칙에 관해 정리해 보자.

(i) $a^m a^n = a^{m+n}$ (ii) $(a^m)^n = a^{mn}$ (iii) $(ab)^n = a^n b^n$

이 법칙에서 지수는 임의의 실수지만, a는 양의 실수로 한정된다. 단, 지수 m, n이 자연수일 경우는 a에 아무런 제약이 없다. 즉, a가 어떤 실수든 상관없다. '몇 번 곱한다.' 또는 '몇 개 곱한다.'로 설명이 가능하기 때문이다.

57 역함수와 성질

함수 $y = f(x)$……①가 있을 때, y의 각각의 값에 대해 그에 대응하는 원래의 x의 값이 하나밖에 없다면 그 역인 함수 $x = g(y)$……②를 생각할 수 있다.

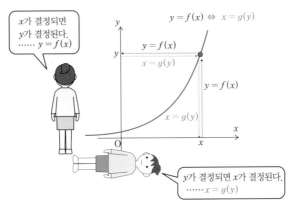

이 $x = g(y)$……②에서 x와 y를 교환한 $y = g(x)$……③을 $y = f(x)$ ……①의 역함수라고 한다. 이때 ①과 ③의 그래프는 직선 $y = x$에 대해 대칭이다.

(주) 위에서는 함수 $f(x)$의 역함수로 $g(x)$를 사용했지만, $f^{-1}(x)$라고 표현할 때도 있다.

해설! 역함수란

함수 $y = f(x)$의 역함수가 존재하기 위해서는 조건이 필요하다. 그것은 '$y = f(x)$는 정의역에서 단조 증가하거나 단조 감소'라는 조건이다. 단조 증가란 'x가 증가하면 y도 증가하는 것'으로, 그래프가 오른쪽으로 계속 올라간다는 의미다. 한편 단조 감소는 'x가 증가하면 y는 반대로 감소하는 것'으로, 그래프가 오른쪽으로 계속 내려간다는 의미다.

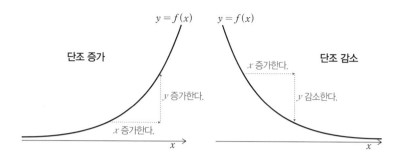

단조 증가

$y=f(x)$

y 증가한다.

x 증가한다.

$y=f(x)$

x 증가한다.

y 감소한다.

단조 감소

◎ 증가와 감소가 섞여 있으면 역함수는 존재하지 않는다

함수 $y=f(x)$의 정의역 안에 증가와 감소가 섞여 있으면 y가 결정되어도 이에 대응하는 x의 값이 그림처럼 하나가 아니라 복수로 존재한다. 함수인 이상 대응하는 값은 하나여야 하므로 이때 역함수는 존재하지 않는다. 그러나 정의역을 단조 증가(또는 단조 감소)하는 부분으로 좁히면 역함수가 존재한다.

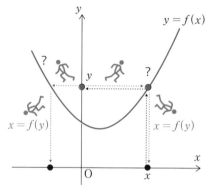

◎ x와 y를 교환하면 원래의 함수와 역함수의 그래프는 $y=x$에 대해 대칭

함수에서는 먼저 값을 결정하는 변수를 독립 변수, 그에 따라 나중에 값이 결정되는 변수를 종속 변수라고 하며, 독립 변수를 x(정의역)로, 종속 변수를 y(치역)로 표기하는 관습이 있다.

$$x=g(y) \cdots\cdots ②$$

에서는 독립 변수가 y, 종속 변수가 x이다. 그래서 x와 y를 서로 바꾼

$$y=g(x) \cdots\cdots ③$$

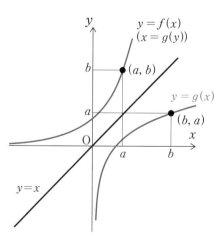

를 ①의 역함수라고 한다. 이때 ①과 ③의 그래프는 직선 $y=x$에 대해 대칭이다. 그 이유는 좌표 위의 점 (a, b)와 점 (b, a)가 직선 $y=x$에 대해 대칭이기 때문이다.

(주) x와 y를 교환하기 전의 ②를 ①의 역함수로 보는 견해도 있다.(**70**)

예제 함수 $y=2x+3$ ……④ 의 역함수를 구하여라.

[해답] 이 식을 x에 대해 풀면

$$x=\frac{y-3}{2} \quad ……⑤$$

이 된다. 여기에서 ⑤의 x와 y를 서로 바꾼다.

$$y=\frac{x-3}{2} \quad ……⑥$$

⑥이 $y=2x+3$의 역함수다. 참고로 ⑥의 그래프는 문제의 ④와 직선 $y=x$에 대해 대칭이다.

개념 넓히기

역삼각 함수와 주치(일대일 대응이 되는 x의 구간)

예를 들어 삼각 함수 $y=\sin x$는 그 그래프에서 알 수 있듯이 증가와 감소가 반복되므로 역함수를 생각할 수 없다. 즉, x를 결정하면 그에 대응하는 y는 한 개지만, y를 결정해도 그에 대응하는 x는 한 개가 아니다.

그러나 $y=\sin x$의 정의역을

$$-\frac{\pi}{2} \leq x \leq \frac{\pi}{2}$$

로 한정시키면 y에 대응하는 x가 한 개이므로 $y=\sin x$의 역함수를 생각할 수 있다. 이것을 다음과 같이 쓰기로 하자.

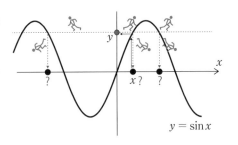

$x=\sin^{-1}y$

여기에서 x와 y를 교환해

$$y = \sin^{-1} x$$

라고 하면 이 함수의 정의역과 치역은
다음과 같다.

정의역 $-1 \leqq x \leqq 1$

치역 $-\dfrac{\pi}{2} \leqq y \leqq \dfrac{\pi}{2}$

이 y 값의 범위를 함수 $y = \sin^{-1} x$의
주치(主値)라고 한다. 참고로 $y = \sin^{-1} x$
를 $y = \arcsin x$라고도 쓴다.

그 밖에 $\cos x$, $\tan x$의 역삼각 함수에 대한 주치는 아래와 같다.

역삼각 함수(정의역)	주치(*Principal Branch*)
$y = \sin^{-1} x$ $(-1 \leqq x \leqq 1)$	$-\dfrac{\pi}{2} \leqq x \leqq \dfrac{\pi}{2}$에서 정의된 y값
$y = \cos^{-1} x$ $(-1 \leqq x \leqq 1)$	$0 \leqq x \leqq \pi$에서 정의된 y값
$y = \tan^{-1} x$ (x는 실수 전체)	$-\dfrac{\pi}{2} < x < \dfrac{\pi}{2}$에서 정의된 y값

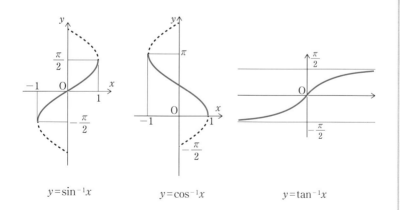

$y = \sin^{-1} x$ $y = \cos^{-1} x$ $y = \tan^{-1} x$

58 로그 함수와 성질

(1) 지수 함수 $y=a^x$ ($x>0$, $a>0$, $a \neq 1$)의 역함수를 로그 함수라고 하며, $y=\log_a x$라고 표기한다. 이때 a를 밑, x를 진수라고 한다.

(2) 로그 함수의 그래프

로그의 그래프

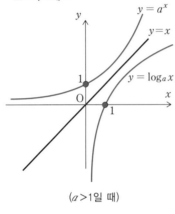

($a>1$일 때)

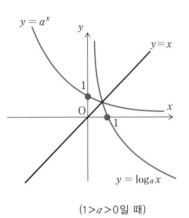

($1>a>0$일 때)

(3) 로그 함수의 성질

(가) $\log_a 1 = 0$ $\log_a a = 1$

(나) $\log_a MN = \log_a M + \log_a N$

(다) $\log_a \dfrac{M}{N} = \log_a M - \log_a N$

(라) $\log_a M^r = r\log_a M$

(마) $\log_a b = \dfrac{\log_c b}{\log_c a}$ $\cdots\cdots$ $c>0$, $c \neq 1$ (밑 변환 공식)

해설! 지수 함수의 역함수

지수 함수 $y = a^x$ ……①의 역함수를 순서에 따라 구해 보자.

◎ 새로운 기호 log의 도입

먼저, $y = a^x$ ……①을 x에 대해 푼다. 그런데 여기에서 문제가 발생한다. ①을 변형시켜 'x = ○○○'으로 만들고 싶은데 방법이 없는 것이다. 그래서 새로운 기호 'log'를 사용해 $y = a^x$ 을 x에 대해 푼 식을 $x = \log_a y$ ……②라고 쓰기로 한다.

이것을 'x는 a를 밑으로 하는 y의 로그'라고 하는데, 이는 지수 함수 ①의 밑이 a이기 때문이다. 즉 $y = a^x$과 $x = \log_a y$는 표현은 다르지만 x와 y의 대응은 같으며, 다만 방향이 반대일 뿐이다. 따라서 다음과 같다.

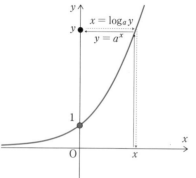

$$y = a^x \Leftrightarrow x = \log_a y$$

x와 y를 교환

$x = \log_a y$는 'y가 결정되면 x가 결정된다.'는 뜻이다. 함수에서는 먼저 결정하는 쪽을 독립 변수, 그 결과 나중에 결정되는 쪽을 종속 변수라고 한다.**(57)** 그리고 보통은 독립 변수를 x, 종속 변수를 y로 적는 관습이 있다. 그러므로 $x = \log_a y$에서 x와 y를 서로 바꾼다.

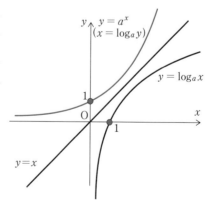

$$y = \log_a x \quad ……③$$

이것이 지수 함수 $y = a^x$의 역함수다. x와 y를 서로 바꿨기 때문에 ①(①과 ②는 같은 그래프)과 ③의 그래프는 '직선

제 5 장 함수

로그 함수와 성질

169

$y = x$에 대해 대칭'이다. 또 지수 함수와 로그 함수의 정의역(독립 변수가 갖는 값의 범위)과 치역(종속 함수가 갖는 값의 범위)도 반대가 된다. 즉, $y = a^x$의 정의역은 실수 전체이고 치역은 양의 실수이지만, $y = \log_a x$의 정의역은 양의 실수이고 치역은 실수 전체가 된다.

(주) x와 y를 교환하기 전의 ②를 ①의 역함수로 보는 견해도 있다.(**70**)

왜 그렇게 될까?

로그 함수 $y = \log_a x$에는 첫머리의 (3)과 같은 다양한 성질이 있는데, 이 성질들을 보장하는 것은 다음의 지수 법칙이다.

$$(i) \quad a^m a^n = a^{m+n} \qquad (ii) \quad (a^m)^n = a^{mn} \qquad (iii) \quad (ab)^n = a^n b^n$$

이것을 사용하면 (3)이 성립하는 이유를 알 수 있다.

(가) $a^0 = 1$이므로 $\log_a 1 = 0$, 또 $a^1 = a$이므로 $\log_a a = 1$이다.

(나) $a^{x+y} = a^x a^y$이므로 $a^x = M$, $a^y = N$이라고 하면 $a^{x+y} = MN$이다.

따라서 $x+y = \log_a MN$, 그리고 $x = \log_a M$, $y = \log_a N$이므로

$\log_a MN = \log_a M + \log_a N$이다.

(다) $\dfrac{a^x}{a^y} = a^{x-y}$이므로 $a^x = M$, $a^y = N$이라고 하면, $\dfrac{M}{N} = a^{x-y}$이다.

따라서 $x - y = \log_a \dfrac{M}{N}$, 그리고 $x = \log_a M$, $y = \log_a N$이므로

$\log_a \dfrac{M}{N} = \log_a M - \log_a N$이다.

(라) $a^x = M$이라고 하면 $(a^x)^r = M^r$이므로 $a^{xr} = M^r$이다.

따라서 $xr = \log_a M^r$이다.

여기에서 $x = \log_a M$에 따라 $\log_a M^r = r \log_a M$이다.

(마) $\log_a b = x$라고 하면 $a^x = b$이므로 $\log_c a^x = \log_c b$이다.

(라)에 따라 $x\log_c a = \log_c b$ 이다.

$a>0$, $a \neq 1$에 따라 $\log_c a \neq 0$ 이므로 $x = \dfrac{\log_c b}{\log_c a}$ 이다.

| 예제 | 매그니튜드(M)는 지진의 규모(E줄 : 에너지의 크기)를 나타내는 수로, 다음의 식을 통해 얻을 수 있다. |

$$\log_{10} E = 4.8 + 1.5M$$

여기에서 매그니튜드가 m 증가하면 지진의 에너지는 얼마나 증가할까?

[해답] 매그니튜드가 M일 때의 에너지를 E_M이라고 하면 문제의 식에 의해
$E_M = 10^{4.8+1.5M}$ 이라고 쓸 수 있다. 따라서

$$\frac{E_{M+m}}{E_M} = \frac{10^{4.8+1.5(M+m)}}{10^{4.8+1.5M}} = 10^{1.5m} = (10^{1.5})^m = \sqrt{1000}^m \fallingdotseq 31.6^m$$

이므로 매그니튜드가 1 증가하면 지진의 규모는 31.6배, 2 증가하면 $31.6^2 \fallingdotseq 1000$배가 됨을 알 수 있다.

지수는 기원전, 로그는 16세기

기원전 2000년경의 고대 이집트에서는 같은 수를 여러 번 곱한다는 지수의 개념이 이미 사용되고 있었다. 그 후 긴 시간에 걸쳐 지수가 확장되어 14세기에는 분수 지수, 17세기에는 음의 지수가 사용되기 시작했다. 또한 지수와 밀접한 관계가 있는 로그는 존 네이피어(1550~1617)가 고안했으며, 이 로그를 사용함으로써 큰 수의 계산을 간단히 처리할 수 있다.

59 상용로그와 성질

양의 수 N에 대해 10을 밑으로 하는 로그 $\log_{10} N$의 값을

$$\log_{10} N = m + a \quad (m\text{은 정수, } 0 \leq a < 1)$$

라고 나타낼 때, 정수 m을 지표, 소수 a를 가수라고 한다.

(1) 지표 m의 성질

$N > 1$일 때 : N의 자릿수 $= m + 1$

$0 < N < 1$일 때 : N에서 0이 아닌 숫자가 소수점 아래 $|m|$번째
자리에 처음 등장한다.

(2) 가수 a의 성질

N을 나타내는 각 자리의 숫자의 나열에 따라 결정되며, 소수점의 위치
에는 영향을 받지 않는다.

해설! 상용로그의 계산

10을 밑으로 하는 로그를 상용로그라고 한다. 1 이상 10 미만의 진수 x에 대해
그 상용로그 $\log_{10} x$의 값을 표로 만든 상용로그표(174쪽)가 작성되자 큰 수의 근
삿값을 계산할 때 로그의 성질(**58**)과 상용로그의 활용도가 높아졌다.

왜 그렇게 될까?

어려워 보이지만, 다음의 예를 보면 위의 (1)과 (2)가 성립하는 이유를 이해할
수 있다.

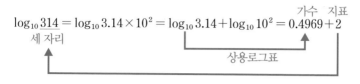

$$\log_{10} \underline{314} = \log_{10} 3.14 \times 10^2 = \log_{10} 3.14 + \log_{10} 10^2 = 0.4969 + 2$$

세 자리

가수 지표

상용로그표

$$\log_{10} \underline{0.000314} = \log_{10} 3.14 \times 10^{-4} = \log_{10} 3.14 + \log_{10} 10^{-4} = 0.4969 - 4$$

소수점 이하 네 번째 자리

가수 지표

상용로그표

예제 상용로그를 이용해 3^{100}이 어떤 수인지 조사하여라.

[해답] 174쪽의 상용로그표에 따르면 $\log_{10}3 = 0.4771$이므로 로그의 성질에 따라,

$$\log_{10}3^{100} = 100\log_{10}3 = 100 \times 0.4771 = 47.71 = 47 + 0.71$$

이것을 로그의 정의와 지수의 성질에 따라 다음과 같이 쓸 수 있다.

$$3^{100} = 10^{47.71} = 10^{47+0.71} = 10^{47} \times 10^{0.71}$$

여기에서 $a = 10^{0.71}$이라고 하고 이것을 log로 고쳐 쓰면 $0.71 = \log_{10}a$가 된다. 이제 이것을 가지고 상용로그표를 역추적하면 $a = 5.13$임을 알 수 있다.

따라서 $3^{100} = 10^{47.71} = 10^{47} \times 10^{0.71} = 5.13 \times 10^{47}$이 된다.

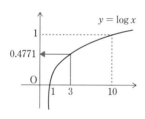

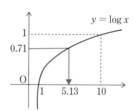

오일러 상수 e와 자연로그

잉글랜드의 수학자 헨리 브릭스(1561~1630)는 존 네이피어가 로그의 밑으로 채용한 오일러 상수 $e(=2.71828\cdots\cdots)$ 대신 10을 밑으로 할 것을 제안하고 상용로그표를 만들었다. 참고로 오일러 상수 e를 밑으로 한 로그는 자연로그라고 하며 'ln'으로 표기한다. 즉, $\ln = \log_e$이다.

173

상용로그표

왼쪽 눈금이 3.0이고
위쪽 눈금이 0이면 log(3.00),
그 교점 0.4771이 log(3.00)의 값

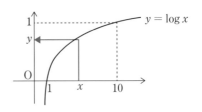

수	0	1	2	3	4	5	6	7	8	9
1.0	0.0000	0.0043	0.0086	0.0128	0.0170	0.0212	0.0253	0.0294	0.0334	0.0374
1.1	0.0414	0.0453	0.0492	0.0531	0.0569	0.0607	0.0645	0.0682	0.0719	0.0755
1.2	0.0792	0.0828	0.0864	0.0899	0.0934	0.0969	0.1004	0.1038	0.1072	0.1106
1.3	0.1139	0.1173	0.1206	0.1239	0.1271	0.1303	0.1335	0.1367	0.1399	0.1430
1.4	0.1461	0.1492	0.1523	0.1553	0.1584	0.1614	0.1644	0.1673	0.1703	0.1732
1.5	0.1761	0.1790	0.1818	0.1847	0.1875	0.1903	0.1931	0.1959	0.1987	0.2014
1.6	0.2041	0.2068	0.2095	0.2122	0.2148	0.2175	0.2201	0.2227	0.2253	0.2279
1.7	0.2304	0.2330	0.2355	0.2380	0.2405	0.2430	0.2455	0.2480	0.2504	0.2529
1.8	0.2553	0.2577	0.2601	0.2625	0.2648	0.2672	0.2695	0.2718	0.2742	0.2765
1.9	0.2788	0.2810	0.2833	0.2856	0.2878	0.2900	0.2923	0.2945	0.2967	0.2989
2.0	0.3010	0.3032	0.3054	0.3075	0.3096	0.3118	0.3139	0.3160	0.3181	0.3201
2.1	0.3222	0.3243	0.3263	0.3284	0.3304	0.3324	0.3345	0.3365	0.3385	0.3404
2.2	0.3424	0.3444	0.3464	0.3483	0.3502	0.3522	0.3541	0.3560	0.3579	0.3598
2.3	0.3617	0.3636	0.3655	0.3674	0.3692	0.3711	0.3729	0.3747	0.3766	0.3784
2.4	0.3802	0.3820	0.3838	0.3856	0.3874	0.3892	0.3909	0.3927	0.3945	0.3962
2.5	0.3979	0.3997	0.4014	0.4031	0.4048	0.4065	0.4082	0.4099	0.4116	0.4133
2.6	0.4150	0.4166	0.4183	0.4200	0.4216	0.4232	0.4249	0.4265	0.4281	0.4298
2.7	0.4314	0.4330	0.4346	0.4362	0.4378	0.4393	0.4409	0.4425	0.4440	0.4456
2.8	0.4472	0.4487	0.4502	0.4518	0.4533	0.4548	0.4564	0.4579	0.4594	0.4609
2.9	0.4624	0.4639	0.4654	0.4669	0.4683	0.4698	0.4713	0.4728	0.4742	0.4757
3.0	0.4771	0.4786	0.4800	0.4814	0.4829	0.4843	0.4857	0.4871	0.4886	0.4900
3.1	0.4914	0.4928	0.4942	0.4955	0.4969	0.4983	0.4997	0.5011	0.5024	0.5038
3.2	0.5051	0.5065	0.5079	0.5092	0.5105	0.5119	0.5132	0.5145	0.5159	0.5172
3.3	0.5185	0.5198	0.5211	0.5224	0.5237	0.5250	0.5263	0.5276	0.5289	0.5302
3.4	0.5315	0.5328	0.5340	0.5353	0.5366	0.5378	0.5391	0.5403	0.5416	0.5428
3.5	0.5441	0.5453	0.5465	0.5478	0.5490	0.5502	0.5514	0.5527	0.5539	0.5551
3.6	0.5563	0.5575	0.5587	0.5599	0.5611	0.5623	0.5635	0.5647	0.5658	0.5670
3.7	0.5682	0.5694	0.5705	0.5717	0.5729	0.5740	0.5752	0.5763	0.5775	0.5786
3.8	0.5798	0.5809	0.5821	0.5832	0.5843	0.5855	0.5866	0.5877	0.5888	0.5899
3.9	0.5911	0.5922	0.5933	0.5944	0.5955	0.5966	0.5977	0.5988	0.5999	0.6010
4.0	0.6021	0.6031	0.6042	0.6053	0.6064	0.6075	0.6085	0.6096	0.6107	0.6117
4.1	0.6128	0.6138	0.6149	0.6160	0.6170	0.6180	0.6191	0.6201	0.6212	0.6222
4.2	0.6232	0.6243	0.6253	0.6263	0.6274	0.6284	0.6294	0.6304	0.6314	0.6325
4.3	0.6335	0.6345	0.6355	0.6365	0.6375	0.6385	0.6395	0.6405	0.6415	0.6425
4.4	0.6435	0.6444	0.6454	0.6464	0.6474	0.6484	0.6493	0.6503	0.6513	0.6522
4.5	0.6532	0.6542	0.6551	0.6561	0.6571	0.6580	0.6590	0.6599	0.6609	0.6618
4.6	0.6628	0.6637	0.6646	0.6656	0.6665	0.6675	0.6684	0.6693	0.6702	0.6712
4.7	0.6721	0.6730	0.6739	0.6749	0.6758	0.6767	0.6776	0.6785	0.6794	0.6803
4.8	0.6812	0.6821	0.6830	0.6839	0.6848	0.6857	0.6866	0.6875	0.6884	0.6893
4.9	0.6902	0.6911	0.6920	0.6928	0.6937	0.6946	0.6955	0.6964	0.6972	0.6981
5.0	0.6990	0.6998	0.7007	0.7016	0.7024	0.7033	0.7042	0.7050	0.7059	0.7067

수	0	1	2	3 ←	4	5	6	7	8	9
5.1	0.7076	0.7084	0.7093	0.7101	0.7110	0.7118	0.7126	0.7135	0.7143	0.7152
5.2	0.7160	0.7168	0.7177	0.7185	0.7193	0.7202	0.7210	0.7218	0.7226	0.7235
5.3	0.7243	0.7251	0.7259	0.7267	0.7275	0.7284	0.7292	0.7300	0.7308	0.7316
5.4	0.7324	0.7332	0.7340	0.7348	0.7356	0.7364	0.7372	0.7380	0.7388	0.7396
5.5	0.7404	0.7412	0.7419	0.7427	0.7435	0.7443	0.7451	0.7459	0.7466	0.7474
5.6	0.7482	0.7490	0.7497	0.7505	0.7513	0.7520	0.7528	0.7536	0.7543	0.7551
5.7	0.7559	0.7566	0.7574	0.7582	0.7589	0.7597	0.7604	0.7612	0.7619	0.7627
5.8	0.7634	0.7642	0.7649	0.7657	0.7664	0.7672	0.7679	0.7686	0.7694	0.7701
5.9	0.7709	0.7716	0.7723	0.7731	0.7738	0.7745	0.7752	0.7760	0.7767	0.7774
6.0	0.7782	0.7789	0.7796	0.7803	0.7810	0.7818	0.7825	0.7832	0.7839	0.7846
6.1	0.7853	0.7860	0.7868	0.7875	0.7882	0.7889	0.7896	0.7903	0.7910	0.7917
6.2	0.7924	0.7931	0.7938	0.7945	0.7952	0.7959	0.7966	0.7973	0.7980	0.7987
6.3	0.7993	0.8000	0.8007	0.8014	0.8021	0.8028	0.8035	0.8041	0.8048	0.8055
6.4	0.8062	0.8069	0.8075	0.8082	0.8089	0.8096	0.8102	0.8109	0.8116	0.8122
6.5	0.8129	0.8136	0.8142	0.8149	0.8156	0.8162	0.8169	0.8176	0.8182	0.8189
6.6	0.8195	0.8202	0.8209	0.8215	0.8222	0.8228	0.8235	0.8241	0.8248	0.8254
6.7	0.8261	0.8267	0.8274	0.8280	0.8287	0.8293	0.8299	0.8306	0.8312	0.8319
6.8	0.8325	0.8331	0.8338	0.8344	0.8351	0.8357	0.8363	0.8370	0.8376	0.8382
6.9	0.8388	0.8395	0.8401	0.8407	0.8414	0.8420	0.8426	0.8432	0.8439	0.8445
7.0	0.8451	0.8457	0.8463	0.8470	0.8476	0.8482	0.8488	0.8494	0.8500	0.8506
7.1	0.8513	0.8519	0.8525	0.8531	0.8537	0.8543	0.8549	0.8555	0.8561	0.8567
7.2	0.8573	0.8579	0.8585	0.8591	0.8597	0.8603	0.8609	0.8615	0.8621	0.8627
7.3	0.8633	0.8639	0.8645	0.8651	0.8657	0.8663	0.8669	0.8675	0.8681	0.8686
7.4	0.8692	0.8698	0.8704	0.8710	0.8716	0.8722	0.8727	0.8733	0.8739	0.8745
7.5	0.8751	0.8756	0.8762	0.8768	0.8774	0.8779	0.8785	0.8791	0.8797	0.8802
7.6	0.8808	0.8814	0.8820	0.8825	0.8831	0.8837	0.8842	0.8848	0.8854	0.8859
7.7	0.8865	0.8871	0.8876	0.8882	0.8887	0.8893	0.8899	0.8904	0.8910	0.8915
7.8	0.8921	0.8927	0.8932	0.8938	0.8943	0.8949	0.8954	0.8960	0.8965	0.8971
7.9	0.8976	0.8982	0.8987	0.8993	0.8998	0.9004	0.9009	0.9015	0.9020	0.9025
8.0	0.9031	0.9036	0.9042	0.9047	0.9053	0.9058	0.9063	0.9069	0.9074	0.9079
8.1	0.9085	0.9090	0.9096	0.9101	0.9106	0.9112	0.9117	0.9122	0.9128	0.9133
8.2	0.9138	0.9143	0.9149	0.9154	0.9159	0.9165	0.9170	0.9175	0.9180	0.9186
8.3	0.9191	0.9196	0.9201	0.9206	0.9212	0.9217	0.9222	0.9227	0.9232	0.9238
8.4	0.9243	0.9248	0.9253	0.9258	0.9263	0.9269	0.9274	0.9279	0.9284	0.9289
8.5	0.9294	0.9299	0.9304	0.9309	0.9315	0.9320	0.9325	0.9330	0.9335	0.9340
8.6	0.9345	0.9350	0.9355	0.9360	0.9365	0.9370	0.9375	0.9380	0.9385	0.9390
8.7	0.9395	0.9400	0.9405	0.9410	0.9415	0.9420	0.9425	0.9430	0.9435	0.9440
8.8	0.9445	0.9450	0.9455	0.9460	0.9465	0.9469	0.9474	0.9479	0.9484	0.9489
8.9	0.9494	0.9499	0.9504	0.9509	0.9513	0.9518	0.9523	0.9528	0.9533	0.9538
9.0	0.9542	0.9547	0.9552	0.9557	0.9562	0.9566	0.9571	0.9576	0.9581	0.9586
9.1	0.9590	0.9595	0.9600	0.9605	0.9609	0.9614	0.9619	0.9624	0.9628	0.9633
9.2	0.9638	0.9643	0.9647	0.9652	0.9657	0.9661	0.9666	0.9671	0.9675	0.9680
9.3	0.9685	0.9689	0.9694	0.9699	0.9703	0.9708	0.9713	0.9717	0.9722	0.9727
9.4	0.9731	0.9736	0.9741	0.9745	0.9750	0.9754	0.9759	0.9763	0.9768	0.9773
9.5	0.9777	0.9782	0.9786	0.9791	0.9795	0.9800	0.9805	0.9809	0.9814	0.9818
9.6	0.9823	0.9827	0.9832	0.9836	0.9841	0.9845	0.9850	0.9854	0.9859	0.9863
9.7	0.9868	0.9872	0.9877	0.9881	0.9886	0.9890	0.9894	0.9899	0.9903	0.9908
9.8	0.9912	0.9917	0.9921	0.9926	0.9930	0.9934	0.9939	0.9943	0.9948	0.9952
9.9	0.9956	0.9961	0.9965	0.9969	0.9974	0.9978	0.9983	0.9987	0.9991	0.9996

제 5 장 함수

상용로그와 성질

60 등차수열의 합의 공식

첫째 항 a, 공차 d인 등차수열의 제n항까지의 합 S_n은

$$S_n = \frac{(첫째\ 항 + 마지막\ 항) \times 항수}{2} = \frac{\{2a + (n-1)d\} \times n}{2} \quad \cdots\cdots \text{①}$$

해설! '1+3+5+ …' 등차수열의 합

1, 3, 5, 7, 9, …와 같은 수의 나열을 '수열'이라고 하며, 최초의 항을 첫째 항, 각 항의 차가 일정(공차 : 여기에서는 2)한 수열을 등차수열이라고 한다. 첫째 항 a에 공차 d를 차례차례 더해서 얻는 등차수열은

$$a_1 = a,\ a_2 = a + d,\ a_3 = a + 2d,\ a_4 = a + 3d,\ \cdots\cdots$$

와 같이 나타낼 수 있으며, 이때 일반항(제n항) a_n은 다음과 같다.

$$a_n = a + (n-1)d$$

①은 첫째 항, 공차, 항수를 알면 첫째 항부터 n번째 항까지의 합을 구할 수 있는 공식이다.

왜 그렇게 될까?

등차수열은 차이가 일정하므로 $S_n = a_1 + a_2 + a_3 + \cdots\cdots + a_n$을 막대 그래프의 합으로 나타내면 계단 모양이 나온다. 각 막대의 높이는 등차수열의 각 항의 값이며, 가로의 길이가 1이라고 하면, S_n은 그 막대 그래프의 넓이에 해당한다.

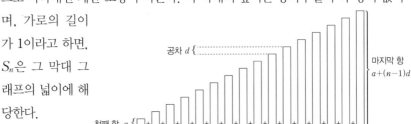

공차 d

마지막 항
$a + (n-1)d$

첫째 항 a

계단 모양이어서 넓이를 구하려면 조금 번거롭지만, 그래프를 180도 회전시켜 위로 겹치면 오른쪽과 같이 직사각형이 된다. 이 직사각형의 넓이는 높이가 '첫째 항+마지막 항'이고 가로폭이 항수 n이므로,

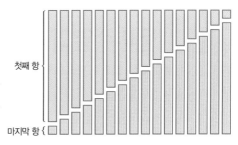

'(첫째 항+마지막 항)×n'

이며, S_n은 이 직사각형의 넓이의 절반이므로 ①을 얻을 수 있다.

사용해 보면 알 수 있다!

첫째 항이 10, 공차가 3인 등차수열의 제20항까지의 합은 아래와 같다.

$$S_{20} = \frac{\{2 \times 10 + (20-1) \times 3\} \times 20}{2} = 770$$

또는 이 등차수열의 제20항은 $a_{20} = 10 + 19 \times 3 = 67$이므로, 다음과 같이 구할 수 있다.

$$S_{20} = \frac{(첫째\ 항 + 마지막\ 항) \times 항수}{2} = \frac{(10+67) \times 20}{2} = 770$$

제 6 장 수열

가우스의 천재성!

가우스(1777~1855)는 수학과 천문학, 물리학 등 다방면에서 업적을 남긴 독일의 대천재로, 초등학생이었을 때 선생님이 1+2+3+……+99+100을 구하라고 하자 즉시 아래와 같이 계산하고 $101 \times 100 \div 2 = 5050$이라고 대답했다.

1	+	2	+	3	+	⋯	+	50	+	51	+	⋯	+	98	+	99	+	100
100	+	99	+	98	+	⋯	+	51	+	50	+	⋯	+	3	+	2	+	1
101	+	101	+	101	+	⋯	+	101	+	101	+	⋯	+	101	+	101	+	101

거꾸로 더하면 101이 100개

가우스는 그 어린 나이에 등차수열의 합의 원리를 발견한 것이다.

등차수열의 합의 공식

61 등비수열의 합의 공식

첫째 항 a, 공비 r인 등비수열의 제n 항까지의 합 S_n은

$$S_n = \frac{a(1-r^n)}{1-r} \cdots\cdots① \ (r \neq 1) \qquad S_n = an \cdots\cdots② \ (r=1)$$

해설! 등비수열의 합

첫째 항 a에 일정 수 r을 차례차례 곱해서 얻는 수열을 등비수열이라고 하며,

$$a_1 = a, \ a_2 = ar, \ a_3 = ar^2, \ a_4 = ar^3, \ \cdots\cdots$$

와 같다. 이때 일반항(제n항) a_n은

$$a_n = ar^{n-1}$$

이다. 여기에서 r을 공비라고 한다. ①, ②는 첫째 항, 공비, 항수, 이 세 가지를 알면 첫째 항부터 n번째 항까지의 합을 알 수 있는 공식이다.

왜 그렇게 될까?

등비수열의 합 $S_n = a + ar + ar^2 + ar^3 + \cdots + ar^{n-1} \ \cdots\cdots③$을 구할 때는 ③에서 ③의 양변에 r을 곱한 식을 뺀다.

$$
\begin{array}{r}
S_n = a + ar + ar^2 + ar^3 + \cdots + ar^{n-1} \\
-) \quad rS_n = ar + ar^2 + ar^3 + ar^4 + \cdots + ar^n \\
\hline
(1-r)S_n = a - ar^n
\end{array}
$$

이 뺄셈을 그림으로 나타내면 179쪽에 나오는 그림과 같다. 따라서 $r \neq 1$일 때 ①을 얻는다. 한편 $r = 1$일 때는 ③에서 ②를 얻는다는 것을 금방 이해할 수 있다.

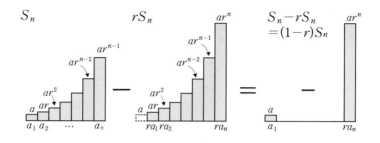

예제 첫째 항 10, 공비 3인 등비수열의 첫째 항부터 제8항까지의 합을 구하여라.

[해답] 첫머리의 공식 ①에 대입해 본다.

$$S_8 = \frac{10(1-3^8)}{1-3} = 5 \times 6560 = 32800$$

똑똑한 신하

왕이 공을 세운 신하에게 "상을 주고 싶으니 무엇이든 말해 보게."라고 하자 신하가 "쌀알을 첫날에 한 톨, 이튿날에는 두 배인 두 톨, 그 다음날에는 그 두 배인 네 톨, ……과 같은 식으로 매일 전날의 두 배씩 받고 싶습니다."라고 대답했다. 이 말을 들은 왕은 '참 욕심이 없는 친구군.'이라고 생각하며 흔쾌히 승낙했는데, 불과 한 달 만에 얼굴이 새파래져서 그에게 사과하고 소원을 바꿔 달라고 부탁했다. 한 달(30일) 동안 그에게 준 쌀이,

$$1+2+2^2+2^3+\cdots\cdots+2^{29}=2^{30}-1=10억\ 7,374만\ 1,823톨$$

이나 되었기 때문이다. 이것을 무게(kg)로 환산하면 $1,000$톨$=23g$으로 가정했을 때 2만 4,696kg, 총 25톤에 이른다. 불과 한 달 만에 25톤이 된 것이다.

참고로 이와 같은 취지의 이야기는 이슬람 세계를 대표하는 11세기의 지식인 아부 라이한 비루니(973~1048)의 책에서도 발견되었다.

등차수열이나 등비수열의 기원은 기원전까지 거슬러 올라간다. 생각해 보면 1, 2, 3, 4, 5, ……나 1, 2, 4, 8, 16, …… 등의 수열은 인간의 생활 속에서 지극히 자연스러운 존재였는지도 모른다.

62 수열 $\{n^k\}$의 합의 공식

> (1) $1+2+3+\cdots+(n-1)+n=\dfrac{1}{2}n(n+1)$
>
> (2) $1^2+2^2+3^2+\cdots n^2=\dfrac{1}{6}n(n+1)(2n+1)$
>
> (3) $1^3+2^3+3^3+\cdots n^3=\left\{\dfrac{1}{2}n(n+1)\right\}^2$

해설! n^k의 합을 구한다

수열의 합의 공식 (1)~(3)은 각각 1제곱의 합, 2제곱의 합, 3제곱의 합의 공식으로 유명하다. 이 책에서는 '적분' 부분에서도 사용하지만, 합의 기호 Σ와 병용하면 더욱 편리하다.

◉ Σ 기호의 사용법

수열의 합을 표현할 때 편리한 Σ, 즉 시그마 기호는 다음과 같이 쓸 수 있다.

$$\sum_{k=1}^{n} a_k = a_1 + a_2 + a_3 + \cdots + a_{n-1} + a_n$$

즉, 수열 $\{a_n\}$의 첫째 항부터 제n항까지의 합을 의미한다. 위에서는 k를 사용했지만, i 등 다른 문자를 사용하기도 한다.

$$\sum_{i=1}^{n} a_i = a_1 + a_2 + a_3 + \cdots + a_{n-1} + a_n$$

이 Σ에는 아래와 같은 성질(선형성)이 있다.

$$\sum_{k=1}^{n} (a_k + b_k) = \sum_{k=1}^{n} a_k + \sum_{k=1}^{n} b_k \qquad \sum_{k=1}^{n} c a_k = c \sum_{k=1}^{n} a_k \quad (c\text{는 상수})$$

왜 그렇게 될까?

위의 세 공식 (1), (2), (3) 모두 $(a+b)^n$의 전개식을 사용하면 이끌어낼 수 있다. 원리는 같으므로 (1)만 살펴보도록 하겠다.

$(k+1)^2 = k^2 + 2k + 1$ 이므로 $(k+1)^2 - k^2 = 2k+1$

$$
\begin{array}{lll}
k=1\text{일 때} & 2^2 - 1^2 & = 2\times1+1 \\
k=2\text{일 때} & 3^2 - 2^2 & = 2\times2+1 \\
k=3\text{일 때} & 4^2 - 3^2 & = 2\times3+1 \\
\cdots\cdots\cdots & \cdots\cdots\cdots\cdots\cdots\cdots \\
\cdots\cdots\cdots & \cdots\cdots\cdots\cdots\cdots\cdots \\
k=n\text{일 때} & (n+1)^2 - n^2 & = 2\times n+1
\end{array}
$$

양변을 더하면 $(n+1)^2 - 1^2 = 2(1+2+3+\cdots+n)+1\times n$ 이다.

여기에서 $1+2+3+\cdots+(n-1)+n = \dfrac{1}{2}n(n+1)$ 을 얻는다.

(주) (1)의 경우는 등차수열의 합의 공식을 이용해도 구할 수 있다.

'수열의 공식'을 사용해 보면 알 수 있다!

(1) $1+2+3+\cdots+99+100 = \dfrac{1}{2}\times100(100+1) = 5050$

(2) $1^2+2^2+3^2+\cdots100^2 = \dfrac{1}{6}\times100(100+1)(2\times100+1) = 338350$

(3) $1^3+2^3+3^3+\cdots100^3 = \left\{\dfrac{1}{2}\times100(100+1)\right\}^2 = 25502500$

(4) $S = 1\cdot2+2\cdot3+3\cdot4+4\cdot5+\cdots+n(n+1)$

$\quad = \displaystyle\sum_{k=1}^{n}k(k+1) = \sum_{k=1}^{n}(k^2+k)$

$\quad = \displaystyle\sum_{k=1}^{n}k^2 + \sum_{k=1}^{n}k$

$\quad = \dfrac{n(n+1)(2n+1)}{6} + \dfrac{n(n+1)}{2} = \dfrac{n(n+1)(n+2)}{3}$

63 점화식 $a_{n+1} = pa_n + q$의 해법

점화식 $a_{n+1} = pa_n + q$ ......①, $a_1 = a$ ......②를 만족하는 수열 $\{a_n\}$의 일반항은

(1) $p = 1$일 때 $a_n = a + (n-1)q$ ......③

(2) $p \neq 1$일 때 $a_n = p^{n-1}\left(a - \dfrac{q}{1-p}\right) + \dfrac{q}{1-p}$ ......④

점화식의 사용법

수열 $\{a_n\}$에 대해 위의 두 규칙 ①과 ②가 주어지면 ②에 따라 첫째 항이 결정되고, ①에 따라 제2항이 결정되며, 다시 ①에 따라 제3항이 결정되고……. 이것을 반복함으로써 일반항 a_n이 결정된다. 이렇게 수열을 결정하는 방법을 귀납적 정의라고 하며, 항 사이의 관계를 나타낸 ①과 ②를 점화식이라고 한다.

◎ 점화식에서 일반항을 구한다

점화식이 주어지면 첫째 항을 바탕으로 점화식에 대입하기를 반복함으로써 언젠가 '임의의 n번째 항'에 도달할 수 있다. 그런데 좀 더 재미있는 방법은 없을까? 사실 점화식에 따라서는 일반항 a_n을 n을 사용한 식으로 나타낼 수 있다. 점화식이 ①, ②일 경우 일반항은 반드시 ③, ④와 같이 n을 사용한 식으로 나타낼 수 있는 것이다.

◎ 점화식 자체를 만든다

주어진 점화식을 가지고 일반항을 만드는 것도 중요하지만, 어떤 문제에 직면했을 때 그 문제의 본질을 점화식으로 나타내는 것이 더 중요하다. 후반부에서 도전해 보자.

(1) $p=1$일 때

점화식 ①은 $a_{n+1}=a_n+q$가 되며, 수열 $\{a_n\}$은 첫째 항 a, 공차 q인 등차수열이 되어 ③을 얻는다.

(2) $p \neq 1$일 때

$a_n-\alpha=b_n$이라고 하자. 이것은 수열 $\{a_n\}$을 α만큼 평행 이동시킨 것이라고 할 수 있다. 그러면 ①은 $b_{n+1}+\alpha=p(b_n+\alpha)+q$이고, 다음과 같다.

$$b_{n+1}+\alpha=pb_n+p\alpha+q \quad \cdots\cdots⑤$$

여기에서 $\alpha=p\alpha+q$ $\cdots\cdots⑥$ 즉, $\alpha=\dfrac{q}{1-p}$ 라고 하면 ⑤는 $b_{n+1}=pb_n$이되어 $\{b_n\}$이 공비 p인 등비수열이 된다.

그러므로 $b_n=p^{n-1}b_1=p^{n-1}(a_1-\alpha)=p^{n-1}\left(a-\dfrac{q}{1-p}\right)$

$$\therefore \quad a_n=b_n+\alpha=p^{n-1}\left(a-\dfrac{q}{1-p}\right)+\dfrac{q}{1-p}$$

여기에서 구한 α는 원래의 점화식 ①의 a_{n+1}과 a_n을 모두 x로 놓은 방정식 $x=px+q$의 해와 일치하며, 이 방정식을 ①의 특성 방정식이라고 한다. 참고로 점화식 ①은 a_n이 결정되면 a_{n+1}이 결정되므로 함수다. 따라서 a_{n+1}을 y, a_n을 x로 놓은 $y=px+q$를 생각하면 이 그래프와 직선 $y=x$의 교점의 x좌표가 특성 방정식의 해가 된다.

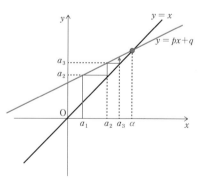

예제 n개의 원반이 아래의 그림처럼 큰 원반부터 작은 원반의 순서로 A라는 장소에 쌓여 있다.

하노이의 탑

A   B   C

이때 다음의 규칙에 따라 장소 A에 있는 모든 원반을 장소 C(또는 B)로 이동시키려고 한다.

   (1) 한 번에 원반 한 개만 이동시킬 수 있다.

   (2) 큰 원반을 작은 원반의 위에 올려놓으면 안 된다.

이때 필요한 최소 이동 횟수는 몇 회일까?

[해답] 이것은 하노이의 탑이라는 문제다. 먼저 점화식을 세워 보자.

n개의 원반이 쌓여 있을 때 이것을 앞의 규칙에 따라 다른 장소로 이동시키는 데 필요한 최소 이동 횟수를 a_n이라고 하자. 그러면 n개 전부를 장소 A에서 장소 C로 이동시키기 위해서는 다음과 같이 생각해 볼 수 있다.

(i) 장소 A에 있는 원반을 위에서부터 $n-1$개를 최소 이동 횟수로 장소 B에 이동시킨다. 그 횟수는 a_{n-1}이라고 쓸 수 있다.

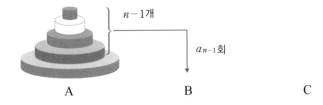

(ii) 장소 A에 남아 있는 한 개의 원반을 장소 C로 이동시킨다. 이 이동 횟수는 1회다.

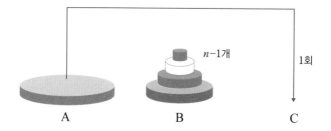

(iii) 장소 B에 있는 $n-1$개의 원반을 최소 이동 횟수로 장소 C에 이동시킨다. 이 이동 횟수는 a_{n-1}이라고 쓸 수 있다.

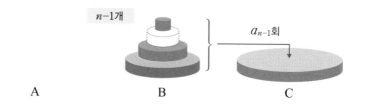

(i), (ii), (iii)에 따라 점화식 $a_n = a_{n-1} + 1 + a_{n-1} = 2a_{n-1} + 1$을 얻는다.

◉ 점화식에서 일반항을 구한다

점화식 $a_n = 2a_{n-1} + 1$은 $a_{n+1} = 2a_n + 1$로 고쳐 쓸 수 있다. 이것은 첫머리의 점화식 ①에서 $p=2$, $q=1$인 경우이다. 그리고 $a_1 = 1$이므로 이 점화식의 일반항은 ④에 따라 $a_n = 2^n - 1$이 된다.

참고로 하노이의 탑의 원반이 n개일 때 원반을 전부 이동시키는 데 걸리는 시간은 다음과 같다. 단, 1초에 원반 1개를 이동시킨다고 가정한다.

n	최소 이동 횟수	시간(hour)	날수(day)	해(year)
10	1023	0.2841667	0.0118403	3.24×10^{-5}
50	1.126×10^{15}	3.13×10^{11}	1.3×10^{10}	35702052
100	1.268×10^{30}	3.52×10^{26}	1.47×10^{25}	4.02×10^{22}

64 점화식 $a_{n+2}+pa_{n+1}+qa_n=0$의 해법

점화식 $a_{n+2}+pa_{n+1}+qa_n=0$ ······①, $a_1=a$, $a_2=b$······②를 만족하는 수열 $\{a_n\}$의 일반항은

(1) $\alpha \neq \beta$일 때 $a_n=\dfrac{b-a\beta}{\alpha-\beta}\alpha^{n-1}-\dfrac{b-a\alpha}{\alpha-\beta}\beta^{n-1}$ ······③

(2) $\alpha=\beta$일 때 $a_n=a\alpha^{n-1}+(n-1)(b-a\alpha)\alpha^{n-2}$ ······④

여기에서 α, β는 ①의 특성 방정식 $x^2+px+q=0$의 해라고 한다.

해설! 점화식의 해법?

①은 앞의 두 개를 알면 그 다음을 알 수 있는 구조이다.

$$a_{n+2}=-pa_{n+1}-qa_n$$

앞 단원에서는 두 항 사이의 관계였지만, 여기에서는 세 항 사이의 관계를 다룰 것이다.

왜 그렇게 될까?

$a_{n+2}+pa_{n+1}+qa_n=0$ ······①의 특성 방정식 $x^2+px+q=0$의 해를 α, β 라고 하면, 해와 계수의 관계(**15**)에 따라 $\alpha+\beta=-p$, $\alpha\beta=q$ 이다. 그러므로 ①은 다음과 같이 변형시킬 수 있다.

$$a_{n+2}-(\alpha+\beta)a_{n+1}+\alpha\beta a_n=0 \ ······⑤$$

식 ⑤를 다음의 두 가지로 변형시킨다.

$$\left.\begin{array}{l} a_{n+2}-\alpha a_{n+1}=\beta(a_{n+1}-\alpha a_n) \\ a_{n+2}-\beta a_{n+1}=\alpha(a_{n+1}-\beta a_n) \end{array}\right\} ······⑥$$

⑥을 각각 반복해서 사용하면 다음과 같다.

$$\left. \begin{array}{l} a_{n+1}-\alpha a_n = \beta^{n-1}(a_2-\alpha a_1)=\beta^{n-1}(b-a\alpha) \\ a_{n+1}-\beta a_n = \alpha^{n-1}(a_2-\beta a_1)=\alpha^{n-1}(b-a\beta) \end{array} \right\} \ \cdots\cdots ⑦$$

(1) $\alpha \neq \beta$ 일 때

⑦의 두 식을 빼면

$$-\alpha a_n + \beta a_n = \beta^{n-1}(b-a\alpha)-\alpha^{n-1}(b-a\beta)$$

그러므로 $a_n = \dfrac{b-a\beta}{\alpha-\beta}\alpha^{n-1} - \dfrac{b-a\alpha}{\alpha-\beta}\beta^{n-1}$

(2) $\alpha = \beta$ 일 때

⑦의 첫 번째 식에서 $a_{n+1}-\alpha a_n = \alpha^{n-1}(b-a\alpha)$

양변을 α^{n+1} 로 나누면 $\dfrac{a_{n+1}}{\alpha^{n+1}} - \dfrac{a_n}{\alpha^n} = \dfrac{b}{\alpha^2} - \dfrac{a}{\alpha}$

따라서 $\left\{ \dfrac{a_n}{\alpha^n} \right\}$ 은 등차수열 $\therefore \ \dfrac{a_n}{\alpha^n} = \dfrac{a}{\alpha}+(n-1)\left(\dfrac{b}{\alpha^2} - \dfrac{a}{\alpha} \right)$

이 식의 양변에 α^n을 곱하면 ④를 얻는다.

참고로 $a_{n+2}+pa_{n+1}+qa_n+r=0$과 같이 상수항 r이 있을 경우에는 $a_n=b_n+k$로 놓고 상수항이 없어지도록 k를 결정하면 ①이 된다.

다음으로 계단을 오르는 가짓수를 예로 점화식을 사용해 보도록 하자.

예제 계단을 오를 때 한 걸음에 오를 수 있는 단수는 1단 혹은 2단이라고 가정한다.
이 경우 n단의 계단을 오르는 가짓수는 모두 몇 가지일까?

[해답] 먼저, n단의 계단을 오르는 가짓수를 a_n이라고 하자.

(1) $n=1,2$ 일 때

　1단, 2단의 계단을 오르는 가짓수

$$a_1=1 \ , \ a_2=2 \ \cdots\cdots ⑧$$

(2) $n \geq 3$일 때

n단의 계단을 오를 경우의 마지막 한 걸음에 주목하면, '마지막에 한 단을 오른다.'와 '마지막에 두 단을 오른다.'의 두 가지가 있다.

(가) 마지막에 한 단을 오를 때

그때까지 a_{n-1}가지 방법으로 올라왔다. (왼쪽 그림)

(나) 마지막에 두 단을 오를 때

그때까지 a_{n-2}가지 방법으로 올라왔다. (오른쪽 그림)

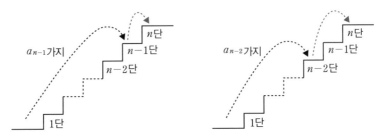

(가), (나)에 따라 $a_n = a_{n-1} + a_{n-2}$ ······⑨

◉ 점화식을 바탕으로 일반항을 구한다

⑨에서 오른쪽 항을 이항하면 $a_n - a_{n-1} - a_{n-2} = 0 \quad (n \geq 3)$이다.

이것은 $a_{n+2} - a_{n+1} - a_n = 0 \quad (n \geq 1)$로 고쳐 쓸 수 있다. 따라서 이 점화식을 만족하는 일반항은 첫머리의 공식에 $p = -1$, $q = -1$, $a = 1$, $b = 2$를 대입하면 다음과 같다.

$$a_n = \frac{1}{\sqrt{5}} \left[\frac{3 + \sqrt{5}}{2} \left(\frac{1 + \sqrt{5}}{2} \right)^{n-1} - \frac{3 - \sqrt{5}}{2} \left(\frac{1 - \sqrt{5}}{2} \right)^{n-1} \right]$$

피보나치수열과 점화식

다음과 같이 유명한 수열이 있다.

1, 1, 2, 3, 5, 8, 13, 21, 34, 89, 144, 233, 377, ······

굉장히 복잡해 보이는 수열이지만, 점화식으로 나타내 보면 매우 단순하다.

$$a_{n+2} = a_{n+1} + a_n, \ a_1 = 1, \ a_2 = 1$$

이 수열은 이탈리아의 수학자인 레오나르도 피보나치(12세기 후반~13세기 전반)를 기념해 피보나치 수열로 불린다. 약 800년 전에 간행된 《산반서》에 토끼의 번식을 예로 들어 소개한 수열이다.

이 수열은 다양한 세계에서 나타나며, 매우 신비롭다. 예를 들어 피보나치수열을 변의 길이로 갖는 정사각형을 아래의 그림처럼 나열해 보자. 그런 다음 각 정사각형의 한 꼭짓점이 중심이고 한 변이 반지름인 원을 그리면서 매끄럽게 연결해 본다. 그러면 아름다운 소용돌이가 나타난다. 이것을 피보나치의 소용돌이라고 한다. 소라나 꽃의 문양 등 자연계 곳곳에서 만날 수 있는 소용돌이 모양이다.

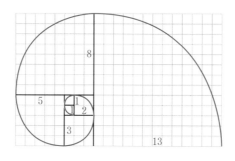

또 이 수열에 인접한 두 항의 비인 $\dfrac{a_n}{a_{n-1}}$ 은 n이 무한히 커지면 일정 값으로 수렴한다. 즉,

$$\lim_{n \to \infty} \frac{a_n}{a_{n-1}} = \frac{1+\sqrt{5}}{2} \fallingdotseq 1.618$$

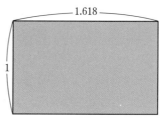

이다. 이 값을 황금비라고 하며, 가로와 세로가 이 비율인 직사각형을 가장 아름다운 직사각형으로 여긴다. 또한 정오각형의 꼭짓점을 연결하면 만들어지는 별 모양의 AB:BC도 황금비를 이룬다.

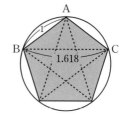

65 수학적 귀납법

자연수 n에 대한 명제 P가 모든 n에 대해 성립함을 다음의 2단계로 증명하는 방법을 수학적 귀납법이라고 한다.

(I)   명제 P는 $n=1$일 때 성립한다.

(II) 명제 P가 $n=k$ (k는 $k \geq 1$인 자연수)일 때 성립한다고 가정하면 $n=k+1$일 때도 명제 P가 성립한다.

해설! 도미노 쓰러뜨리기 같은 수학적 귀납법

이 증명 방법(수학적 귀납법)의 원리는 '도미노 쓰러뜨리기'에 비유할 수 있다. 먼저 (II), 그리고 (I)의 순서로 생각해 보자.

(II) 어떤 도미노가 쓰러지면 반드시 다음 도미노가 쓰러진다.

(k가 어떤 값이든 k번째의 도미노가 쓰러지면 반드시 $k+1$번째 도미노가 쓰러진다.)

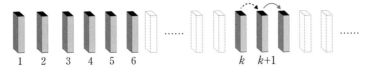

어떤 도미노 k와 그 다음 도미노 $k+1$에 주목한다.

(I) 실제로 첫 번째 도미노가 쓰러진다.

(첫 번째 도미노가 쓰러졌다.)

최초의 도미노에 주목한다.

이 (I), (II)에 따라 모든 도미노가 쓰러진다.

'도미노가 쓰러진다.'를 '명제 P가 성립한다.'로 바꾼 것이 수학적 귀납법이다.

◎ 정말 '귀납법'일까?

놀라는 사람도 있을지 모르겠는데, 수학적 귀납법은 '귀납법'이라는 이름이 붙어 있지만 그 실체는 사실 귀납법이 아니다. (I), (II)에서 원리를 결정하고 그것을 차례차례 대입하며 전부 옳은지 조사해 결론을 내는 추론법이기 때문이다. 귀납법은 "까마귀를 몇 마리 조사했는데 전부 검은색이었다. 그러므로 모든 까마귀는 검은색이다."라는 추론법이다. 요컨대 몇 개를 조사하고 그것을 바탕으로 '어떤 판단'이 옳다고 추리하는 방법이다.

한편 연역법이라는 것이 있다. 이것은 "모든 까마귀는 검은색이므로 앞으로 만날 까마귀도 전부 검은색일 것이다."라는 추론이다. 요컨대 처음에 결론이 있고 이 결론을 바탕으로 하나하나의 사항이 처음에 세운 결론과 같다고 추리하는 것이 연역법이다.

참고로, 귀납적 추론에 따라 얻은 예측을 확인하는 데 효과적일 때가 많기 때문에 '수학적 귀납법'이라는 이름이 붙었다는 설도 있다.

예제 임의의 자연수 n에 대해 다음의 등식이 성립함을 증명하여라.

$$\frac{1}{1 \cdot 2} + \frac{1}{3 \cdot 4} + \cdots + \frac{1}{(2n-1) \cdot 2n} = \frac{1}{n+1} + \frac{1}{n+2} + \cdots + \frac{1}{n+n}$$

[해답] 증명은 다음과 같이 한다.

(I) $\dfrac{1}{1 \cdot 2} = \dfrac{1}{2} \cdot \dfrac{1}{1+1} = \dfrac{1}{2}$ 이므로 $n=1$일 때 주어진 명제가 성립한다.

(Ⅱ) $n=k$일 때 주어진 명제가 성립한다고 가정한다. 즉,

$$\frac{1}{1\cdot 2}+\frac{1}{3\cdot 4}+\cdots+\frac{1}{(2k-1)\cdot 2k}=\frac{1}{k+1}+\frac{1}{k+2}+\cdots+\frac{1}{k+k}$$

이때,

$$\frac{1}{1\cdot 2}+\frac{1}{3\cdot 4}+\cdots+\frac{1}{(2k-1)\cdot 2k}+\frac{1}{\{2(k+1)-1\}\cdot 2(k+1)}$$

$$=\frac{1}{k+1}+\frac{1}{k+2}+\cdots+\frac{1}{k+k}+\frac{1}{\{2(k+1)-1\}\cdot 2(k+1)}$$

$$=\frac{1}{k+2}+\cdots+\frac{1}{k+k}+\left\{\frac{1}{k+1}+\frac{1}{\{2(k+1)-1\}\cdot 2(k+1)}\right\}$$

$$=\frac{1}{k+2}+\cdots+\frac{1}{k+k}+\left\{\frac{4k+3}{(2k+1)(2k+2)}\right\}$$

$$=\frac{1}{k+2}+\cdots+\frac{1}{k+k}+\left\{\frac{1}{2k+1}+\frac{1}{2k+2}\right\}$$

$$=\frac{1}{(k+1)+1}+\cdots+\frac{1}{(k+1)+k}+\frac{1}{(k+1)+(k+1)}$$

이것은 $n=k+1$일 때도 주어진 명제가 성립함을 보여 준다.

(Ⅰ), (Ⅱ)에 따라 주어진 명제는 모든 자연수 n에 대해 성립한다.

개념 넓히기

수학적 귀납법의 다양한 패턴

수학적 귀납법에는 변형 패턴이 많다. 그중에서 몇 가지를 소개하겠다.

변형 패턴 1

(Ⅰ) 명제 P는 $n=1, 2$ 일 때 성립한다.

(Ⅱ) 명제 P가 $n=k, k+1(k$는 $k\geq 1$인 자연수)일 때 성립한다고 가정하면

$n=k+2$일 때도 명제 P가 성립한다.

(I), (Ⅱ)에 따라 명제 P는 모든 자연수 n에 대해 성립한다.

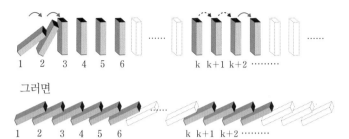

그러면

변형 패턴 2

(I)   명제 P는 n=3일 때 성립한다.

(Ⅱ)   명제 P가 n=k(k는 k≧1인 자연수)일 때도 성립한다고 가정하면 n=k+1
      일 때도 명제 P가 성립한다.

   (I), (Ⅱ)에 따라 명제 P는 3 이상의 자연수 n에 대해 성립한다.

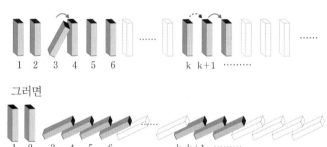

그러면

(I)   명제 P는 n=1일 때 성립한다.

(Ⅱ)   명제 P가 n≦k인 모든 자연수 n에 대해 성립한다고 가정하면 n=k+1일
      때도 명제 P가 성립한다. 단, k는 임의의 자연수이다.

   (I), (Ⅱ)에 따라 명제 P는 모든 자연수 n에 대해 성립한다.

   이 마지막 귀납법을 완전 귀납법이라고 한다.

66 미분 가능과 미분 계수

Δx가 한없이 0에 가까워질 때, $\dfrac{f(a+\Delta x)-f(a)}{\Delta x}$가 어떤 일정 값에 수렴한다면 함수 $f(x)$에서 미분 가능이라고 한다. 또 이 일정 값을 함수 $f(x)$에서의 미분 계수라고 하며 $f'(a)$라고 쓴다. 즉,

$$f'(a)=\lim_{\Delta x \to 0}\frac{f(a+\Delta x)-f(a)}{\Delta x}$$

해설! 미분 계수란?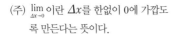

함수 $f(x)$가 $x=a$의 근처에서 정의되어 있다고 가정하자. 이때, $\Delta y = f(a+\Delta x)-f(a)$ 라고 하면, $\dfrac{\Delta y}{\Delta x}$, 즉 $\dfrac{f(a+\Delta x)-f(a)}{\Delta x}$는 두 점 A, B를 지나가는 직선 l의 기울기를 나타낸다. 그러면 $x=a$에서 미분 가능하다. 즉,

$$\lim_{\Delta x \to 0}\frac{\Delta y}{\Delta x}=\lim_{\Delta x \to 0}\frac{f(a+\Delta x)-f(a)}{\Delta x} \quad \cdots\cdots ①$$

이 수렴, 혹은 일정 값에 가까워진다는 것은 점 B를 점 A에 한없이 가깝게 접근

시켰을 때 직선 l의 기울이가 일정 값에 가까워짐을 의미한다. 참고로 Δx는 양이든 음이든 상관없다. 오른쪽 그림은 $\Delta x>0$인 경우이다.

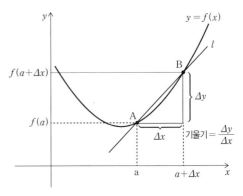

(주) $\lim\limits_{\Delta x \to 0}$ 이란 Δx를 한없이 0에 가깝도록 만든다는 뜻이다.

◎ 직선 *l*의 기울기가 일정 값에 가까워진다는 것

점 B를 점 A에 한없이 접근시켰을 때 직선 *l*의 기울기가 일정 값에 가까워진다는 말은 결국 함수 *y*=*f*(*x*)의 그래프를 **점 A의 주변에서 직선 상태로 볼 수 있다**는 뜻이다. 직선 상태가 되었으므로 직선 *l*은 그 직선 상태와 일치한다.

이것은 들판 위를 날아다니는 새와 땅바닥을 기어다니는 곤충의 눈으로 바라보면 이해할 수 있다. 새의 눈에는 구불구불한 도로가 **끊어지지 않은 매끈한 곡선이라면** 곤충의 눈에는 직선 도로로 보인다는 뜻이다.

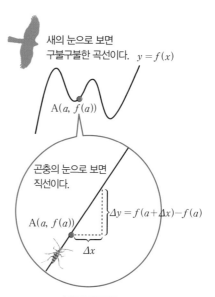

새의 눈으로 보면 구불구불한 곡선이다. $y = f(x)$

A(a, $f(a)$)

곤충의 눈으로 보면 직선이다.

A(a, $f(a)$)

$\Delta y = f(a+\Delta x) - f(a)$

Δx

미분 가능

◎ 미분 불가능이라는 것

①이 일정 값에 수렴하지 않을 때, 함수 *f*(*x*)는 *x*=*a*에서 미분 불가능이라고 한다. 이것은 이 함수의 그래프를 아무리 확대해도 *x*=*a*에서 직선 상태가 되지 않는다는 뜻이다. 예컨대 오른쪽 그림과 같은 경우를 생각할 수 있다.

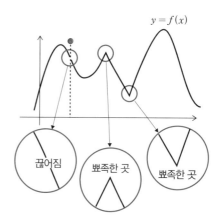

$y = f(x)$

끊어짐

뾰족한 곳

뾰족한 곳

곤충의 눈(확대)으로 봐도 직선으로는 보이지 않는다.

미분 불가능

◎ $f(x)$가 $x=a$에서 미분 가능이라면 $f(x)$는 $x=a$에서 연속

함수 $f(x)$가 $x=a$에서 연속이라면 그 그래프는 $x=a$에서 끊어진 부분 없이 연결되어 있다고 할 수 있다.

$f(x)$가 $x=a$에서 미분 가능하다면 정의에 따라 $\lim\limits_{\Delta x \to 0} \dfrac{f(a+\Delta x)-f(a)}{\Delta x}$는 수렴한다. 이때 분모가 0에 수렴하므로 분자도 0에 수렴해야 한다. 안 그러면 발산해 버리기 때문이다.

따라서, $\lim\limits_{\Delta x \to 0}(f(a+\Delta x)-f(a))=0$, 즉 $\lim\limits_{\Delta x \to 0}f(a+\Delta x)=f(a)$이 되어 $f(a+\Delta x)$의 값이 한없이 $f(a)$에 가까워지므로 아래의 그림처럼 되지 않는다. 그러므로 $f(x)$가 $x=a$에서 미분 가능하다면 $f(x)$는 $x=a$에서 연속이다.

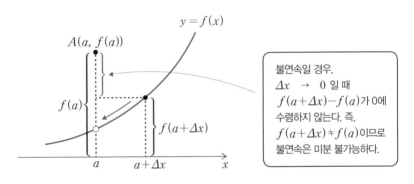

불연속일 경우,
$\Delta x \to 0$ 일 때
$f(a+\Delta x)-f(a)$가 0에
수렴하지 않는다. 즉,
$f(a+\Delta x) \neq f(a)$이므로
불연속은 미분 불가능하다.

◎ 접선의 개념으로 연결된다

앞의 ①이 일정 값에 수렴할 때는 함수 $f(x)$의 그래프가 $x=a$에서 직선 상태가 되며 AB를 지나가는 직선 l은 그 직선 상태와 일치한다. 그래서 이때의 직선 l을 함수 $y=f(x)$ 그래프의 $x=a$에서의 접선이라고 생각한다. (**29, 73**) 즉, 점 A$(a, f(a))$를 지나고 기울기가 $f'(a)$인 직선을 접선이라고 생각한다. 그러므로 $f(x)$가 $x=a$에서 미분 가능하면 $f(x)$는 $x=a$에서 연속이다.

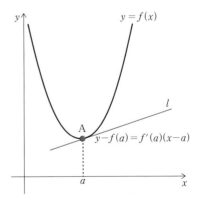

◉ 속도의 개념

y축 위를 운동하는 점 P의 위치가 시각 x의 함수로서 $y=f(x)$로 표현될 때, $\dfrac{\Delta y}{\Delta x}$를 시각 a와 $a+\Delta x$ 사이의 평균적인 빠르기, $f'(x)$를 $x=a$에서의 속도라고 생각한다.

미분 계수를 사용해 보자

(1) 함수 $f(x)=x^2$의 $x=1$에서의 미분 계수 $f'(1)$은

$$f'(1)=\lim_{\Delta x\to 0}\frac{f(1+\Delta x)-f(1)}{\Delta x}=\lim_{\Delta x\to 0}\frac{(1+\Delta x)^2-(1)^2}{\Delta x}=\lim_{\Delta x\to 0}(2+\Delta x)=2$$

(2) 함수 $y=f(x)=4.9x^2$의 $x=a$에서의 미분 계수는

$$f'(a)=\lim_{\Delta x\to 0}\frac{f(a+\Delta x)-f(a)}{\Delta x}=\lim_{\Delta x\to 0}4.9\times\frac{(a+\Delta x)^2-(a)^2}{\Delta x}$$

$$=\lim_{\Delta x\to 0}4.9(2a+\Delta x)=9.8a$$

이 함수 $f(x)$는 물건을 떨어뜨리고 몇 초 후의 낙하 거리(m)를 나타낸 것이다. 따라서 a초 후의 낙하 속도는 $9.8a(m/s)$가 된다.

영원한 라이벌, 뉴턴과 라이프니츠

미적분학의 탄생은 수학 역사상 획기적인 사건이었다. 이것을 계기로 수학뿐만 아니라 온갖 과학이 크게 변했기 때문이다. 뉴턴(영국, 1642~1727)과 라이프니츠(독일, 1646~1716)는 17~18세기의 같은 시대에 미적분학의 구축에 크게 공헌했다. 뉴턴은 운동의 관점에서 미적분을 구축했고, 라이프니츠도 독자적으로 미적분을 구축했다. 오늘날 사용되고 있는 미적분의 기호는 대부분 라이프니츠가 만든 것이다.

67 도함수와 기본 함수의 도함수

함수 $f(x)$의 정의역 안에 있는 임의의 x에 미분 계수 $f'(x)$를 대응시키는 함수를 함수 $f'(x)$의 도함수라고 하고 $f'(x)$, y', $\dfrac{dy}{dx}$, $\dfrac{d}{dx}f(x)$ 등으로 쓴다. 즉,

$$f'(x) = \frac{dy}{dx} = \lim_{\Delta x \to 0}\frac{\Delta y}{\Delta x} = \lim_{\Delta x \to 0}\frac{f(x+\Delta x)-f(x)}{\Delta x} \quad \cdots\cdots ①$$

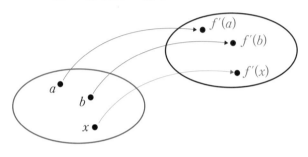

해설! 도함수, '미분한다'란?

함수 $f(x)$에 대해 $\lim\limits_{\Delta x \to 0}\dfrac{\Delta y}{\Delta x} = \lim\limits_{\Delta x \to 0}\dfrac{f(a+\Delta x)-f(a)}{\Delta x}$가 어떤 일정 값에 수렴하면 그 값을 함수 $f(x)$의 $x=a$에서의 미분 계수라고 하고 $f'(a)$라고 썼다.(**66**) 그러면 a에 대해 $f'(a)$를 대응시키는 함수를 생각할 수 있다. 이 함수를 $f'(x)$ 등으로 쓰며 $f(x)$의 도함수라고 한다. 식으로 나타내면 위의 ①이 된다. 또한 함수 $f(x)$의 도함수를 구하는 것을 함수 $f(x)$를 미분한다고 말한다.

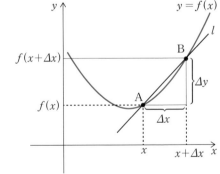

◉ Δx, Δy, dy, dx의 관계

$\dfrac{\Delta y}{\Delta x}$ 는 '델타 x분의 델타 y'라고 읽으며 $\Delta y : \Delta x$라는 비의 값을 의미한다. 한편 $\dfrac{dy}{dx}$ 는 '디y 디x'라고 읽으며, Δx를 한없이 0에 가깝게 했을 때 '$\Delta y : \Delta x$'라는 비의 값의 극한값을 나타낸다. 이것을 그림으로 나타내면 오른쪽 그림과 같다.

흔히 $\dfrac{dy}{dx}$ 는 그 자체로 하나의 기호이며 분수 기호가 아니라고 간주되지만, 분수의 의미도 충분히 지니고 있다. 앞으로 $\dfrac{dy}{dx}$ 를 분수처럼 다룰 때가 있는데, 그때는 이 그림을 떠올리기 바란다.

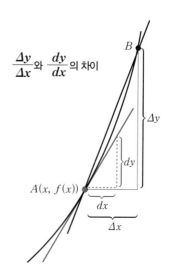

$\dfrac{\Delta y}{\Delta x}$와 $\dfrac{dy}{dx}$의 차이

(예) $y = x^2$ 이므로 $\dfrac{dy}{dx} = 2x$ (이 수식에 관해서는 아래의 (1)을 참조)

따라서 $dy = 2x\,dx$

도함수를 구해 보자!

(1) 함수 $f(x) = x^2$의 도함수 $f'(x)$는

$$f'(x) = \lim_{\Delta x \to 0} \frac{\Delta y}{\Delta x} = \lim_{\Delta x \to 0} \frac{f(x+\Delta x) - f(x)}{\Delta x}$$

$$= \lim_{\Delta x \to 0} \frac{(x+\Delta x)^2 - (x)^2}{\Delta x}$$

$$= \lim_{\Delta x \to 0} (2x + \Delta x) = 2x$$

(2) 함수 $f(x) = \sqrt{5^2 - x^2}$ 의 도함수는

$$f'(x) = \lim_{\Delta x \to 0} \frac{\Delta y}{\Delta x} = \lim_{\Delta x \to 0} \frac{f(x+\Delta x) - f(x)}{\Delta x}$$

$$= \lim_{\Delta x \to 0} \frac{\sqrt{5^2 - (x+\Delta x)^2} - \sqrt{5^2 - x^2}}{\Delta x}$$

$$= \lim_{\Delta x \to 0} \frac{\left(\sqrt{5^2 - (x+\Delta x)^2} - \sqrt{5^2 - x^2}\right)\left(\sqrt{5^2 - (x+\Delta x)^2} + \sqrt{5^2 - x^2}\right)}{\Delta x \left(\sqrt{5^2 - (x+\Delta x)^2} + \sqrt{5^2 + x^2}\right)}$$

$$= \lim_{\Delta x \to 0} \frac{-2x - \Delta x}{\sqrt{5^2 - (x+\Delta x)^2} + \sqrt{5^2 - x^2}} = \frac{-x}{\sqrt{5^2 - x^2}}$$

(3) 함수 $f(x) = \cos x$ 의 도함수는

$$f'(x) = \lim_{\Delta x \to 0} \frac{\Delta y}{\Delta x} = \lim_{\Delta x \to 0} \frac{f(x+\Delta x) - f(x)}{\Delta x}$$

$$= \lim_{\Delta x \to 0} \frac{\cos(x+\Delta x) - \cos(x)}{\Delta x}$$

$$= \lim_{\Delta x \to 0} \frac{-2\sin\left(x + \frac{\Delta x}{2}\right)\sin\frac{\Delta x}{2}}{\Delta x}$$

삼각 함수의 덧셈 정리에서 얻을 수 있는 다음의 공식을 이용한다.

$$\cos A - \cos B = -2\sin\frac{A+B}{2}\sin\frac{A-B}{2}$$

$$= \lim_{\Delta x \to 0} -\sin\left(x + \frac{\Delta x}{2}\right)\frac{\sin\frac{\Delta x}{2}}{\frac{\Delta x}{2}}$$

다음의 극한을 이용한다.

$$\lim_{\theta \to 0} \frac{\sin\theta}{\theta} = 1$$

$$= -\sin x$$

기본 함수의 도함수

도함수를 구하는 계산은 위의 (1)~(3)에서도 알 수 있듯이 극한 계산이 기본이다. 그러나 이것은 일반적으로 쉬운 계산이 아니다. 그래서 실제로는 가장 기본적인 함수의 경우 극한 계산으로 그 도함수를 구하고, 그 밖의 함수의 경우 합성 함수의 미분법(**69**)이나 역함수의 미분법(**70**) 등을 이용해 도함수를 구한다.

(기본 함수의 도함수)

함수 $f(x)$	도함수 $f'(x)$
c (c는 정수)	0
x^a (a는 실수)	ax^{a-1}
$\sin x$	$\cos x$
$\cos x$	$-\sin x$
$\tan x$	$\sec^2 x = \dfrac{1}{\cos^2 x}$
$\cot x = \dfrac{1}{\tan x}$	$-\csc^2 x = \dfrac{-1}{\sin^2 x}$
e^x (e는 오일러 상수)	e^x
a^x	$a^x \ln a$
$\ln x,\ \ln\lvert x\rvert$	$\dfrac{1}{x}$
$\log_a x$	$\dfrac{1}{x \ln a}$

개념 넓히기

오일러 상수 e

$\lim\limits_{h \to 0}(1+h)^{\frac{1}{h}} = 2.71828\cdots$을 오일러 상수라고 하고 e로 표기한다. 미분과 적분에서 사용되는 로그의 대부분은 이 e를 밑으로 하는 $\log_e$이며, 이것을 자연로그라고 한다. 이때 밑 e는 일반적으로 생략한다. 또 이 자연로그 $\log_e$를 ln으로 표기하기도 한다. 참고로, 10을 밑으로 하는 대수 $\log_{10}$은 상용로그라고 한다.

68 도함수의 공식

두 함수 $f(x)$, $g(x)$가 어떤 구간에서 미분 가능하다면 그 구간에서 다음과 같은 계산이 가능하다.

(1) $\{f(x) \pm g(x)\}' = f'(x) \pm g'(x)$ (복호동순)

(2) $\{kf(x)\}' = kf'(x)$ 단, k는 상수

(3) $\{f(x)g(x)\}' = f'(x)g(x) + f(x)g'(x)$

(4) $\left\{\dfrac{f(x)}{g(x)}\right\}' = \dfrac{f'(x)g(x) - f(x)g'(x)}{\{g(x)\}^2}$

특히, $\left\{\dfrac{1}{g(x)}\right\} = \dfrac{-g'(x)}{\{g(x)\}^2}$

해설! 도함수의 공식

사칙연산으로 구성된 함수의 도함수는 위의 도함수의 공식을 이용하면 쉽게 구할 수 있다. 이것은 놀라운 일이다. 가령 위의 (1), (2)에 따라 다음의 계산이 가능하다.

$$
\begin{aligned}
(3x^4 + 2x^3 - 5x^2 + 7x + 1)' &= (3x^4)' + (2x^3)' - (5x^2)' + (7x)' + (1)' \\
&= 3(x^4)' + 2(x^3)' - 5(x^2)' + 7(x)' + (1)' \\
&= 12x^3 + 6x^2 - 10x + 7
\end{aligned}
$$

◎ 간소화시켜서 기억해 두자

(1)~(4)는 도함수를 구할 때 자주 사용되는데, $f(x)$나 $g(x)$ 같은 기호를 사용한 탓에 복잡하게 느껴진다. 그러므로 공식을 외울 때는 $f(x)$나 $g(x)$를 사용하지 않고 다음과 같이 간소화시키면 알아보기 쉽다.

$$(u \pm v)' = u' \pm v' \qquad (ku)' = ku'$$

$$(uv)' = u'v + uv' \qquad \left(\frac{u}{v}\right)' = \frac{u'v - uv'}{v^2} \qquad \left(\frac{1}{v}\right)' = \frac{-v'}{v^2}$$

왜 그렇게 될까?

도함수의 정의 $f'(x) = \lim\limits_{\Delta x \to 0} \dfrac{f(x + \Delta x) - f(x)}{\Delta x}$ 를 이용해서 증명하는데, 여기에서는 직관적으로 이해하기 어려운 (3), (4)를 증명해 보겠다.

(3) $F(x) = f(x)g(x)$라고 한다.

$$F'(x) = \lim_{\Delta x \to 0} \frac{F(x + \Delta x) - F(x)}{\Delta x} = \lim_{\Delta x \to 0} \frac{f(x + \Delta x)g(x + \Delta x) - f(x)g(x)}{\Delta x}$$

$$= \lim_{\Delta x \to 0} \frac{f(x + \Delta x)g(x + \Delta x) - f(x)g(x + \Delta x) + f(x)g(x + \Delta x) - f(x)g(x)}{\Delta x}$$

$$= \lim_{\Delta x \to 0} \frac{\{f(x + \Delta x) - f(x)\}g(x + \Delta x) + \{g(x + \Delta x) - g(x)\}f(x)}{\Delta x}$$

$$= \lim_{\Delta x \to 0} \left\{ \frac{f(x + \Delta x) - f(x)}{\Delta x} g(x + \Delta x) + \frac{g(x + \Delta x) - g(x)}{\Delta x} f(x) \right\}$$

$$= f'(x)g(x) + f(x)g'(x)$$

두 번째 줄의 식의 분자 부분에서 원래 없었던 $f(x)g(x + \Delta x)$를 더하고 빼는 기술을 사용했다. 이에 관해서는 뒤에 나오는 '스님과 당나귀 이야기'를 참고하기 바란다.

(4) 먼저 특수한 경우를 증명한다. 이를 위해 $F(x) = \dfrac{1}{g(x)}$이라고 한다. 그러면,

$$F'(x) = \lim_{\Delta x \to 0} \frac{F(x + \Delta x) - F(x)}{\Delta x} = \lim_{\Delta x \to 0} \frac{\dfrac{1}{g(x + \Delta x)} - \dfrac{1}{g(x)}}{\Delta x}$$

$$= \lim_{\Delta x \to 0} \frac{g(x) - g(x + \Delta x)}{\Delta x \, g(x + \Delta x)g(x)}$$

$$= \lim_{\Delta x \to 0} -\frac{g(x+\Delta x)-g(x)}{\Delta x} \times \frac{1}{g(x+\Delta x)g(x)} = \frac{-g'(x)}{\{g(x)\}^2}$$

여기에서 몫 $\dfrac{f(x)}{g(x)}$ 를 두 함수 $f(x)$와 $\dfrac{1}{g(x)}$ 의 곱, 즉,

$$\frac{f(x)}{g(x)} = f(x) \times \frac{1}{g(x)}$$

라고 생각하면 (3)에 따라 다음과 같이 도출할 수 있다.

$$\left\{\frac{f(x)}{g(x)}\right\}' = \left\{f(x) \times \frac{1}{g(x)}\right\}' = f'(x)\frac{1}{g(x)} + f(x)\left[\frac{-g'(x)}{\{g(x)\}^2}\right]$$

$$= \frac{f'(x)g(x) - f(x)g'(x)}{\{g(x)\}^2}$$

도함수의 공식을 사용해 보자!

(i) $(x^2 - 5x + 3)(3x + 2)$의 도함수를 구한다. $\cdots\cdots (uv)' = u'v + uv'$를 이용

$$\{\{(x^2 - 5x + 3)(3x + 2)\}' = (x^2 - 5x + 3)'(3x + 2) + (x^2 - 5x + 3)(3x + 2)'$$
$$= (2x - 5)(3x + 2) + (x^2 - 5x + 3) \times 3$$
$$= 9x^2 - 26x - 1$$

(ii) $\sin x \cos x$의 도함수를 구한다. $\cdots\cdots (uv)' = u'v + uv'$를 이용

$$(\sin x \cos x)' = (\sin x)' \cos x + \sin x (\cos x)' = \cos^2 x - \sin^2 x$$

(iii) $\dfrac{3x+2}{x^2+1}$ 의 도함수를 구한다. $\cdots\cdots \left(\dfrac{u}{v}\right)' = \dfrac{u'v - uv'}{v^2}$ 를 이용

$$\left\{\frac{3x+2}{x^2+1}\right\}' = \frac{(3x+2)'(x^2+1) - (3x+2)(x^2+1)'}{(x^2+1)^2}$$

$$= \frac{3(x^2+1) - (3x+2) \times 2x}{(x^2+1)^2}$$

$$= \frac{-3x^2 - 4x + 3}{(x^2+1)^2}$$

개념 넓히기

스님과 당나귀 이야기

도함수의 공식 (3)의 증명과 같이 '없는 것'을 '있는 것'으로 간주하고 처리하면 계산이 편해진다는 것을 다음의 이야기를 통해 알아보자.

당나귀 17마리를 기르는 아버지가 세 아들에게 다음과 같은 유서를 남기고 세상을 떠났다.

첫째 아들 ……당나귀 17마리의 $\frac{1}{2}$ 을 준다.

둘째 아들 ……당나귀 17마리의 $\frac{1}{3}$ 을 준다.

셋째 아들 ……당나귀 17마리의 $\frac{1}{9}$ 를 준다.

유서에 따르면 첫째 아들은 8.5마리, 둘째 아들은 5.6666……마리, 셋째 아들은 1.888……마리를 받는다. 그러나 당나귀를 죽여서 나누는 것은 의미가 없으므로 소수점 이하 부분을 어떻게 할지를 놓고 세 명이 다툼을 벌였다.

이때 당나귀를 탄 스님이 나타나 세 명에게 이렇게 말했다.

"그만들 싸우고, 내 당나귀 한 마리를 줄 테니 18마리로 나눠 보게."

그러자 신기한 일이 벌어졌다.

첫째 아들 ……당나귀 18마리의 $\frac{1}{2}$ 이므로 9마리(>8.5마리)

둘째 아들 ……당나귀 18마리의 $\frac{1}{3}$ 이므로 6마리(>5.666……마리)

셋째 아들 ……당나귀 18마리의 $\frac{1}{9}$ 이므로 2마리(>1.888……마리)

세 명 모두 자신이 받게 되는 당나귀의 수가 유언보다 늘어났을 뿐만 아니라 당나귀를 죽이지 않아도 되어 크게 만족했다. 그런데 이때 세 명이 나눈 당나귀의 총수는 9+6+2=17마리다. 스님은 나머지 한 마리를 타고 홀연히 떠났다고 한다.

69 합성 함수의 미분법

$y = f(u)$가 u에 대해 미분 가능하고, $u = g(x)$가 x에 대해 미분 가능하면 합성 함수 $y = f(g(x))$는 x에 대해 미분 가능하며 다음과 같다.

$$\frac{dy}{dx} = \frac{dy}{du}\frac{du}{dx}$$

해설! 합성 함수란?

먼저 합성 함수란 어떤 함수인지 확인하고 시작하자. 예를 들어 다음의 두 함수가 있다고 가정한다.

$$y = f(u) = u^2 \quad \cdots\cdots ①$$
$$u = g(x) = 5x + 3 \quad \cdots\cdots ②$$

이때, x의 값이 결정되면 ②에 따라 u의 값이 결정되며, u의 값이 결정되면 ①에 따라 y의 값이 결정된다. 가령, $x = 1$이면 ②에 따라 $u = 8$이 되고, $u = 8$이면 ①에 따라 $y = 64$가 된다. 즉, x가 결정되면 ①과 ②의 두 식을 통해 y가 결정된다.

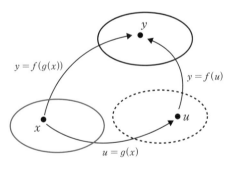

그렇다면 x의 값이 결정되었을 때 한번에 y의 값을 결정할 수는 없을까? 수학에서는 '같은 것은 치환'하면 되므로 다음과 같이 쓸 수 있다.

$$y = f(u) = u^2 = (g(x))^2 = (5x+3)^2 \quad \cdots\cdots ③$$

③은 ①과 ②를 합성해서 얻은 함수이므로 합성 함수라고 한다. 이것을 좀 더 일반적으로 나타내면 $y = f(g(x))$가 된다.

합성 함수의 도함수는 원래 함수의 도함수의 곱이다

그런데 ③의 함수, 즉 $y=(5x+3)^2$을 x로 미분하려면 일단 전개해서 각 항별로 미분한다. 즉, $y=(5x+3)^2=25x^2+30x+9$이므로 다음과 같다.

$$\frac{dy}{dx}=(25x^2+30x+9)'=50x+30=10(5x+3) \cdots\cdots ④$$

그러나 이 합성 함수의 미분법을 사용하면 간단해진다. 즉, y를 u로 미분한 것에 u를 x로 미분한 것을 곱하면 된다. 시험 삼아 계산해 보자.

$$\frac{dy}{dx}=\frac{dy}{du}\frac{du}{dx}=2u\times5=10(5x+3) \cdots\cdots ⑤$$

④와 ⑤는 같다. 그리고 물론 ⑤가 훨씬 간단하다!

왜 그렇게 될까?

어떻게 이렇게 간단해지는 것일까? 합성 함수의 경우 다음의 분수식이 성립하기 때문이다.

$$\frac{\Delta y}{\Delta x}=\frac{\Delta y}{\Delta u}\frac{\Delta u}{\Delta x} \cdots\cdots ⑥$$

이것을 그림으로 설명하면 이렇다. 두 함수,

$$y=f(u) \cdots\cdots ⑦$$
$$u=g(x) \cdots\cdots ⑧$$

를 3차원 공간에 그리면 오른쪽 그림과 같다.

x가 결정되면 그림의 파란색 화살표를 따라서 y가 결정된다. 또 x가 Δx만큼 변화하면 u와 y도 각각 Δu, Δy만큼 변화하는데, Δx, Δu, Δy는 앞의 ⑥의 관계를 만족한다. 미분 가능하므로 각각의 함

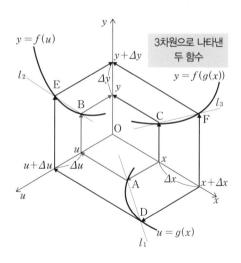

수는 연속이며, Δx가 한없이 0에 가까워질 때 Δu도 한없이 0에 가까워져 ⑨가 성립한다.

$$\frac{\Delta y}{\Delta x} = \frac{\Delta y}{\Delta u}\frac{\Delta u}{\Delta x} \quad \cdots\cdots ⑥$$

$\Delta x \to 0$ 일 때 $\quad \Delta u \to 0$

$$\frac{dy}{dx} = \frac{dy}{du}\frac{du}{dx} \quad \cdots\cdots ⑨$$

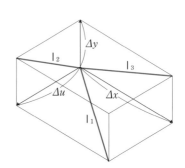

◉ 식으로 증명해 보자

이것을 그림이 아니라 식으로 증명하려 하면 조금 어려운데, 대략적으로는 다음과 같다.

$y = F(x) = f(g(x))$라고 하면,

$$\frac{dy}{dx} = F'(x) = \lim_{\Delta x \to 0}\frac{F(x+\Delta x)-F(x)}{\Delta x} \quad\underline{}\quad \text{도함수의 정의}$$

$$= \lim_{\Delta x \to 0}\frac{f(g(x+\Delta x))-f(g(x))}{\Delta x}$$

$$= \lim_{\Delta x \to 0}\frac{f(g(x)+\Delta u)-f(u)}{\Delta x} \quad\longleftarrow\quad \Delta u = g(x+\Delta x)-g(x)\text{로 놓는다.}$$

$$= \lim_{\Delta x \to 0}\frac{f(g(x)+\Delta u)-f(g(x))}{\Delta u}\frac{\Delta u}{\Delta x}$$

$$= \lim_{\Delta x \to 0}\frac{f(u+\Delta u)-f(u)}{\Delta u}\times\frac{g(x+\Delta x)-g(x)}{\Delta x} \quad\longleftarrow\quad \begin{array}{l} u=g(x)\text{가 연속이므로} \\ \Delta x \to 0\text{일 때 } \Delta u \to 0\end{array}$$

$$= \frac{dy}{du}\frac{du}{dx}$$

이 합성 함수의 미분법을 보면 미분 $\dfrac{dy}{dx}$ 는 마치 분수와 같은 성질을 지녔음을 알 수 있다.

$$\frac{dy}{dx} = \frac{dy}{du} \frac{du}{dx}$$

예제 임의의 자연수 n에 대하여 다음 함수를 미분하여라.

(1) $y = (ax+b)^n$　　(2) $y = \sqrt{1-x^2}$　　(3) $y = \sin^3(5x+3)$

[해답] (1) $y = (ax+b)^n$ 에서 $y = u^n$, $u = ax+b$ 로 대치하면,

$$\frac{dy}{dx} = \frac{dy}{du} \frac{du}{dx} = nu^{n-1} \times a = an(ax+b)^{n-1}$$

(2) $y = \sqrt{1-x^2}$ 에서 $y = \sqrt{u} = u^{\frac{1}{2}}$, $u = 1-x^2$ 으로 대치하면,

$$\frac{dy}{dx} = \frac{dy}{du} \frac{du}{dx} = \frac{1}{2} u^{-\frac{1}{2}} \times (-2x) = \frac{-x}{\sqrt{1-x^2}}$$

(3) $y = \sin^3(5x+3)$ 에서 $y = u^3$, $u = \sin v$, $v = 5x+3$ 으로 대치하면,

$$\frac{dy}{dx} = \frac{dy}{du} \frac{du}{dv} \frac{dv}{dx}$$

$$= 3u^2 \times \cos v \times 5$$

$$= 15\sin^2(5x+3)\cos(5x+3)$$

70 역함수의 미분법

함수 $y = f(x)$가 미분 가능하고 $f'(x) > 0$(또는 $f'(x) < 0$)일 때, 역함수 $x = g(y)$는 미분 가능한 함수이며 다음의 관계가 성립한다.

$$\frac{dx}{dy} = \frac{1}{\dfrac{dy}{dx}} \qquad \text{(주) } \frac{dy}{dx} = \frac{1}{\dfrac{dx}{dy}} \text{ 로 사용할 때도 있다.}$$

해설! 역함수란?

다음의 간단한 함수를 예로 역함수(**57**)를 다시 한번 확인하고 넘어가도록 하자.

$$y = 3x + 2 \ \cdots\cdots\text{①}$$

이 함수의 의미는 '3배로 만들고 2를 더하라'는 것이다. 그렇다면 3배로 만들고 2를 더한 것을 '원래대로 되돌리기' 위해서는 어떻게 해야 할까? ①을 x에 대해서 푼 다음의 식을 보면 알 수 있다.

$$x = \frac{y-2}{3} \ \cdots\cdots\text{②}$$

그렇다. '2를 빼고 3으로 나누면' 원래대로 돌아간다. 그래서 ②의 함수를 ①의 함수에 대한 역함수라고 한다. 실제로 도함수를 구해 보자. ①에서 $\dfrac{dy}{dx} = 3$, 또 ②에서 $\dfrac{dx}{dy} = \dfrac{1}{3}$이 되며, 따라서 다음의 식이 성립한다.

$$\frac{dx}{dy} = \frac{1}{\dfrac{dy}{dx}}$$

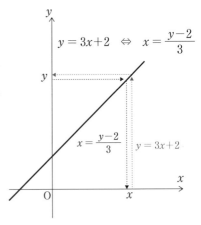

◎ 역함수를 일반적으로 표현하면

함수 $y = f(x)$를 x에 대해 푼 식을 $x = g(y)$라고 하자. 이때 $y = f(x)$와 $x = g(y)$는 서로 역함수라고 한다. 그래프는 완전히 똑같지만 함수로서는 보는 방향이 반대가 된다.

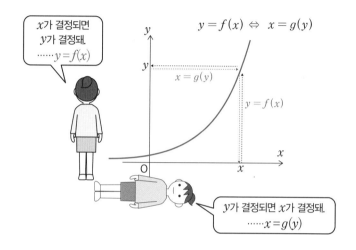

x가 결정되면 y가 결정돼.
······$y = f(x)$

$y = f(x) \Leftrightarrow x = g(y)$

$x = g(y)$

$y = f(x)$

y가 결정되면 x가 결정돼.
······$x = g(y)$

참고로, 함수 $y = f(x)$의 역함수 $x = g(y)$를 표현할 때 f를 활용해 $x = f^{-1}(y)$라고 쓰기도 한다.

함수에서는 원인이 되는 쪽을 독립 변수, 결과가 되는 쪽을 종속 변수라고 한다. 보통은 독립 변수를 x, 종속 변수를 y로 표기하므로 $y = f(x)$의 역함수 $x = g(y)$에서 x와 y를 교환해 $y = g(x)$라고 고쳐 쓸 때가 있다.(**57**) 이때 역함수 끼리의 그래프는 직선 $y = x$에 대해 대칭이다. 다만 미분에서 다루는 역함수는 x와 y를 교환하지 않으니 주의하기 바란다.

왜 그렇게 될까?

함수 $f(x)$가 미분 가능하고, $f'(x) > 0$(또는 $f'(x) < 0$)이므로 함수 $f(x)$는 연속이고 단조 증가(또는 단조 감소)인 함수다. 따라서 $y = f(x)$의 역함수

$x = g(y)$가 존재한다.

여기에서 함수 $y=f(x)$에서의 x의 증분 Δx에 대한 y의 증분을 Δy라고 하면 Δx와 Δy는 다음의 관계를 만족한다.

$$\frac{\Delta y}{\Delta x} \cdot \frac{\Delta x}{\Delta y} = 1 \quad \cdots\cdots ③$$

이 식을 변형시키면,

$$\frac{\Delta x}{\Delta y} = \frac{1}{\dfrac{\Delta y}{\Delta x}} \quad \cdots\cdots ④$$

또, 오른쪽과 같이 '$\Delta y \to 0$일 때 $\Delta x \to 0$'이 된다. 그러므로 ④에 의해

$$\lim_{\Delta y \to 0} \frac{\Delta x}{\Delta y} = \lim_{\Delta x \to 0} \frac{1}{\dfrac{\Delta y}{\Delta x}} \text{ 이다. 따라서 } \frac{dx}{dy} = \frac{1}{\dfrac{dy}{dx}} \text{이다.}$$

'역함수의 미분법'을 사용해 보자!

$\dfrac{d}{dx}(\ln x) = \dfrac{1}{x}$ 을 사용해 $y = a^x \, (a > 0)$의 도함수를 구해 보자.

$y=a^x$의 양변에 자연로그를 취하면 $\ln y = x \ln a$가 되며, 여기에서 양변을 y로 미분하면 $\dfrac{1}{y} = \dfrac{dx}{dy}(\ln a)$가 된다.

그러므로 $\dfrac{dx}{dy} = \dfrac{1}{y \ln a}$ 이고, 역함수의 미분법에 따라 다음 식이 성립한다.

$$\frac{dy}{dx} = \frac{1}{\dfrac{dx}{dy}} = y \ln a = a^x \ln a$$

2차 도함수와 미분 가능

함수 $f(x)$가 미분 가능하면 그 도함수 $f'(x)$도 x의 함수다. 이때 만약 $f'(x)$가 미분 가능하면 그 도함수 $\{f'(x)\}' = f''(x)$를 생각할 수 있다. 이 것을 $f(x)$의 2차 도함수라고 한다. 이때 함수 $f(x)$는 2회 미분 가능하며, $f''(x)$ 외에 $\dfrac{d^2 y}{dx^2}$, $\dfrac{d^2}{dx^2}f(x)$ 등으로 표기한다. 또한 같은 방식으로 3차, 4차, ……의 도함수를 생각할 수도 있으며, 3차 이상의 도함수를 고차 도함수라 고 한다.

여기에서 주목하고 싶은 점은 '원래의 함수가 미분 가능해도 그 도함수 역시 반 드시 미분 가능한 것은 아니다'라는 것이다. 예를 들어 보자.

$$f(x) = \begin{cases} x^2 & (x \geq 0) \\ -x^2 & (x < 0) \end{cases}$$

이 함수는 실수 전체에서 매끈하게 이어져 있어 미분 가능한데, 그 도함 수는 다음과 같다.

$$f'(x) = \begin{cases} 2x & (x \geq 0) \\ -2x & (x < 0) \end{cases}$$

즉, $f'(x) = 2|x|$이다. 이 함수 $f'(x)$는 그래프(파란색)에서 알 수 있듯이 $x=0$에서 뾰족하게 돌출되어 있기 때문에 미분이 불가능하다.

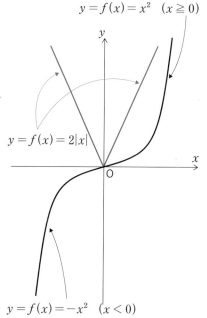

$y = f(x) = x^2 \quad (x \geq 0)$

$y = f(x) = 2|x|$

$y = f(x) = -x^2 \quad (x < 0)$

71 음함수의 미분법

음함수 $f(x, y) = 0$이 주어졌을 때, y를 x의 함수로 간주하고 합성 함수의 미분법을 사용해 $\dfrac{dy}{dx}$를 구할 수 있다.

해설! 음함수, 양함수란?

변수 x와 y를 포함하는 함수 $f(x, y) = 0$이 있으면 변수 x에 대해 변수 y의 값이 결정되기 때문에 y를 x의 함수로 볼 수 있다. 이와 같은 형태의 함수를 음함수라고 하며, $y = f(x)$의 형태인 함수를 양함수라고 한다. 예를 들어,

(1) $y - x^2 = 0$: 이항하면 $y = x^2$이다.

(2) $x^2 + y^2 - 1 = 0$: 이항하면 $y^2 = 1 - x^2$이므로 $y = \pm\sqrt{1-x^2}$이다.

　따라서 두 함수 $y = \sqrt{1-x^2}$과 $y = -\sqrt{1-x^2}$을 함께 가진 것으로 생각할 수 있다.(아래 그림)

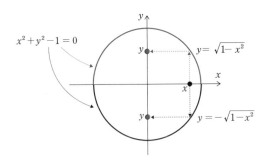

◎ y를 x의 함수로 간주하고 합성 함수의 미분법을 사용한다

음함수 $x^2 + y^2 - 1 = 0$ ……①에서 $\dfrac{dy}{dx}$를 구해 보자. ①의 양변을 x로 미분

한다. 단, y는 x의 함수로 간주한다.(214쪽 그림)

$$\frac{d}{dx}x^2 + \frac{d}{dx}y^2 - \frac{d}{dx}1 = 0 \text{이므로 } 2x + \frac{d}{dy}y^2\frac{dy}{dx} - 0 = 0 \text{이다.}$$

따라서 $2x + 2y\dfrac{dy}{dx} = 0$ 이므로 $y \neq 0$이면 $\dfrac{dy}{dx} = -\dfrac{x}{y}$이다.

(주) 엄밀히는 음함수 $f(x,\ y) = 0$이 어떤 조건을 만족하면 x가 있는 영역에서 연속이며 미분 가능한 함수 $y = g(x)$가 존재하는지에 관해 주의할 필요가 있다.

음함수를 사용해 보자!

(1) $ax^2 + 2hxy + by^2 + 2px + 2qy + c = 0$ ……①에서 $\dfrac{dy}{dx}$를 구해 보자.

　이를 위해 y를 x의 함수로 간주하고 ①의 양변을 x로 미분한다.

$$ax^2 + 2hxy + by^2 + 2px + 2qy + c = 0$$

곱의 미분법　　　　　　합성 함수의 미분법

$$2ax + 2h(y + xy') + 2byy' + 2p + 2qy' = 0$$

여기에서 $y' = -\dfrac{ax + hy + p}{hx + by + q}$

(2) $y = \sqrt{9 - x^2}$ ……①에서 음함수의 미분법을 사용해 $\dfrac{dy}{dx}$를 구해 보자.

　①의 양변을 제곱하면 $y^2 = 9 - x^2$ ……②

　②의 양변을 x로 미분하면 $2y\dfrac{dy}{dx} = -2x$ 이므로 $\dfrac{dy}{dx} = -\dfrac{x}{y}$이다.

　참고로, ①에서 $y = \sqrt{u}$, $u = 9 - x^2$이라고 하면 다음과 같다.

$$\frac{dy}{dx} = \frac{dy}{du}\frac{du}{dx} = \frac{1}{2\sqrt{u}}(-2x) = -\frac{x}{\sqrt{u}} = -\frac{x}{y}$$

72 매개 변수 표시의 미분법

$$x = f(t),\ y = g(t)\text{일 때, } \frac{dy}{dx} = \frac{\dfrac{dy}{dt}}{\dfrac{dx}{dt}} \cdots\cdots ①$$

해설! 제3의 변수를 매개로 x와 y의 관계가 결정된다

t에 관한 함수 $x = 3t+2$, $y = t^2$이 있을 때, 가령 t가 2라면 x는 8, y는 4가 된다. 이처럼 t를 매개로 x와 y의 관계가 결정되는 것이다.

◉ 역함수를 가지면 x와 y에 함수 관계가 성립

일반적으로 두 함수 $x = g(t)$, $y = f(t)$가 있을 때, t의 값에 따라 x와 y가 각각 정해진다. 즉, t를 매개로 x와 y의 관계가 결정되는 것이다.(그림 1) 그래서 이 변수 t를 매개 변수라고 한다. 여기에서 만약 $x = g(t)$가 역함수 $t = g^{-1}(x)$를 가진다면, $y = f(t)$, $t = g^{-1}(x)$ 에 따라

$$y = f(g^{-1}(x))$$

가 되므로 y는 x의 함수가 된다.(그림 2) 이때 $\dfrac{dy}{dx}$ 는 ①로 구할 수 있다는 것이 매개 변수 표시의 미분 방법이다.

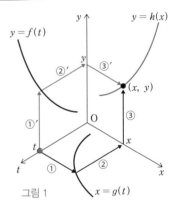

그림 1

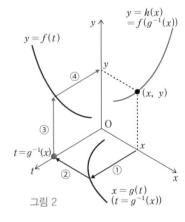

그림 2

왜 그렇게 될까?

합성 함수의 미분법에 따라 $\dfrac{dy}{dx} = \dfrac{dy}{dt} \dfrac{dt}{dx}$ ······②가 된다.

또 역함수의 미분법에 따라 $\dfrac{dt}{dx} = \dfrac{1}{\dfrac{dx}{dt}}$ ······③이 된다.

이 ②와 ③에서 ①을 얻을 수 있다. 참고로 엄밀히 말하면 ①의 계산에는

'$x = g(t)$, $y = f(t)$가 t에서
미분 가능하고, $x = g(t)$가 역
함수 $t = g^{-1}(x)$를 가지며,
$t = g^{-1}(x)$가 x에서 미분 가
능하고, $\dfrac{dx}{dt} \neq 0$'이라는 조건
이 붙는다.

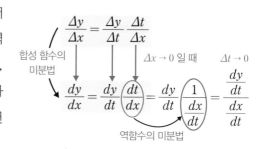

매개 변수를 사용해 보자!

$x = r\cos t$, $y = r\sin t$ $(0 \leq t \leq 2\pi)$라고 하면, 다음과 같이 미분할 수 있다.

$$\frac{dy}{dx} = \frac{\dfrac{dy}{dt}}{\dfrac{dx}{dt}} = \frac{r\cos t}{-r\sin t} = -\frac{x}{y}$$

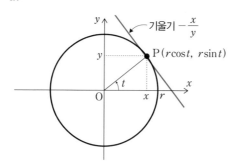

73 접선·법선의 공식

미분 가능인 함수 $y = f(x)$의 그래프 위의 점 (a, b)에서

접선의 방정식은 $y - b = f'(a)(x - a)$ ······①

법선의 방정식은 $y - b = -\dfrac{1}{f'(a)}(x - a)$ ······②

단, ②의 경우 $f'(a) \neq 0$

법선   접선 $y = f(x)$

P

해설! 접선과 법선의 해석

수학에서는 접선이라든가 법선이라는 말을 자주 사용하는데, "접하는 직선이 접선이야!" 같은 모호한 설명을 하는 사람도 의외로 많다. 그러나 이것은 설명이라고 할 수 없다. 먼저 접선이란 무엇인지 복습하고 넘어가도록 하자.

곡선 위에 점 P와 그 근처에서 점차 P에 가까워지는 무한한 점열 Q_1, Q_2, Q_3, ······이 있다고 가정한다. 이때 직선 PQ_1, PQ_2, PQ_3, ······이 점차 어떤 일정 직선 l에 가까워진다면 이 직선 l을 곡선 위의

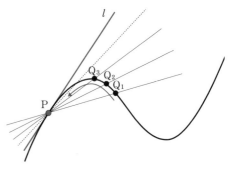

점 P에서의 접선이라고 하고 점 P를 그 접점이라고 한다. 이와 같이 접선의 정의 자체는 미분 가능과는 별개다. 그러나 함수 $y = f(x)$가 $x = a$에서 미분 가능하면 미분 계수 $f'(a)$의 기울기로 (a, b)를 지나가는 직선은 이 접선의 정의에 합치한다. 또한 곡선 위의 한 점 P를 지나가고 P에서 이 곡선의 접선과 수직을 이루는 직선을 이 곡선의 점 P에서의 법선이라고 한다.

예제 함수 $y = 3x^2$의 그래프 위에 있는 점 $\mathrm{P}(1, 3)$에서의 접선과 법선의 방정식을 구하여라.

[해답] $y' = 6x$이므로 접선의 기울기는 $6 \times 1 = 6$

∴ 접선의 방정식 $y - 3 = 6(x-1)$

다음으로, 법선의 기울기를 m이라고 하면

법선과 접선은 직교하므로, $6m = -1$이고,

$m = -\dfrac{1}{6}$이다.

∴ 법선의 방정식 $y - 3 = -\dfrac{1}{6}(x-1)$

(주) 축과 평행하지 않은 두 직선이 직교할 때, $m_1 m_2 = -1$이 성립한다. 단, m_1, m_2는 각 직선의 기울기다.

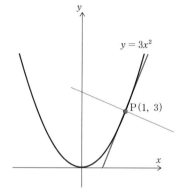

접선을 운동과 연결시킨 데카르트

접선의 개념은 고대 그리스 시대부터 있었다. 그러나 당시는 접선을 정적으로만 다뤘을 뿐 점의 운동과는 연결시키지 않았다. 이 단원에서 소개한 접선의 정의처럼 운동하는 점을 바탕으로 접선을 고찰한 사람은 데카르트와 페르마이며, 그들을 통해 해석 기하학적 수법이 고안되었다.

74 함수의 증감과 오목·볼록에 관한 정리

(1) 증가 함수와 감소 함수

　(ⅰ) 구간 I에서 $f'(x) > 0$이면, 그 구간에서 $f(x)$는 증가

　(ⅱ) 구간 I에서 $f'(x) < 0$이면, 그 구간에서 $f(x)$는 감소

(2) 오목 함수와 볼록 함수

　(ⅰ) 구간 I에서 $f''(x) > 0$이면, 그 구간에서 $f(x)$는 아래로 볼록

　(ⅱ) 구간 I에서 $f''(x) < 0$이면, 그 구간에서 $f(x)$는 위로 볼록

해설! 함수의 증가와 감소, 오목과 볼록

먼저 함수의 증가와 감소, 오목과 볼록이 어떤 것인지 확인하자.

함수 $y = f(x)$가 증가한다는 것은 'x가 증가하면 y도 증가한다'는 의미이며, 그래프는 오른쪽으로 갈수록 위로 올라간다. 한편 감소한다는 것은 'x가 증가하면 y는 감소한다'는 의미이며, 그래프는 오른쪽으로 갈수록 아래로 내려간다. 다만 여기에서 증가한다, 감소한다는 말은 감각적이고 모호하기 때문에 수학에서는 부등식을 사용해 함수의 증가와 감소를 다음과 같이 정의한다.

함수 $f(x)$가 구간 I에서 증가한다는 것은 그 구간의 임의의 점 x_1, x_2에서

$$x_1 < x_2 \implies f(x_1) < f(x_2)$$

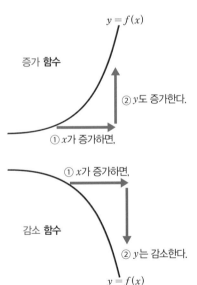

증가 **함수**

② y도 증가한다.

① x가 증가하면,

$y = f(x)$

① x가 증가하면,

감소 **함수**

② y는 감소한다.

$y = f(x)$

가 성립한다는 뜻이다.

　함수 $f(x)$가 구간 I에서 감소한다는 것은 그 구간의 임의의 점 x_1, x_2에서

　　　'$x_1 < x_2 \Rightarrow f(x_1) > f(x_2)$'

가 성립한다는 뜻이다.

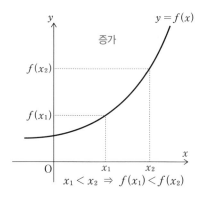

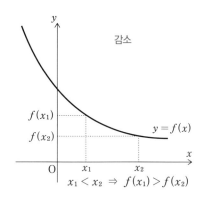

◎ 오목 함수와 볼록 함수

　그렇다면 함수 $y = f(x)$의 오목과 볼록은 무엇일까? 이것은 간단히 말해 함수 $y = f(x)$의 그래프가 어떤 구간에서 아래로 튀어나와 있으면 그 구간에서 아래로 볼록, 위로 튀어나와 있으면 위로 볼록이라는 것이다. 물론 아래로 볼록하다는 것은 '위로 오목', 위로 볼록하다는 '아래로 오목'이라고 바꿔 말할 수도 있지만, 이 표현은 거의 사용하지 않는다.

　함수의 증가·감소와 마찬가지로 아래로 튀어나왔다든가 위로 튀어나왔다는 표현은 감각적이고 모호하다. 그래서 함수의 오목·볼록 역시 부등식을 사용해 다음과

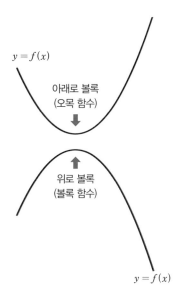

같이 정의한다.

구간 I 위에서 $x_1 < x < x_2$를 만족하는 임의의 x_1, x, x_2에 대해

$$\frac{f(x)-f(x_1)}{x-x_1} < \frac{f(x_2)-f(x)}{x_2-x} \quad \cdots\cdots①$$

가 항상 성립할 때 함수 $f(x)$는 구간 I에서 아래로 볼록이라고 말한다. 또 ①의 부등호가 반대일 때 함수 $f(x)$는 구간 I에서 위로 볼록이라고 말한다.

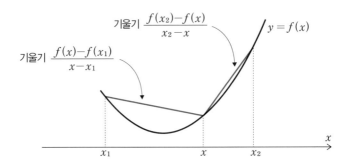

기울기 $\dfrac{f(x_2)-f(x)}{x_2-x}$

기울기 $\dfrac{f(x)-f(x_1)}{x-x_1}$

$y=f(x)$

왜 그렇게 될까?

식을 사용해 증명해야 하지만, 여기에서는 직관적으로 설명하겠다.

함수의 정리 (1)과 $f'(x)$의 부호의 경우, 오른쪽 그림과 같이 접선의 기울기로 이해할 수 있다.

함수의 정리 (2)의 경우, 223쪽에 나오는 그림처럼 접선의 기울기의 증가와 감소로 이해할 수 있다. 즉, $f''(x) > 0$

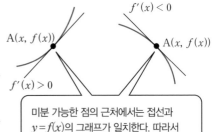

$f'(x) < 0$

A$(x, f(x))$

A$(x, f(x))$

$f'(x) > 0$

미분 가능한 점의 근처에서는 접선과 $y=f(x)$의 그래프가 일치한다. 따라서 접선의 기울기가 양이라면 $f(x)$는 증가 접선의 기울기가 음이라면 $f(x)$는 감소

인 구간에서는 (1)에 따라 접선의 기울기 $f'(x)$가 증가하므로 '그래프는 아래로 볼록인 상태'라고 볼 수 있다. 또 $f''(x) < 0$인 구간에서는 (1)에 따라 접선의 기울기 $f'(x)$가 감소하므로 '그래프는 위로 볼록인 상태'라고 볼 수 있다.

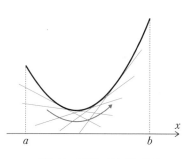

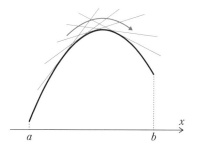

$f''(x) > 0$라면 $f'(x)$는 증가

$f''(x) < 0$라면 $f'(x)$는 감소

예제 함수 $y = f(x) = x^3 - 6x^2 + 9x$의 증가 · 감소, 오목 · 볼록을 조사하고 그래프를 그려라.

[해답] 먼저 $f'(x)$와 $f''(x)$를 구하고 그 부호를 조사해 함수의 증가 · 감소와 오목 · 볼록을 판정하기 위한 표를 만든다. 이 표를 증감표라고 한다.

$$y = f(x) = x^3 - 6x^2 + 9x$$ 에서
$$y' = f'(x) = 3x^2 - 12x + 9 = 3(x-1)(x-3)$$
$$y'' = f''(x) = 6x - 12 = 6(x-2)$$

x	$\cdots$	1	$\cdots$	2	$\cdots$	3	$\cdots$
y'	$+$	0	$-$	$-$	$-$	0	$+$
y''	$-$	$-$	$-$	0	$+$	$+$	$+$
y	↗	4	↘	2	↘	0	↗

여기에서 기호 ↗는 증가이고 아래로 볼록, ↘는 감소이고 위로 볼록을 의미한다. 다른 것도 같은 원리다. 또한 점 P(2, 2)와 같이 왼쪽과 오른쪽에 오목 · 볼록이 있고 위로 볼록에서 아래로 볼록(또는 그 반대)으로 변화하는 점을 변곡점이라고 한다.

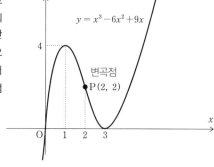

223

75 근사식

(1) $f(a+h) \doteqdot f(a)+hf'(a) \quad (h \doteqdot 0)$

(2) $f(x) \doteqdot f(0)+xf'(0) \quad (x \doteqdot 0)$

해설! 편리한 근사식을 이용한다

다짜고짜 "$\sqrt{3.992}$ 는 몇일까요?"라는 질문을 받는다면 바로 답을 하기는 어려울 것이다. 이럴 때는 근사식을 이용하면 편리하다.

먼저 $y=f(x)=\sqrt{x}$ 라는 함수를 생각한다. 질문의 $\sqrt{3.992}$ 에서 3.992는 4에 가까운 수이며 $\sqrt{4}=2$이다. 그러므로 위의 근사식 (1)에서 $a=4$, $h=-0.008$이 된다. 따라서 다음의 결과를 얻을 수 있다.

$$\sqrt{3.992}=\sqrt{4-0.008} \doteqdot \sqrt{4}+(-0.008)\frac{1}{2\sqrt{4}}=2-0.002=1.998$$

(주) $f'(x)=(\sqrt{x})'=(x^{\frac{1}{2}})'=\frac{1}{2}x^{-\frac{1}{2}}=\frac{1}{2\sqrt{x}}$

왜 그렇게 될까?

근사식 (1)의 의미를 그래프로 살펴보면 오른쪽 그림과 같다. 여기에서 'h가 0에 가까우면 오차는 줄어든다'는 것을 알 수 있다.

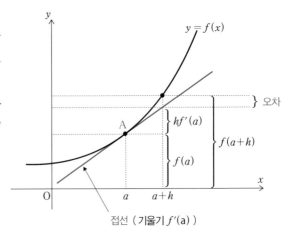

접선 (기울기 $f'(a)$)

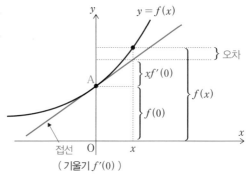

(2)의 근사식의 의미를 그 래프로 살펴보면 오른쪽 그 림과 같다. 이 (2)는 (1)에서 $a=0$, $h=x$일 경우다.

예제 다음의 근삿값을 구하여라. 단, $i \fallingdotseq 0$, $h \fallingdotseq 0$이다.

(1) $\sqrt[3]{1.006}$ (2) $\sin\theta$ (θ는 호도법 표시)   (3) $(a+h)^\alpha$

[해답] (1) 첫머리에 나온 근사식 (1)을 사용하면 다음과 같다.

$$\sqrt[3]{1.006} = \sqrt[3]{1+0.006} \fallingdotseq \sqrt[3]{1} + (0.006)\frac{1}{3\sqrt[3]{1^2}} = 1+0.002 = 1.002$$

(주) $f(x) = \sqrt[3]{x}$ 일 때, $f'(x) = (\sqrt[3]{x})' = (x^{\frac{1}{3}})' = \frac{1}{3}x^{-\frac{2}{3}} = \frac{1}{3\sqrt[3]{x^2}}$

(2) '$\sin\theta$를 근사한다고?'라고 생각했을지도 모르지만, (2)의 근사식에 따라 $\sin\theta \fallingdotseq \sin 0 + \theta\cos 0 = 0 + \theta = \theta$ 이므로 'θ'가 된다. 참고로 $f(\theta) = \sin\theta$ 일 때 $f'(\theta) = \cos\theta$ 가 된다.**(67)**

(3) $f(x) = x^\alpha$ 일 때 $f'(x) = \alpha x^{\alpha-1}$ 이므로 $(a+h)^\alpha \fallingdotseq a^\alpha + h\alpha a^{\alpha-1}$ 이다.

개념 넓히기

2차 근사식

첫머리의 근사식은 제1차 도함수를 이용했기 때문에 1차 근사식이라고 하고, 다음의 제2차 도함수를 이용한 식을 2차 근사식이라고 한다.

(1) $f(a+h) \fallingdotseq f(a) + hf'(a) + \frac{1}{2}h^2 f''(a)$ ($h \fallingdotseq 0$)

(2) $f(x) \fallingdotseq f(0) + xf'(0) + \frac{1}{2}x^2 f''(0)$ ($x \fallingdotseq 0$)

76 매클로린의 정리

> 함수 $f(x)$가 $x=0$의 근처에서 n회 미분 가능할 때, $x=0$과 충분히 가까이 있는 임의의 x에 대해 다음의 식이 성립한다.
>
> $$f(x) = f(0) + f'(0)x + \frac{f''(0)}{2!}x^2 + \cdots\cdots + \frac{f^{(n-1)}(0)}{(n-1)!}x^{n-1} + \frac{f^{(n)}(\theta x)}{n!}x^n$$
>
> 단, $0 < \theta < 1$

해설! 매클로린의 정리

표현은 어렵지만 내용은 간단하다. $f(x) = (1+x)^m$ 을 예로 들면, 이 함수의 도함수는 다음과 같다.

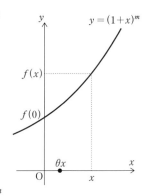

$$f'(x) = m(1+x)^{m-1}$$
$$f''(x) = m(m-1)(1+x)^{m-2}$$
$$f'''(x) = m(m-1)(m-2)(1+x)^{m-3}$$
$$\cdots\cdots$$
$$f^{(n-1)}(x) = m(m-1)(m-2)\cdots(m-n+2)(1+x)^{m-n+1}$$
$$f^{(n)}(x) = m(m-1)(m-2)\cdots(m-n+1)(1+x)^{m-n}$$

따라서 다음 식을 도출할 수 있다.

$$(1+x)^m = f(0) + f'(0)x + \frac{f''(0)}{2!}x^2 + \cdots + \frac{f^{(n-1)}(0)}{(n-1)!}x^{n-1} + \frac{f^{(n)}(\theta x)}{n!}x^n$$

$$= 1 + mx + \frac{m(m-1)}{2!}x^2 + \frac{m(m-1)(m-2)}{3!}x^3 + \cdots$$

$$+ \frac{m(m-1)\cdots(m-n+2)}{(n-1)!}x^{n-1}$$

$$+ \frac{m(m-1)\cdots(m-n+1)(1+\theta x)^{m-n}}{n!}x^n$$

◉ 근사식으로 사용할 수 있다

이 정리의 우변을 함수 $f(x)$의 매클로린 전개라고 한다. 각 항의 분모를 보면 **계승**(기호 !)의 계산이 있어서 분모가 점점 큰 값이 되기 때문에 어떤 항 이후로는 0에 가까운 값이 된다. 따라서 중간까지 채용하면 함수 $f(x)$의 근사식을 얻을 수 있다. 1차 근사식, 2차 근사식이 바로 그 예다.(**75**)

왜 근사가 가능할까?

매클로린의 정리는 테일러의 정리의 특수한 경우다.

◉ 테일러의 정리

함수 $f(x)$가 구간 $[a, b]$에서 n회 미분 가능이라고 할 때,

$$f(b) = f(a) + f'(a)(b-a)$$
$$+ \frac{f''(a)}{2!}(b-a)^2 + \cdots + \frac{f^{(n-1)}(a)}{(n-1)!}(b-a)^{n-1} + R_n$$

단, $R_n = \frac{f^{(n)}(c)}{n!}(b-a)^n$ (단, $a < c < b$)

테일러의 정리도 수식은 어려워 보이지만 가령 $n=2$일 경우를 식과 그림으로 나타내 보면 그 내용을 이해할 수 있다.

$$f(b) = f(a) + f'(a)(b-a) + \frac{f''(c)}{2!}(b-a)^2 \text{ (단, } a < c < b)$$

즉, $f(b)$를 $x=a$에서의 원래의 함수나 도함수의 값으로 표현할 때, 완전히 표현할 수 없는 부분(오차)은 a와 b 사이의 수 c를 이용해

$$\frac{f''(c)}{2!}(b-a)^2$$

라고 쓸 수 있다는 것이다. 이 정리

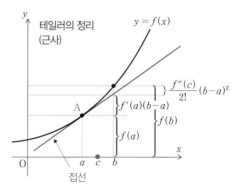

227

의 a에 0, b에 x를 대입하면 매클로린의 정리가 된다. 참고로, 테일러의 정리는 영국의 수학자 테일러(1685~1731)가 1715년에《증분법》에서 소개한 것으로 알려져 있다. 한편 매클로린의 정리는 매클로린(1698~1746)의 저서에 실려 있기 때문에 이런 이름이 붙었지만, 실제로는 테일러가 이끌어낸 것이다.

매클로린의 정리를 이용하면 다음의 근사식을 얻을 수 있다

매클로린의 정리를 이용하면 다음의 근사식을 얻을 수 있다. 이끌어내는 방법은 앞의 해설에서 소개한 $(1+x)^m$의 경우와 같다.

(1) $e^x = 1 + x + \dfrac{x^2}{2!} + \dfrac{x^3}{3!} + \dfrac{x^4}{4!} + \cdots\cdots + \dfrac{x^n}{n!} + \cdots\cdots$

(2) $\log(1+x) = x - \dfrac{x^2}{2} + \dfrac{x^3}{3} - \dfrac{x^4}{4} + \dfrac{x^5}{5} + \cdots\cdots$

(3) $(1+x)^m = 1 + mx + \dfrac{m(m-1)}{2!}x^2 + \dfrac{m(m-1)(m-2)}{3!}x^3 + \cdots\cdots$

(4) $\sin x = x - \dfrac{x^3}{3!} + \dfrac{x^5}{5!} - \dfrac{x^7}{7!} + \cdots\cdots$

(5) $\cos x = 1 - \dfrac{x^2}{2!} + \dfrac{x^4}{4!} - \dfrac{x^6}{6!} + \cdots\cdots$

참고로 (1)의 x에 $i\theta$(i는 허수 단위)를 대입하면,

$$e^{i\theta} = \left(1 - \dfrac{\theta^2}{2!} + \dfrac{\theta^4}{4!} - \dfrac{\theta^6}{6!} + \cdots\cdots\right) + i\left(\theta - \dfrac{\theta^3}{3!} + \dfrac{\theta^5}{5!} - \dfrac{\theta^7}{7!} + \cdots\cdots\right)$$

$$= \cos\theta + i\sin\theta$$

가 되어 오일러의 공식(**34**)을 얻을 수 있다.

근사의 정도를 그래프로 살펴보자

(i) $\sin x = x - \dfrac{x^3}{3!} + \dfrac{x^5}{5!} - \dfrac{x^7}{7!} + \cdots\cdots$

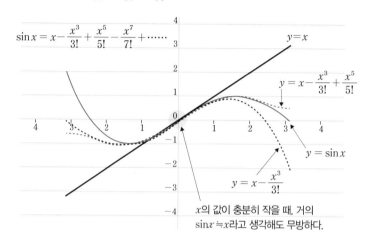

x의 값이 충분히 작을 때, 거의 $\sin x \fallingdotseq x$라고 생각해도 무방하다.

(ii) $e^x = 1 + x + \dfrac{x^2}{2!} + \dfrac{x^3}{3!} + \dfrac{x^4}{4!} + \cdots\cdots + \dfrac{x^n}{n!} + \cdots\cdots$

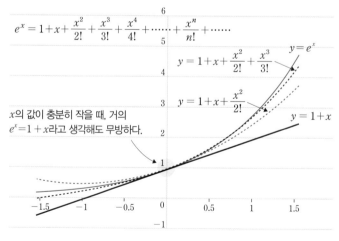

x의 값이 충분히 작을 때, 거의 $e^x = 1 + x$라고 생각해도 무방하다.

77 뉴턴-랩슨법

점 $A(a, f(a))$에서 $y = f(x)$의 접선과 x축이 만나는 점의 x좌표 a_1은 a보다 $f(x) = 0$의 해 α와 가깝다. 따라서 이것을 반복하면 방정식 $f(x) = 0$의 해 α의 근삿값을 구할 수 있다. 이 방법을 뉴턴-랩슨법이라고 한다.

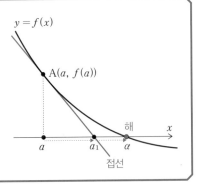

해설! 뉴턴-랩슨법

구간 (a, b)에 방정식 $f(x) = 0$의 실수해가 단 하나 존재함을 알고 있다고 가정하자. 점 $(a, f(a))$에서의 $y = f(x)$의 접선과 x축이 만나는 점의 x좌표 $a_1 = a - \dfrac{f(a)}{f'(a)}$를 구하고, 다음에는 점 $(a_1, f(a_1))$에서의 $y = f(x)$의 접선과 x축이 만나는 점의 x좌표 $a_2 = a_1 - \dfrac{f(a_1)}{f'(a_1)}$을 구하고……. 이와 같은 식으로 a_3, a_4, a_5, a_6, …… 을 구하고 적당한 a_n을 구간 (a, b)에서 $f(x) = 0$의 해의 근삿값으로 간주하는 것이 뉴턴-랩슨법이다. 이 방법은 수렴이 빠르기 때문에 편리하다.

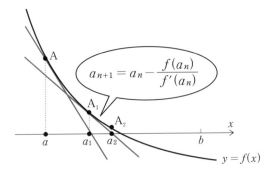

$$a_{n+1} = a_n - \frac{f(a_n)}{f'(a_n)}$$

◉ 엄밀히는 조건이 필요하다

뉴턴-랩슨법의 원리를 보면 a_1, a_2, a_3, a_4, ……가 경우에 따라 아래의 그림처럼 '해에서 점점 멀어질 때가 있지 않아?'라는 의문이 샘솟을지도 모른다.

물론 그렇게 되지 않기 위한 조건이 필요하다. 뉴턴-랩슨법을 이용해서 얻은 a_1, a_2, a_3, a_4, ……가 점점 해에 가까워지기 위해서는 다음에 설명하는 조건을 만족해야 한다.

$f(x)=0$의 한 해 α가 a와 b의 사이에 있고 이 구간에서 $f''(x)$가 $f(a)$와 항상 같은 부호라면 $a_1 = a - \dfrac{f(a)}{f'(a)}$는 a보다 α에 가까운 값이 된다. 만약 이 조건이 만족되지 않으면 a_1, a_2, a_3, a_4, ……는 아래 그림처럼 해에서 점점 멀어진다.

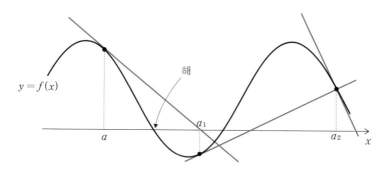

(주) $f''(x)$와 $f(a)$가 같은 부호라는 말은 $f(a)>0$이면 $f''(x)>0$이고 그래프는 아래로 볼록이다. $f(a)<0$이면 $f''(x)<0$이고 그래프는 위로 볼록이라는 뜻이다.

왜 그렇게 될까?

x좌표가 a인 $y=f(x)$ 위의 점 A에서의 접선과 x축이 만나는 점의 좌표를 a_1이라고 하면 a_1은 $a_1 = a - \dfrac{f(a)}{f'(a)}$가 된다. 이것을 살펴보자.

$y=f(x)$ 위의 점 $A(a, f(a))$에서의 접선 l의 방정식은 다음과 같다.

$$y - f(a) = f'(a)(x-a)$$

$y=0$ 이라고 하고 x를 구하면,

$$x = a - \frac{f(a)}{f'(a)}$$

이 x가 a_1에 해당한다.

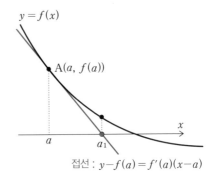

접선 : $y - f(a) = f'(a)(x-a)$

예제 뉴턴법

$x^2 - 5x + 6 = 0$의 해를 뉴턴–랩슨법으로 구하여라.

[해답] a_n으로부터 a_{n+1}을 구하는 식은 $f'(x) = 2x - 5$ 에 의해

$$a_{n+1} = a_n - \frac{a_n^2 - 5a_n + 6}{2a_n - 5} \text{ 이 된다.}$$

이 식을 이용해서 출발점인 a_0이 0
일 경우(아래 왼쪽 표)와 5일 경우(
아래 오른쪽 표)를 계산해 보았다.
양쪽 모두 6회 정도에 '$x=2$, $x=3$'
이라는 정확한 답에 이르렀다.

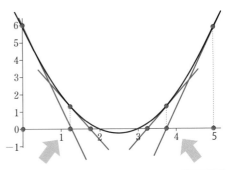

a_0	0.000000000
a_1	1.200000000
a_2	1.753846154
a_3	1.959397304
a_4	1.998475240
a_5	1.999997682
a_6	2.000000000

a_0	5.000000000
a_1	3.800000000
a_2	3.246153846
a_3	3.040602696
a_4	3.001524760
a_5	3.000002318
a_6	3.000000000

개념 넓히기

이분법으로 근삿값을 얻는다

연속된 함수 $y = f(x)$가 있고, $a < b$에 대해 $f(a)f(b) < 0$ 라고 하면, $x_1 = \dfrac{a+b}{2}$에 대해 다음이 성립한다.

(가) $f(a)f(x_1) < 0$ 이면 구간 $(a, \ x_1)$에 해가 있다.

(나) $f(x_1)f(b) < 0$ 이면 구간 $(x_1, \ b)$에 해가 있다.

(다) $f(x_1) = 0$ 이면 x_1이 해다.

(가) 또는 (나)일 때, 구간 $(a, \ x_1)$ 또는 구간 $(x_1, \ b)$의 중점을 잡고 같은 방법으로 조사해서 해의 존재 범위를 좁혀 나가면 해의 근삿값을 얻을 수 있다. 이 방법을 이분법이라고 한다.

(가)

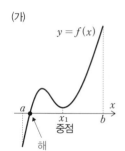

(나)

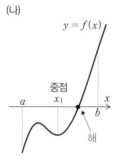

(다)

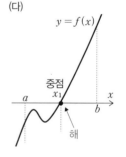

참고로 이분법의 원리는 오른쪽의 '중간값의 정리'에 의거한다.

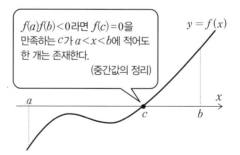

$f(a)f(b) < 0$라면 $f(c) = 0$을 만족하는 c가 $a < x < b$에 적어도 한 개는 존재한다.

(중간값의 정리)

78 수직선 위의 속도·가속도

x축 위를 운동하는 점 P의 위치가 시각 t의 함수로서 $x = f(t)$로 표현될 때,

(1) 시각 t에서의 점 P의 속도 v는 $v = \dfrac{dx}{dt} = f'(t)$ 이다.

(2) 시각 t에서의 점 P의 가속도 a는 $a = \dfrac{d^2x}{dt^2} = f''(t)$ 이다.

해설! 속도와 가속도

변수 t의 증분 Δt에 대응하는 함수 $x = f(t)$의 증분을 Δx라고 할 때 $\dfrac{\Delta x}{\Delta t}$를 평균 변화율이라고 하고, $\lim\limits_{\Delta t \to 0} \dfrac{\Delta x}{\Delta t}$가 존재하면 그 값을 t에서 x의 (순간) 변화율이라고 한다. 특히 운동의 경우는 이 변화율을 속도, 속도의 변화율을 가속도라고 한다.

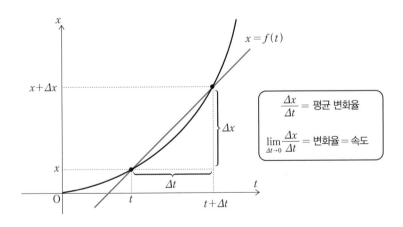

사용해 보면 알 수 있다!

(i) 물건을 떨어뜨리고 t초 후의 낙하 거리를 측정한 결과, $x = \dfrac{1}{2}gt^2\,(m)$임을 알았다. 단, g는 중력 가속도로서 상수다. 이 물체의 t초 후의 속도 v와 가속도 a를 구해 보자.

(1)의 공식에 따라, $\quad v = \dfrac{dx}{dt} = \dfrac{1}{2} \times 2gt = gt \; (m/s)$

(2)의 공식에 따라, $\quad a = \dfrac{d^2x}{dt^2} = \dfrac{d}{dt}\left(\dfrac{dx}{dt}\right) = \dfrac{d}{dt}(gt) = g \; (m/s^2)$

(ii) 중심이 원점이고 반지름이 r인 원의 둘레 위를 같은 속도로 회전하는 점을 x축 위에 투영한 점 P의 좌표는 $x = r\cos(\omega t + k)$로 나타낼 수 있다. 이 점 P의 속도 v와 가속도 a를 구해 보자.

(1)의 공식에 따라, $\quad v = \dfrac{dx}{dt} = -r\omega\sin(\omega t + k)$

(2)의 공식에 따라, $\quad a = \dfrac{d^2x}{dt^2} = \dfrac{d}{dt}\left(\dfrac{dx}{dt}\right) = \dfrac{d}{dt}(-r\omega\sin(\omega t + k))$

$$= -r\omega^2\cos(\omega t + k)$$

$$= -\omega^2 x$$

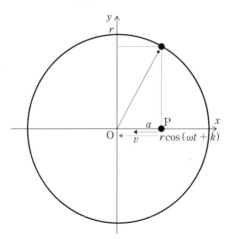

79 평면 위의 속도·가속도

평면 위를 운동하는 점 P의 좌표 $(x,\ y)$가 시각 t의 함수로서 $x = f(t)$, $y = g(t)$로 표현될 때,

(1) 시각 t에서의 점 P의 속도 $\vec{v}$는

$$\vec{v} = \left(\frac{dx}{dt},\ \frac{dy}{dt} \right) = (f'(t),\ g'(t))$$

속도의 크기 $|\vec{v}|$는 $|\vec{v}| = \sqrt{\left(\frac{dx}{dt} \right)^2 + \left(\frac{dy}{dt} \right)^2}$ 이다.

(2) 시각 t에서의 점 P의 가속도 $\vec{a}$는

$$\vec{a} = \left(\frac{d^2 x}{dt^2},\ \frac{d^2 y}{dt^2} \right) = (f''(t),\ g''(t))$$

가속도의 크기 $|\vec{a}|$는 $|\vec{a}| = \sqrt{\left(\frac{d^2 x}{dt^2} \right)^2 + \left(\frac{d^2 y}{dt^2} \right)^2}$ 이다.

해설! 속도와 가속도의 벡터

시각 t와 $t+\Delta t$일 때 평면 위를 움직이는 점 P의 위치를 각각

$$\text{P}(x,\ y),\ Q(x+\Delta x,\ y+\Delta y)$$

라고 하면, $\dfrac{\Delta x}{\Delta t}$, $\dfrac{\Delta y}{\Delta t}$ 를 성분으로 하는 벡터가 평균 속도의 벡터이다.

$\Delta t \to 0$일 때 $\dfrac{\Delta x}{\Delta t}$, $\dfrac{\Delta y}{\Delta t}$ 의 극한 $v_x = \dfrac{dx}{dt}$, $v_y = \dfrac{dy}{dt}$ 를 성분으로 하는 벡터가 시각 t에서 움직이는 점 $\text{P}(x,\ y)$의 속도 벡터 $\vec{v}$가 된다. 또, 이 v_x, v_y를 각각 속도 벡터 $\vec{v}$의 x성분, y성분이라고 한다. 속도의 크기를 $|\vec{v}|$, 방향각을 θ라고 하면, $v_x = |\vec{v}|\cos\theta = \dfrac{dx}{dt}$, $v_y = |\vec{v}|\sin\theta = \dfrac{dy}{dt}$ 가 된다.

따라서 다음이 성립한다.

$$\tan\theta = \frac{v_y}{v_x} = \frac{\dfrac{dy}{dt}}{\dfrac{dx}{dt}} = \frac{dy}{dx}$$

여기에서 속도 벡터는 점 P가 그리는 곡선의 접선상의 벡터라는 것을 알 수 있다.

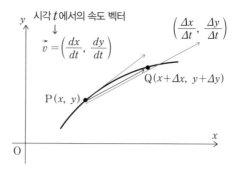

사용해 보면 알 수 있다!

시각 t에서의 움직이는 점 P의 위치가 $x = r\cos t$, $y = r\sin t$일 때, 이 점은 중심이 원점이고 반지름이 r인 등속 원운동을 한다. 이 점 P의 속도 벡터 $\vec{v}$와 가속도 벡터 $\vec{a}$를 구해 보자.

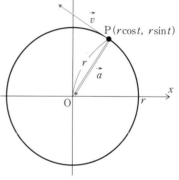

$\dfrac{dx}{dt} = -r\sin t$, $\dfrac{dy}{dt} = r\cos t$이므로

$$\vec{v} = (-r\sin t, \ r\cos t)$$

$$|\vec{v}| = \sqrt{(-r\sin t)^2 + (r\cos t)^2} = r$$

$\dfrac{d^2 x}{dt^2} = -r\cos t$, $\dfrac{d^2 y}{dt^2} = -r\sin t$이므로

$$\vec{a} = (-r\cos t, \ -r\sin t) = -\overrightarrow{\text{OP}}$$

$$|\vec{a}| = \sqrt{(-r\cos t)^2 + (-r\sin t)^2} = r$$

또, $\overrightarrow{\text{OP}}$와 $\vec{v}$의 내적을 계산하면,

$$\overrightarrow{\text{OP}} \cdot \vec{v} = (r\cos t)(-r\sin t) + (r\sin t)(r\cos t) = 0$$

이므로 $\overrightarrow{\text{OP}} \perp \vec{v}$가 된다.

80 편미분

2변수 함수 $z = f(x, \ y)$는 y를 일정하게 했을 때 x의 함수가 된다.

이때 $\displaystyle \lim_{\Delta x \to 0} \frac{f(x+\Delta x, \ y)-f(x, \ y)}{\Delta x}$ 를 $f(x, \ y)$의 편도함수라고 하며,

$\dfrac{\partial z}{\partial x}$, $\dfrac{\partial}{\partial x} f(x, \ y)$, f_x, $f_x(x, \ y)$ 등의 기호로 적는다. 즉,

$$\frac{\partial z}{\partial x} = \lim_{\Delta x \to 0} \frac{f(x+\Delta x, \ y)-f(x, \ y)}{\Delta x} \ (\partial x \text{는 '라운드 } x\text{'라고 읽는다.})$$

마찬가지로,

$$\frac{\partial z}{\partial y} = \lim_{\Delta y \to 0} \frac{f(x, \ y+\Delta y)-f(x, \ y)}{\Delta y}$$

해설! 3차원에서 활약하는 편미분이란?

지금까지는 $y=f(x)$, 즉 그래프로는 '평면'을 바탕으로 미분을 다뤄 왔는데, 함수 $z=f(x, \ y)$의 그래프는 오른쪽과 같이 3차원 그래프가 된다.

위의 첫 번째 줄에 'y를 일정하게 했을 때'라는 표현이 있는데, 그 의미는 이 그래프를 3차원의 상태 그대로가 아니라 xz평면과 평행한 '평면'으로 잘랐을 때의 단면으로 한정해서 함수 $z=f(x, \ y)$를 생각한다는 것이

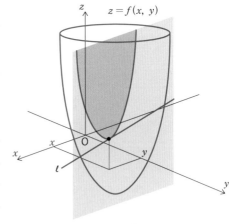

l은 이 평면 위에서 $\dfrac{\partial z}{\partial x}$가 기울기(편도함수라고 한다.)인 접선

다. 이때 $z = f(x, y)$의 그래프는 평면 위의 곡선이며, 이 곡선 위의 점 (x, y)에서 접선의 기울기가 편도함수 $\dfrac{\partial z}{\partial x}$의 값이다.

@ **극대, 극소의 기준**

편도함수는 함수 $z = f(x, y)$의 축 방향의 증감을 나타낸다. 여기서 함수 $z = f(x, y)$의 극대, 극소에 관한 정보를 얻을 수 있다.

극대는 부분적으로 최대, 극소는 부분적으로 최소라는 것인데, 미분 가능인 함수에서는 그곳에서 편도 함수의 값이 0이 된다.

즉, $\dfrac{\partial z}{\partial x} = \dfrac{\partial z}{\partial y} = 0$이 필요조건이 된다.

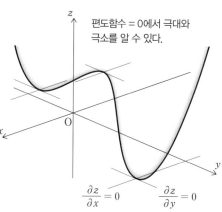

편도함수 = 0에서 극대와 극소를 알 수 있다.

$\dfrac{\partial z}{\partial x} = 0 \qquad \dfrac{\partial z}{\partial y} = 0$

예세 편미분을 사용해서 함수 $z = x^2 + y^2 - 2x - 4y + 8$의 최솟값을 구하여라.

[해답] 2차 함수는 제곱의 계수가 모두 양수이므로 아래로 볼록인 포물면이다. 따라서 편도 함수 = 0인 곳에서 최소가 된다.

$$\frac{\partial z}{\partial x} = 2x - 2 = 0 이므로 x = 1$$

$$\frac{\partial z}{\partial y} = 2y - 4 = 0 이므로 y = 2$$

즉, $x = 1$, $y = 2$에서 최솟값 3을 얻는다.

81 구분 구적법

도형의 넓이와 부피 등을 구할 때, 먼저 이것을 몇 개로 분할하고 각각의 넓이나 부피를 구하기 쉬운 도형으로 근사해서 합을 구한다. 그다음 더욱 작게 분할했을 때의 극한값으로 원래 도형의 넓이나 부피를 계산하는 방법을 구분 구적법이라고 한다.

해설! 구분 구적법

구분 구적법의 개념은 간단하다. 구하고자 하는 것을 분할하고 구하기 쉬운 형태로 근사해서 계산하자는 발상이다.

◉ 모눈종이로 연못의 넓이를 구한다

이러한 발상은 가령 지도에 있는 연못의 넓이를 구할 때도 사용된다. 오른쪽의 그림처럼 지도에 있는 연못 위에 모눈종이를 올려놓고 연못의 안쪽에 있는 정사각형(넓이를 구할 수 있다.)의 총합을 s_1, 안쪽과 경계선을 포함한 정사각형의 넓이를 S_1이라고 한다.

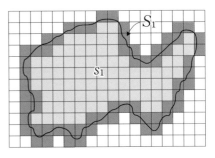

연못의 넓이를 X라고 하면, 다음 부등식이 성립한다.

$$s_1 < X < S_1$$

다음에는 모눈이 더 작은 모눈종이를 올려놓고 연못 안에 있는 정사각

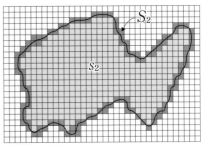

240

형의 넓이의 총합을 s_2, 안쪽과 경계선을 포함하는 정사각형의 넓이를 S_2라고 한다. 그러면 다음과 같은 부등식이 성립한다.

$$s_1 < s_2 < X < S_2 < S_1$$

이런 식으로 모눈의 크기를 점점 줄여 가면서 조사하다가 X가 일정 값에 수렴하는 것으로 보일 때 이 값을 '연못의 넓이'로 결정하는 것이다.

> **예제** 반지름이 r인 원의 넓이는 πr^2인데, 이것을 구분 구적법으로 어떻게 구할지 생각해 보자.

[해답] 이 문제를 풀기 위해 먼저 원의 중심각을 똑같이 분할해 원을 작은 부채꼴로 나눈다. 이어서 그 부채꼴을 위아래를 뒤집어 가며 번갈아 배치해 띠 모양으로 늘어놓는다.
원을 점점 작게 분할해서 만들어지는 도형은 가로가 원둘레의 절반, 즉 πr이고 세로가 반지름 r인 직사각형에 가까워진다. 따라서 반지름 r인 원의 넓이는 πr^2임을 알 수 있다.

반지름 r

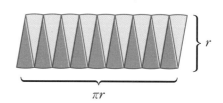

πr

케플러의 포도주통 부피 측정법

구분 구적법은 적분법의 기원이 된 개념으로, 아르키메데스(기원전)는 실진법에, 케플러(16~17세기)는 포도주 통의 부피 측정법에 사용했다.

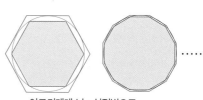

아르키메데스는 실진법으로
원의 넓이를 계산했다.

82 적분법

함수 $f(x)$가 구간 $a \leq x \leq b$에서 정의되어 있다고 가정한다.(그림 1) 여기에서 이 구간을 n등분해 각 구간의 경계점에 $x_0, x_1, x_2, \cdots\cdots, x_n$이라는 이름을 붙이고(그림 2) 다음의 합을 생각한다.

$$\sum_{i=1}^{n} f(x_i)\Delta x \cdots\cdots ① \quad 단, \Delta x = \frac{b-a}{n}$$

이 분할을 한없이 작게 했을 때, 즉 $n \to \infty$로 했을 때 ①이 일정 값에 가까워지면 함수 $f(x)$는 구간 $a \leq x \leq b$에서 적분 가능이라고 하고, 그 일정 값을 기호 $\int_a^b f(x)dx$로 나타낸다. 즉, 다음과 같다.

$$\int_a^b f(x)dx = \lim_{n \to \infty} \sum_{i=1}^{n} f(x_i)\Delta x \cdots\cdots ②$$

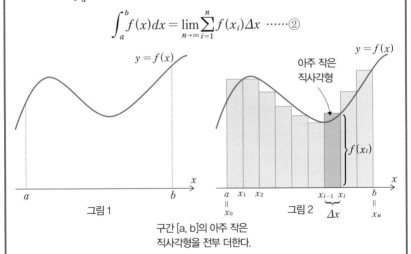

구간 [a, b]의 아주 작은
직사각형을 전부 더한다.

(주1) 구간 $a \leq x \leq b$를 닫힌구간이라고 하고 기호 [a, b]로 나타낸다. 또, 구간 $a < x < b$를 열린구간이라고 하고 (a, b)로 나타낸다.

(주2) 기호 Σ는 합을 나타내는 기호로, $\sum_{i=1}^{n} f(x_i)\Delta x = f(x_1)\Delta x + f(x_2)\Delta x + \cdots + f(x_n)\Delta x$

(주3) 본 단원에서 정의된 적분은 리만 적분이라고 하며, 함수가 연속이라는 전제가 붙는다. 연속이 아닌 경우로 확장한 적분법으로 르베그 적분이 있다.

해설! 적분이란?

$\int_a^b f(x)dx$ 를 '함수 $f(x)$의 a에서 b까지의 정적분'이라고 한다.

정적분은 $\int_a^b f(x)dx = \lim\limits_{n \to \infty}\sum\limits_{i=1}^{n} f(x_i)\Delta x$ 라는 형태에서도 알 수 있듯이 $f(x_i)$ 와 Δx를 곱한 것, 즉 **아주 작은 직사각형의 넓이를 무한히 더했을 때 그 합이 한 없이 가까워지는 값**을 뜻한다. 참고로 $f(x)$를 피적분 함수라고 한다.

◉ 왜 기호 $\int_a^b f(x)dx$ 를 사용했을까?

n분할했을 때 각각의 직사각형의 넓이 $f(x_i)\Delta x$는 분할을 점점 작게 하면 폭이 0 에 가까운 아주 작은 직사각형이 된다. 이 직사각형을 $f(x)dx$로 표현한다. 정적분 은 닫힌구간 $[a, b]$에 있는 이 무수히 많은 아주 작은 직사각형을 전부 더하므로 합이라는 의미가 있는 sum의 머리글자 S를 세로로 길게 늘려 $\int_a^b$ 로 표기한 것 이다. 이 원리를 알면 다양한 현상을 간단히 적분으로 치환할 수 있다.

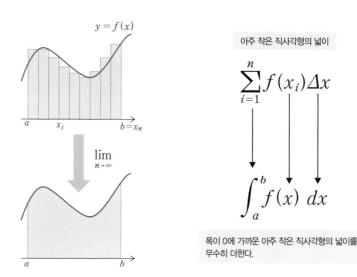

(주) 적분이란 분할한 직사각형을 쌓아 나간다는 뜻이다.

243

$\int_a^b f(x)dx$는 다음과 같이 정의한다.

$$\int_a^b f(x)dx = \lim_{n \to \infty} \sum_{i=1}^n f(x_i)\Delta x = \lim_{n \to \infty}(f(x_1)\Delta x + f(x_2)\Delta x + \cdots + f(x_n)\Delta x)$$

여기에서 알 수 있듯이, 정적분은 $f(x_i)\Delta x$를 무한히 더하는 계산이다. 이와 같이 무한히 더하는 계산을 무한급수라고 한다. 정적분의 정의와 무한급수의 성질에서 정적분에 다음의 성질이 있음을 증명할 수 있다.

정리 1) 함수 $f(x)$가 닫힌구간 $[a, b]$에서 연속(그래프가 끊어지지 않고 이어짐)이라면 $f(x)$는 구간 $[a, b]$에서 적분 가능하다.

정리 2) 연속 함수 $f(x)$, $g(x)$에 대해 다음이 성립한다.

(1) $\int_a^b kf(x)dx = k\int_a^b f(x)dx$ (단, k는 상수)

(2) $\int_a^b \{f(x) \pm g(x)\}dx = \int_a^b f(x)dx \pm \int_a^b g(x)dx$

(3) $\int_a^b f(x)dx = \int_a^c f(x)dx + \int_c^b f(x)dx$ (a, b, c의 대소는 상관없음)

(4) $[a, b]$에서 $f(x) \geqq 0$이면 $\int_a^b f(x)dx \geqq 0$

(5) $[a, b]$에서 $f(x) \geqq g(x)$이면 $\int_a^b f(x)dx \geqq \int_a^b g(x)dx$

(주) $f(x) \geqq 0$일 때, $\int_a^b f(x)dx$ 는 구간 $[a, b]$에서 함수 $y=f(x)$의 그래프와 x축, 그리고 두 직선 $x=a$, $x=b$에 둘러싸인 도형의 넓이의 정의로 이어진다.(**90**)

예제 다음의 정적분을 계산하여라.

$$(1)\int_0^1 x^2\,dx \qquad\qquad (2)\int_0^2 x^3\,dx$$

[해답]

(1)
$$\int_0^1 x^2\,dx = \lim_{n\to\infty}\sum_{i=1}^n\left(\frac{i}{n}\right)^2\frac{1}{n}$$

$$= \lim_{n\to\infty}\frac{1^2+2^2+3^2+\cdots n^2}{n^3}$$

$$= \lim_{n\to\infty}\frac{n(n+1)(2n+1)}{6n^3}$$

$$= \lim_{n\to\infty}\frac{1}{6}\left(1+\frac{1}{n}\right)\left(2+\frac{1}{n}\right)$$

$$= \frac{1}{6}(1+0)(2+0) = \frac{1}{3}$$

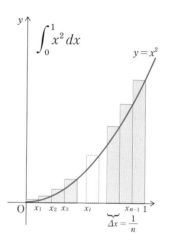

(주) $1^2+2^2+3^2+\cdots+n^2 = \frac{n(n+1)(2n+1)}{6}$ **(62)**

(2)
$$\int_0^2 x^3\,dx = \lim_{n\to\infty}\sum_{i=1}^n\left(\frac{2i}{n}\right)^3\frac{2}{n}$$

$$= \lim_{n\to\infty}\frac{16(1^3+2^3+3^3+\cdots+n^3)}{n^4}$$

$$= \lim_{n\to\infty}\frac{4n^2(n+1)^2}{n^4}$$

$$= \lim_{n\to\infty}4\left(1+\frac{1}{n}\right)^2$$

$$= 4(1+0)^2 = 4$$

(주) $1^3+2^3+3^3+\cdots+n^3 = \left\{\frac{n(n+1)}{2}\right\}^2$ **(62)**

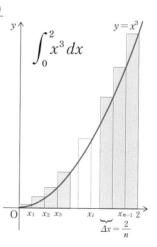

83 미적분학의 기본 정리

$f(x)$가 연속 함수일 때, $\dfrac{d}{dx}\displaystyle\int_a^x f(t)dt = f(x)$

해설! 미적분의 기본 정리

미분과 적분은 독립적으로 그 이론이 구축되었다. 이 책에서는 미분을 먼저 소개했지만 사실은 적분이 더 오래되었으며, 역사는 고대 그리스의 아르키메데스의 실진법까지 거슬러 올라갈 수 있다. 그리고 미분은 뉴턴과 페르마, 라이프니츠가 활약한 18세기에 시작되었다.

이렇듯 미분과 적분은 독자적으로 발전했지만, 이 단원에서 설명하는 '미적분학의 기본 정리'로 연결되어 있다.

왜 그렇게 될까?

미적분학의 기본 정리는 다음의 '적분에서의 평균값의 정리'로 증명할 수 있다.

◎ 적분에서의 평균값의 정리

함수 $f(x)$가 닫힌구간 $[a, b]$에서 연속이라면 (a, b) 위의 점 c가 적어도 한 개는 존재하며 다음의 등식이 성립한다.

$$\int_a^b f(x)dx = f(c)(b-a) \quad \cdots\cdots ②$$

이 정리의 성립은 무한급수의 개념을 이용해 증명할 수 있지만, 여기에서는 오른쪽의 그림을 통해 ②의 의미를 직관적으로 이

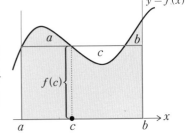

해해 보자.

앞의 그림에서 $\int_a^b f(x)dx$ 는 함수 $y=f(x)$의 그래프와 x축, 그리고 두 직선 $x=a$와 $x=b$로 둘러싸인 도형의 넓이다.(회색 부분)(**90**) 그런데 구간 $(a,\ b)$ 사이의 적당한 c를 잡으면 이것과 같은 넓이의 $f(c)$를 높이로 하는 직사각형을 만들 수 있다.(파란 선으로 둘러싸인 직사각형) 이것이 ②의 직관적인 의미다.

왜 그런지 증명해 보자

'미적분학의 기본 정리'의 공식을 증명해 보자. 먼저, $\int_a^x f(t)dt$ 는 x의 함수이므로 이것을 $F(x)$로 놓는다. 즉,

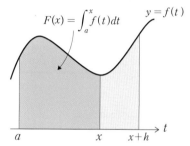

$$F(x) = \int_a^x f(t)dt$$

그러면 정적분의 성질(**82**)에 따라,

$$F(x+h) = \int_a^{x+h} f(t)dt = \int_a^x f(t)dt + \int_x^{x+h} f(t)dt$$
$$= F(x) + \int_x^{x+h} f(t)dt$$

이것과 적분의 평균값의 정리에 따르면 다음과 같다.

$$F(x+h) - F(x) = \int_x^{x+h} f(t)dt = hf(x+\theta h) \quad (0 < \theta < 1)$$

그러므로 $F'(x) = \lim_{h \to 0} \dfrac{F(x+h)-F(x)}{h} = \lim_{h \to 0} f(x+\theta h) = f(x)$

따라서 $\dfrac{d}{dx} \int_a^x f(t)dt = f(x)$ 이다.

사용해 보면 알 수 있다!

(1) $\dfrac{d}{dx} \int_1^x t^2 dt = x^2$ 　　　　　(2) $\dfrac{d}{dx} \int_0^x \sin t\, dt = \sin x$

247

84 부정적분과 그 공식

(I) $F(x)$가 $f(x)$의 원시 함수 중 하나라면 $F(x)+C$ 또한 $f(x)$의 원시 함수다.(단, C는 상수)

(II)함수 $f(x)$의 원시 함수 전체를 기호 $\int f(x)dx$로 나타내며, 이것을 부정적분이라고 한다.

$F(x)$를 $f(x)$의 원시 함수 중 하나라고 하면 다음과 같이 쓸 수 있다.

$$\int f(x)dx = F(x)+C \ (C \text{는 상수})$$

(주1) 기호 $\int$는 '인테그랄'이라고 읽으며, 부정적분을 구하는 것을 '적분한다'고 말한다.

해설! 부정적분의 C

앞 단원에서 소개했듯이 $\dfrac{d}{dx}\displaystyle\int_a^x f(t)dt = f(x)$이다. 즉, $\displaystyle\int_a^x f(t)dt$를 x로 미분하면 $f(x)$가 된다. 이와 같이 미분해서 $f(x)$가 되는 함수 $F(x)$를 $f(x)$의 원시 함수라고 한다. 아래 그림은 전부 $f(x)$의 원시 함수로, 무수히 많다. 그 차이는 '상수(C)'뿐이다.

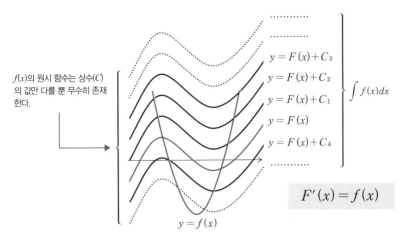

$f(x)$의 원시 함수는 상수(C)의 값만 다를 뿐 무수히 존재한다.

$y = F(x)+C_3$
$y = F(x)+C_2$
$y = F(x)+C_1$
$y = F(x)$
$y = F(x)+C_4$

$\int f(x)dx$

$y = f(x)$

$F'(x) = f(x)$

◉ 적분에는 선형성이 있다

적분에는 선형성이 있다. 즉,

(1) $\displaystyle\int kf(x)dx = k\int f(x)dx$ (k는 상수)

(2) $\displaystyle\int \{f(x)\pm g(x)\}dx = \int f(x)dx \pm \int g(x)dx$ (복호동순)

(주) 대응 규칙 f가 다음의 두 가지 성질을 지니고 있을 때 f는 선형성이 있다고 한다. 즉,

(1) x에 $f(x)$가 대응할 때는 ax에 $af(x)$가 대응한다.
$$f(ax) = af(x)$$
(2) x에 $f(x)$, y에 $f(y)$가 대응할 때는 $x+y$에 $f(x)+f(y)$가 대응한다.
$$f(x+y) = f(x)+f(y)$$

기본적인 함수의 부정적분

다음은 기본 함수의 부정적분이다.

(1) $\displaystyle\int kdx = kx+C$

(2) $\displaystyle\int x^{\alpha}dx = \frac{x^{\alpha+1}}{\alpha+1}+C$ $(\alpha \neq -1)$

(3) $\displaystyle\int \frac{1}{x}dx = \log|x|+C$

(4) $\displaystyle\int \sin x dx = -\cos x+C$

(5) $\displaystyle\int \cos x dx = \sin x+C$

(6) $\displaystyle\int e^x dx = e^x+C$ (e는 오일러 상수)

(7) $\displaystyle\int a^x dx = \frac{a^x}{\log a}+C$

(8) $\displaystyle\int \ln x dx = x(\ln x-1)+C$

(9) $\displaystyle\int \log_a x dx = \frac{x(\ln x-1)}{\ln a}+C$

위의 공식이 옳은지는 우변을 미분한 것이 좌변의 피적분 함수(즉, $\int$과 dx 사이에 적힌 함수)인지를 확인하면 된다.

제 8 장 적분

부정적분과 그 공식

85 부분 적분법(부정적분)

곱의 함수를 적분할 때, 아래의 식을 이용해 부정적분을 구하는 방법을 부분 적분법이라고 한다.

$$\int f'(x)g(x)dx = f(x)g(x) - \int f(x)g'(x)dx \quad \cdots\cdots ①$$

해설! 부분 적분법이란?

미분법 중 하나로 두 함수를 곱한 것을 미분할 때 편리한 '곱의 미분법'(**68**)이 있다. 이것을 적분에 이용한 것이 위의 부분 적분법이다. 예를 들면 다음과 같이 사용한다.

$$\int (\cos x)xdx = \int (\sin x)'xdx = (\sin x)x - \int (\sin x)x'dx$$
$$= (\sin x)x - \int \sin xdx = x\sin x + \cos x + C$$

여기에서는 ①에서 $f'(x) = \cos x$, $g(x) = x$로 놓았다.

단, ①을 사용한다고 해서 반드시 $f'(x)g(x)$의 부정적분을 쉽게 구할 수 있는 것은 아니다. 이 경우, $f'(x) = x$, $g(x) = \cos x$로 놓고 ①을 사용하면,

$$\int x\cos xdx = \int \left(\frac{x^2}{2}\right)'\cos xdx = \frac{x^2}{2}\cos x + \int \left(\frac{x^2}{2}\right)\sin xdx$$

가 되어 오히려 적분 계산이 복잡해진다. 잘 판단해서 ①을 사용해야 한다.

부분 적분법의 토대는 곱의 미분법

함수 $f(x)$와 $g(x)$를 곱한 $f(x)g(x)$를 미분할 때 사용하는 방법인 '곱의 미분법'. 이것을 이용해서 부분 적분법 공식을 이끌어내 보자. 먼저 곱의 미분법에 따라,

$$\{f(x)g(x)\}' = f'(x)g(x) + f(x)g'(x)$$

가 되며, 위의 식에서 양변을 x로 적분하면 아래와 같다.

$$f(x)g(x) = \int \{f'(x)g(x) + f(x)g'(x)\}dx$$
$$= \int f'(x)g(x)dx + \int f(x)g'(x)dx$$

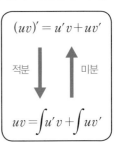

이항하면 $\displaystyle \int f'(x)g(x)dx = f(x)g(x) - \int f(x)g'(x)dx$ ······ ①

①은 언뜻 읽기도 어려울 만큼 복잡해 보인다. 그러므로 ①의 본질을 단순한 기호로 표현한 다음의 식으로 기억해 두면 좋을 것이다.

$$\int u'v = uv - \int uv', \quad \int uv' = uv - \int u'v$$

예제 부분 적분법을 사용해서 다음 문제를 풀어라.

(1) $\displaystyle \int \ln x\,dx$ (2) $\displaystyle \int xe^x\,dx$

[해답]

(1) $\displaystyle \int \ln x\,dx = \int x'\ln x\,dx = x\ln x - \int x(\ln x)'dx = x\ln x - \int x\frac{1}{x}dx$
$\displaystyle = x\ln x - \int dx = x\ln x - x + C$

(2) $\displaystyle \int xe^x\,dx = \int x(e^x)'dx = xe^x - \int x'e^x\,dx = xe^x - \int e^x\,dx = xe^x - e^x + C$

86 치환 적분법(부정적분)

적분 계산에서 적분 변수를 다른 변수로 치환해 계산하는 방법을 치환 적분법이라고 한다.

부정적분을 구하는 치환 적분법은 다음의 두 가지 패턴이 있다.

(1) 복잡한 식을 한 문자로 치환한다.

$$\int f(g(x))g'(x)dx \quad \Longrightarrow \quad \int f(t)dt$$

$g(x)=t$로 치환(이때, $g'(x)dx=dt$)

(2) 적분 변수 x를 다른 식으로 치환한다.

$$\int f(x)dx \quad \Longrightarrow \quad \int f(g(t))g'(t)dt$$

$x=g(t)$로 치환(이때, $dx=g'(t)dt$)

해설! 치환 적분법

함수 $f(x)$가 주어졌을 때 그 부정적분은 $\int_0^x f(t)dt$ 라고 쓸 수 있는데(**83**), 이것을 $\int$ 을 사용하지 않고 나타내기는 일반적으로 어려운 일이다. 그러나 여기에서 소개하는 치환 적분법이나 앞 단원에서 소개한 부분 적분법 등을 이용하면 $\int$ 을 사용하지 않고 표현할 수 있는 범위가 넓어진다.

◎ 복잡한 식을 문자 하나로 치환한다

복잡한 식보다 간단한 식이 더 처리하기 쉬운 것은 당연한 이치다. 그러니 복잡한 식을 문자 하나로 치환하자는 것이 (1)의 발상이다.

$\int x(x^2-1)^3\,dx$ 는 $\int x(x^2-1)^3\,dx=\int \dfrac{1}{2}(x^2-1)^3\,2xdx$ 로 변형시킬 수 있다.

여기에서 x^2-1을 t로 치환해 보자. 즉, $t = x^2-1$이다.

그러면 $\dfrac{dt}{dx} = 2x$이므로 $dt = 2xdx$가 된다.

따라서 $\displaystyle\int x(x^2-1)^3 dx = \int \dfrac{1}{2}(x^2-1)^3 2xdx = \int \dfrac{1}{2} t^3 dt = \dfrac{1}{8} t^4 + C$,

이 t에 x^2-1을 대입하면 $\displaystyle\int x(x^2-1)^3 dx = \dfrac{1}{8}(x^2-1)^4 + C$이다.

즉, 변수를 치환함으로써 $\displaystyle\int x(x^2-1)^3 dx$의 계산이 $\displaystyle\int \dfrac{1}{2} t^3 dt$의 계산으로 단순화되는 것이다.

◎ 적분 변수 x를 다른 식으로 치환한다

적분 변수 x를 굳이 복잡한 식으로 치환하는 것은 망설여지는 일이지만, 그렇게 함으로써 결과적으로 계산이 쉬워진다면 그 나름의 의미가 있다고 할 수 있다. 이것이 (2)의 발상이다. 구체적인 예를 통해 살펴보자.

$\displaystyle\int \dfrac{1}{\sqrt{a^2-x^2}} dx \, (a > 0)$를 구해 보자.

함수 $\dfrac{1}{\sqrt{a^2-x^2}}$의 정의역은 $-a < x < a$이다.

여기에서 $x = a\sin t \left(-\dfrac{\pi}{2} < t < \dfrac{\pi}{2} \right)$로 치환하면 $dx = a\cos t dt$이므로

$$\int \dfrac{1}{\sqrt{a^2-x^2}} dx = \int \dfrac{1}{\sqrt{a^2(1-\sin^2 t)}} a\cos t dt$$

$$= \int \dfrac{a\cos t}{a\cos t} dt = \int dt = t + C = \sin^{-1} \dfrac{x}{a} + C$$

(주) $t = \sin^{-1} \dfrac{x}{a} \, (-a < x < a)$는 $x = a\sin t \left(-\dfrac{\pi}{2} < t < \dfrac{\pi}{2} \right)$의 역함수이다. **(57)**

즉, $\displaystyle\int \dfrac{1}{\sqrt{a^2-x^2}} dx$의 계산이 변수를 치환함으로써 $\displaystyle\int dt$의 계산으로 단순화된 것이다.

왜 그렇게 될까?

(1)의 경우, $\int f(t)dt = F(t)+C$ 라고 하자. 함수 $y=F(g(x))$를 두 함수 $y=F(t)$와 $t=g(x)$가 합성된 것이라고 보면 합성 함수의 미분법에 따라 다음과 같다.

$$\frac{dy}{dx} = \frac{d}{dx}F(g(x)) = \frac{d}{dt}F(t)\frac{dt}{dx} = f(t)g'(x) = f(g(x))g'(x)$$

그러므로, $\int f(g(x))g'(x)dx = F(g(x))+C = F(t)+C = \int f(t)dt$ 이다.

(주) 우변의 $\int f(t)dt$ 를 계산한 결과에 $t=g(x)$를 대입하면 x를 이용해 $\int f(g(x))g'(x)dx$ 를 구할 수 있다.

(2)의 경우, (1)의 x와 t의 역할을 교환해서 생각하면 다음과 같다.

$$\int f(x)dx = \int f(g(t))g'(t)dt$$

(주) 이 우변을 계산한 결과에 $x=g(t)$의 역함수 $t=g^{-1}(x)$를 대입하면 $g^{-1}(x)$를 이용해 $\int f(x)dx$ 를 구할 수 있다.

예제 치환 적분법을 이용해 다음의 부정적분을 구하여라.

(1) $\int \sin^2 x \cos x\, dx$ (2) $\int \cos\left(\frac{1}{4}x+2\right)dx$ (3) $\int \frac{1}{a^2+x^2}dx$

[해답]

(1) $\int \sin^2 x \cos x\, dx$ 에서 $t=\sin x$ 라고 하면, $\dfrac{dt}{dx}=\cos x$ 이므로 $dt=\cos x\, dx$

$\therefore \int \sin^2 x \cos x\, dx = \int t^2\, dt = \dfrac{t^3}{3}+C = \dfrac{1}{3}\sin^3 x + C$

(2) $\int \cos\left(\dfrac{1}{4}x+2\right)dx$ 에서 $t=\dfrac{1}{4}x+2$ 라고 하면, $\dfrac{dt}{dx}=\dfrac{1}{4}$ 이므로 $4dt=dx$

$$\therefore \int \cos\left(\frac{1}{4}x+2\right)dx = \int (\cos t)4dt = 4\int \cos t\,dt$$

$$= 4\sin t + C$$

$$= 4\sin\left(\frac{1}{4}x+2\right) + C$$

(3) $\int \dfrac{1}{a^2+x^2}\,dx$ 에서 $x=a\tan\theta\left(-\dfrac{\pi}{2}<\theta<\dfrac{\pi}{2}\right)$ 라고 하면,

$\dfrac{dx}{d\theta} = a\sec^2\theta$ 이므로 $dx = a\sec^2\theta\,d\theta$

$$\therefore \int \frac{1}{a^2+x^2}\,dx = \int \frac{1}{a^2+a^2\tan^2\theta}\,a\sec^2\theta\,d\theta$$

$$= \int \frac{1}{a^2\sec^2\theta}\,a\sec^2\theta\,d\theta$$

$$= \frac{1}{a}\int d\theta = \frac{1}{a}\theta + C$$

$$= \frac{1}{a}\tan^{-1}\frac{x}{a} + C$$

(주) $\theta = \tan^{-1}\dfrac{x}{a}$ 는 $x=a\tan\theta\left(-\dfrac{\pi}{2}<\theta<\dfrac{\pi}{2}\right)$ 의 역함수이다. **(57)**

87 부정적분을 사용한 정적분의 계산법

$$\int_a^b f(x)dx = \left[F(x)\right]_a^b = F(b)-F(a) \quad \text{단, } F'(x)=f(x)$$

해설! 부정적분에서의 정적분

정적분은 다음과 같이 무한의 합(무한급수)으로 정의한다.

$$\int_a^b f(x)dx = \lim_{n\to\infty}\sum_{i=1}^n f(x_i)\Delta x$$
$$= \lim_{n\to\infty}(f(x_1)\Delta x + f(x_2)\Delta x + \cdots + f(x_n)\Delta x)$$

이 계산을 직접 하려면 상당히 복잡하다. 그런데 미적분학의 기본 정리를 통해 정적분이 미분과 연결되었고, 그 결과 위의 정리와 같이 피적분 함수의 원시 함수를 구하면 그 함수에 정적분의 위 끝 b의 값을 대입한 것에서 아래 끝의 값 a를 대입한 것을 뺌으로써 정적분의 계산을 할 수 있게 되었다.

◉ 적분 계산이 편해진다

이 정리를 사용하면 피적분 함수 $f(x)$의 원시 함수 $F(x)$를 구할 수 있을 경우 $F(b)-F(a)$를 계산하는 것만으로 정적분의 계산이 가능해져 매우 편해진다.

$$\int_0^1 x^2\,dx = \lim_{n\to\infty}\sum_{i=1}^n \left(\frac{i}{n}\right)^2 \frac{1}{n} = \lim_{n\to\infty}\frac{1^2+2^2+3^2+\cdots+n^2}{n^3}$$
$$= \lim_{n\to\infty}\frac{n(n+1)(2n+1)}{6n^3} = \lim_{n\to\infty}\frac{1}{6}\left(1+\frac{1}{n}\right)\left(2+\frac{1}{n}\right)$$
$$= \frac{1}{6}(1+0)(2+0) = \frac{1}{3}$$

이렇게 계산하려면 상당히 번거롭다. 그러나 $f(x)=x^2$의 부정적분이

$F(x) = \dfrac{1}{3}x^3$ 임을 이용하면, 다음과 같이 놀랄 만큼 계산이 간단해진다.

$$\int_0^1 x^2\,dx = \left[\frac{1}{3}x^3\right]_0^1 = \frac{1}{3} - 0 = \frac{1}{3}$$

왜 그렇게 될까?

미적분학의 기본 원리에 따라 $\displaystyle\int_a^x f(t)dt$는 $f(x)$의 원시 함수다.

따라서 $F'(x) = f(x)$이므로 $\displaystyle\int_a^x f(t)dt = F(x) + C$라고 쓸 수 있다.

위끝과 아래끝이 같다면 정적분은 0이므로,

$$\int_a^a f(t)dt = F(a) + C = 0 \quad \text{따라서 } C = -F(a)$$

$$\therefore \quad \int_a^x f(t)dt = F(x) - F(a)$$

x에 b를 대입하고 적분 변수를 t에서 x로 바꾸면 다음과 같다.

$$\int_a^b f(x)dx = F(b) - F(a) \text{ (이 우변을 } \big[F(x)\big]_a^b \text{ 라고 표기한다.)}$$

사용해 보자! 편리한 정적분 계산법

(1) $\displaystyle\int_a^b x^n\,dx = \left[\frac{1}{n+1}x^{n+1}\right]_a^b = \frac{1}{n+1}(b^{n+1} - a^{n+1})$

(2) $\displaystyle\int_0^\pi \sin x\,dx = [-\cos x]_0^\pi = 1 - (-1) = 2$

(3) $\displaystyle\int_0^1 \sqrt{x}\,dx = \left[\frac{2}{3}x^{\frac{3}{2}}\right]_0^1 = \frac{2}{3}(1-0) = \frac{2}{3}$

88 부분 적분법(정적분)

닫힌구간 $[a, b]$에서 $f(x)$, $g(x)$가 미분 가능이고 $f'(x)$, $g'(x)$가 연속일 때,

$$\int_a^b f'(x)g(x)dx = [f(x)g(x)]_a^b - \int_a^b f(x)g'(x)dx \quad \cdots\cdots ①$$

$$\int_a^b f(x)g'(x)dx = [f(x)g(x)]_a^b - \int_a^b f'(x)g(x)dx \quad \cdots\cdots ②$$

해설! 부분 적분법

앞(**85**)에서 부정적분에서의 부분 적분법을 살펴봤는데, 위의 ①, ②는 그 정적분 버전이다. 이것은 다음과 같이 사용한다.

여기에서는 $f(x) = x$, $g(x) = -\cos x$로 놓고 ②를 적용했다.

$$\int_0^\pi x\sin x dx = \int_0^\pi x(-\cos x)' dx = \left[-x\cos x\right]_0^\pi - \int_0^\pi x'(-\cos x)dx$$

$$= \left[-x\cos x\right]_0^\pi + \int_0^\pi \cos x dx = \pi + \left[\sin x\right]_0^\pi = \pi + 0 = \pi$$

왜 그렇게 될까?

$\{f(x)g(x)\}' = f'(x)g(x) + f(x)g'(x)$이므로 $f'(x)g(x) + f(x)g'(x)$의 부정적분은 $f(x)g(x)$이다. 따라서 부정적분을 사용한 정적분의 계산법(**87**)에 따라,

$$\int_a^b \{f'(x)g(x) + f(x)g'(x)\}dx = \left[f(x)g(x)\right]_a^b$$

정적분의 성질(**82**)에 따라,

$$\int_a^b \{f'(x)g(x)+f(x)g'(x)\}dx = \int_a^b f'(x)g(x)dx + \int_a^b f(x)g'(x)dx$$

그러므로 $\displaystyle\int_a^b f'(x)g(x)dx + \int_a^b f(x)g'(x)dx = \Big[f(x)g(x)\Big]_a^b$ 이다.

위의 식을 이항하면 ①, ②를 얻는다.

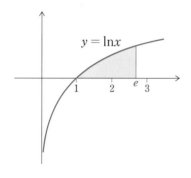

사용해 보면 알 수 있다!

부분 적분법(정적분)을 사용하는 전형적인 문제에 도전해 보자.

(1) $\displaystyle\int_1^e \ln x \, dx = \Big[x \ln x\Big]_1^e - \int_1^e dx = e - \Big[x\Big]_1^e = 1$

(2) $\displaystyle\int_\alpha^\beta (x-\alpha)(x-\beta)dx = \left[\frac{(x-\alpha)^2}{2}(x-\beta)\right]_\alpha^\beta - \int_\alpha^\beta \frac{(x-\alpha)^2}{2}dx$

$$= 0 - \left[\frac{(x-\alpha)^3}{6}\right]_\alpha^\beta = -\frac{(\beta-\alpha)^3}{6}$$

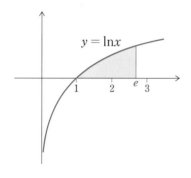

$y = \ln x$

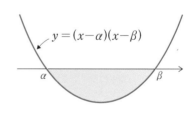

$y = (x-\alpha)(x-\beta)$

(주) $\displaystyle\int (ax+b)^n dx = \frac{(ax+b)^{n+1}}{a(n+1)} + C \cdots\cdots$ **(69)**

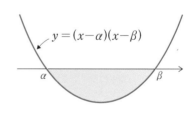

89 치환 적분법(정적분)

적분의 계산에서 적분 변수를 다른 변수로 치환해 계산하는 방법을 치환 적분법이라고 한다.

정적분을 구하는 치환 적분법은 다음의 두 가지 패턴이 있다.

(1) 복잡한 식을 한 문자로 치환한다.

$$\int_a^b f(g(x))g'(x)dx = \int_\alpha^\beta f(t)dt$$

$g(x) = t$로 치환(이때, $g'(x)dx = dt$)

x	a	$\rightarrow$	b
t	α	$\rightarrow$	β

(2) 적분 변수 x를 다른 식으로 치환한다.

$$\int_a^b f(x)dx = \int_\alpha^\beta f(g(t))g'(t)dt$$

$x = g(t)$로 치환(이때, $dx = g'(t)dt$)

x	a	$\rightarrow$	b
t	α	$\rightarrow$	β

해설! 치환 적분법

함수 $f(x)$가 주어졌을 때 그 정적분을 구하는 것은 일반적으로 상당히 어려운 작업이다. 즉, 구할 수 없는 것이 많다. 그러나 여기에서 소개하는 치환 적분법 혹은 앞 단원에서 소개한 부분 적분법 등을 이용하면 구할 수 있는 정적분의 범위가 넓어진다.

◉ 치환하면 '적분 구간'이 바뀐다!

적분 함수 x를 다른 변수 t를 사용해서 $t = g(x)$라든가 $x = g(t)$로 치환했을 때, 적분 변수 x의 값의 범위가 새로운 적분 변수 t의 범위로 계승된다는 점에 주의해야 한다. 구체적인 예를 통해 살펴보자.

(1)의 예

$$\int_1^2 x(x^2-1)^3 \, dx = \int_0^3 t^3 \frac{1}{2} \, dt = \left[\frac{t^4}{8}\right]_0^3 = \frac{81}{8}$$

$t = x^2 - 1$로 치환(이때, $dt = 2x\,dx$)

x	a	$\rightarrow$	b
t	α	$\rightarrow$	β

(2)의 예

$$\int_0^r \sqrt{r^2 - x^2} \, dx = \int_0^{\frac{\pi}{2}} \sqrt{r^2 - r^2 \sin^2 \theta} \, r \cos\theta \, d\theta = r^2 \int_0^{\frac{\pi}{2}} \cos^2\theta \, d\theta$$

$x = r\sin\theta$로 치환(이때, $dx = r\cos\theta \, d\theta$)

x	0	$\rightarrow$	$\frac{\pi}{2}$
t	0	$\rightarrow$	r

$$= r^2 \int_0^{\frac{\pi}{2}} \frac{1 + \cos 2\theta}{2} \, d\theta = \frac{r^2}{2}\left[\theta + \frac{\sin 2\theta}{2}\right]_0^{\frac{\pi}{2}} = \frac{\pi r^2}{4}$$

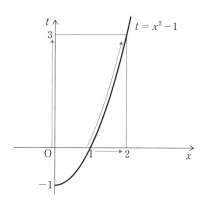

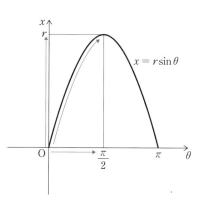

제8장 적분

치환 적분법 (정적분)

치환 적분법(정적분)의 공식(1)에 관해 생각해 보자.

$\int f(t)dx = F(t) + C$ 라고 하자. 두 함수 $y = F(t)$와 $t = g(x)$가 합성된 함수 $y = F(g(x))$를 합성 함수의 미분법으로 미분하면 다음과 같다.

$$\frac{dy}{dx} = \frac{d}{dx}F(g(x)) = \frac{d}{dt}F(t)\frac{dt}{dx} = f(t)g'(x) = f(g(x))g'(x)$$

따라서 $F(g(x))$는 $f(g(x))g'(x)$의 부정적분이다. 이것과 $\alpha = g(a)$, $\beta = g(b)$에 따라 다음의 식이 성립한다.

$$\int_a^b f(g(x))g'(x)dx = \Big[F(g(x))\Big]_a^b$$
$$= F(g(b)) - F(g(a)) = F(\beta) - F(\alpha)$$
$$= \int_\alpha^\beta f(t)dt$$

같은 방법으로 치환 적분법(정적분)의 공식(2)를 살펴보자.

(1)의 $\int_a^b f(g(x))g'(x)dx = \int_\alpha^\beta f(t)dt$ 에서 적분 변수 x와 t를 교환하고 α와 a, β와 b를 교환하면 (2)를 얻는다.

이 책에서는 (1)과 (2)로 나눠서 치환 적분을 설명했지만, 본질적인 차이는 없다. 두 변수의 관계를 '어느 쪽을 주역으로 삼는가?'의 차이일 뿐이다.

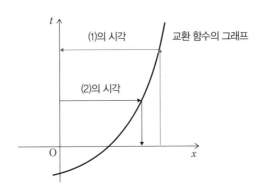

치환 적분법을 이용해 다음의 공식을 이끌어내 보자.

(1) 함수 $f(x)$가 우함수라면, $\displaystyle\int_{-a}^{a}f(x)dx = 2\int_{0}^{a}f(x)dx$

(2) 함수 $f(x)$가 기함수라면, $\displaystyle\int_{-a}^{a}f(x)dx = 0$

여기에서 우함수란 $f(-x) = f(x)$를 만족하는 함수로, 그 그래프는 y축 대칭이다. 또 기함수란 $f(-x) = -f(x)$를 만족하는 함수로, 그 그래프는 원점 대칭이다.

그러면 (1), (2)를 이끌어내 보자.

정적분의 성질에 따라 적분 구간을 나누면,

$$\int_{-a}^{a}f(x)dx = \int_{-a}^{0}f(x)dx + \int_{0}^{a}f(x)dx$$

우변의 제1항의 정적분에서 $x = -t$로 치환하면 $dx = -dt$이므로,

$$\int_{-a}^{0}f(x)dx = \int_{a}^{0}-f(-t)dt = \int_{0}^{a}f(-t)dt = \int_{0}^{a}f(-x)dx$$

따라서 $\displaystyle\int_{-a}^{a}f(x)dx = \int_{-a}^{0}f(x)dx + \int_{0}^{a}f(x)dx = \int_{0}^{a}\{f(-x)+f(x)\}dx$이다.

여기에서 $f(x)$가 우함수라면 $f(-x) = f(x)$이므로,

$$\int_{-a}^{a}f(x)dx = \int_{0}^{a}\{f(-x)+f(x)\}dx = 2\int_{0}^{a}f(x)dx$$

또, 만약 $f(x)$가 기함수라면 $f(-x) = -f(x)$이므로,

$$\int_{-a}^{a}f(x)dx = \int_{0}^{a}\{f(-x)+f(x)\}dx = 2\int_{0}^{a}0dx = 0$$이다.

치환 적분법(정적분)의 공식 (1), (2)를 알면 확실히 적분 계산이 편해질 때가 있다.

제 8 장 적분

치환 적분법 (정적분)

90 정적분과 넓이의 공식

연속된 함수 $y=f(x)$와 x축, 그리고 두 직선 $x=a$, $x=b$에 둘러싸인 도형의 넓이 S는 다음 식으로 나타낼 수 있다.

$$S = \int_a^b f(x)dx$$

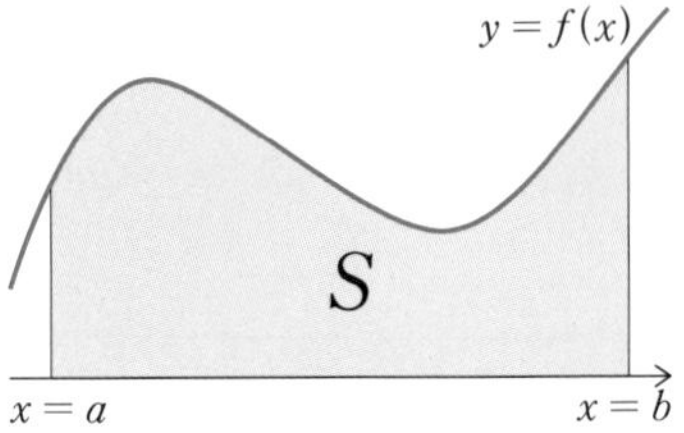

$x=a$ $x=b$ $y=f(x)$ S

해설! 적분을 이용한 넓이 공식

사각형의 넓이는 '가로×세로'이다. 그렇다면, 함수 $y=f(x)$와 x축, 그리고 두 직선 $x=a$, $x=b$에 둘러싸인 도형의 넓이란 무엇일까?

먼저 아래의 그림처럼 구간을 n등분했을 때 생기는 직사각형 n개의 넓이의 합을 구한다.

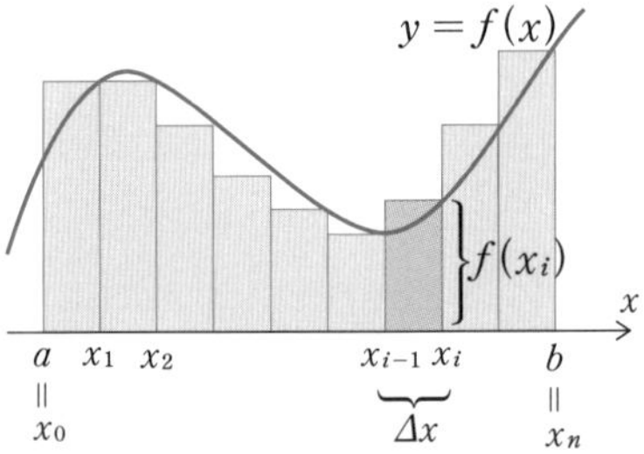

$$\sum_{i=1}^n f(x_i)\Delta x = f(x_1)\Delta x + f(x_2)\Delta x + \cdots + f(x_n)\Delta x \quad \cdots\cdots ①$$

여기에서 분할을 한없이 가늘게, 즉 n을 한없이 크게 만들었을 때 ①이 어떤 일정 값에 가까워진다면 그 값을 '넓이'로 결정한다. 즉, 일반적으로 곡선에 둘러싸인 도형의 넓이를 이렇게 정의한다.

◎ 넓이의 정의는 정적분 그 자체이다

정적분 $\int_a^b f(x)dx$ 는 아래 식으로 정의한다.

$$\int_a^b f(x)dx = \lim_{n\to\infty}\sum_{i=1}^n f(x_i)\Delta x$$
$$= \lim_{n\to\infty}(f(x_1)\Delta x + f(x_2)\Delta x + \cdots + f(x_n)\Delta x) \ \cdots\cdots ②$$

이것은 바로 ①의 극한값이다. 즉, 함숫값이 0 이상이라면 $\int_a^b f(x)dx$ 의 값을 $y=f(x)$축, 그리고 두 직선 $x=a$, $x=b$에 둘러싸인 도형의 넓이로 정의하는 것이다.

◎ 미분의 기본 정리를 그래프로 나타내 보자

'미적분학의 기본 정리(**83**)'인

$$\frac{d}{dx}\int_a^x f(t)dt = f(x)$$

는 피적분 함수가 0 이상의 값을 가질 경우 넓이를 미분하면 피적분 함수가 된다는 것을 보여 준다.

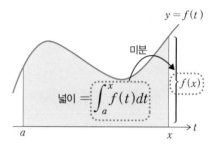

◎ 함수 $y=f(x)$의 그래프가 x축 밑에 있을 경우의 넓이 S

$y=f(x)$를 x축에 대해 대칭 이동시키면 그 그래프는 x축보다 위에 있게 되므로 다음 공식을 얻는다.

$$S = \int_a^b -f(x)dx = -\int_a^b f(x)dx$$

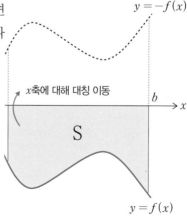

● 두 함수의 그래프에 둘러싸인 도형의 넓이 S

아래 왼쪽 그림의 경우, 넓이 S는 $y=f(x)$의 그래프에 둘러싸인 도형의 넓이에서 $y=g(x)$의 그래프에 둘러싸인 넓이를 빼면 구할 수 있다.

$$S = \int_a^b f(x)dx - \int_a^b g(x)dx = \int_a^b \{f(x)-g(x)\}dx$$

또, 아래 오른쪽 그림의 경우, $f(x)$와 $g(x)$ 양쪽에 적당한 양의 수를 더하면 그래프가 모두 x축보다 위에 위치하게 되므로 결국 아래 왼쪽 그림과 같아진다.

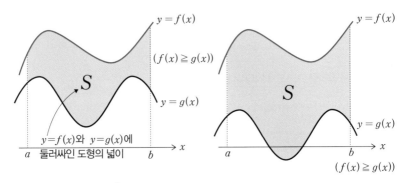

두 경우 모두 $S = \int_a^b \{f(x)-g(x)\}dx$ 가 된다.

사용해 보면 알 수 있다!

넓이 자체는 앞의 공식 ②로 표현할 수 있지만, 실제 계산은 무한의 합이 아니라 다음의 계산으로 구할 수 있다.(**87**)

$$\int_a^b f(x)dx = \Big[F(x)\Big]_a^b = F(b)-F(a) \quad 단, \ F'(x) = f(x)$$

(1) $0 \le x \le \pi$에서 $y=\sin x$의 그래프와 x축에 둘러싸인 도형의 넓이 S를 구하면 다음과 같다.

$$S = \int_0^\pi \sin x dx = \Big[-\cos x\Big]_0^\pi = -\cos\pi - (-\cos 0) = 1+1 = 2$$

여기에서는 $\sin x$의 원시 함수가 $-\cos x$임을 이용했다.

266

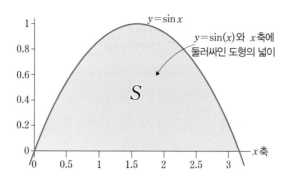

$y = \sin x$

$y = \sin(x)$와 x축에
둘러싸인 도형의 넓이

S

x축

(2) $-1 \leq x \leq 1$에서 $y = x^2 - 1$의 그래프와 x축에
둘러싸인 도형의 넓이 S를 구하면 다음과 같다.

$-1 \leq x \leq 1$에서 $y = x^2 - 1 \leq 0$ 이므로,

$$S = \int_{-1}^{1} -y \, dx = \int_{-1}^{1} (-x^2 + 1) dx$$

$$= 2\int_{0}^{1} (-x^2 + 1) dx = 2\left[-\frac{x^3}{3} + x \right]_{0}^{1} = \frac{4}{3}$$

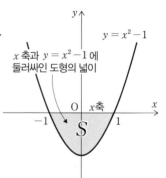

$y = x^2 - 1$

x 축과 $y = x^2 - 1$에
둘러싸인 도형의 넓이

x축

S

(3) $-\dfrac{3}{4}\pi \leq x \leq \dfrac{1}{4}\pi$ 에서 두 곡선
$y = \sin x$, $y = \cos x$ 에 둘러싸인
오른쪽 도형의 넓이 S를 구하면 다음
과 같다.

$$S = \int_{-\frac{3\pi}{4}}^{\frac{\pi}{4}} (\cos x - \sin x) dx$$

$$= \left[\sin x + \cos x \right]_{-\frac{3\pi}{4}}^{\frac{\pi}{4}} = 2\sqrt{2}$$

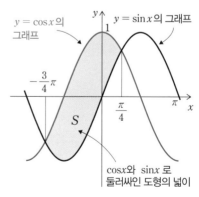

$y = \cos x$의
그래프

$y = \sin x$의 그래프

$-\dfrac{3}{4}\pi$

$\dfrac{\pi}{4}$

π

S

$\cos x$와 $\sin x$ 로
둘러싸인 도형의 넓이

91 정적분과 부피의 공식

입체를 x축에 대해 수직인 평면으로 잘랐을 때의 단면적을 $S(x)$라고 하고 입체가 존재하는 범위를 닫힌구간 $[a, b]$라고 할 때, 이 입체의 부피 V는 다음의 정적분으로 구할 수 있다.

$$V = \int_a^b S(x)dx$$

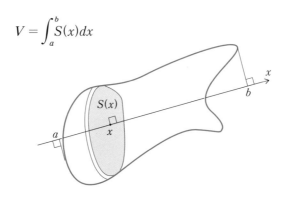

해설! 부피는 얇은 판을 무한히 더한 것

직육면체의 부피는 '가로×세로×높이'다. 그렇다면 일반적으로 입체의 부피란 무엇일까?

입체가 존재하는 구간을 n등분한다. 이때, 입체를 두께가 Δx인 판 n장으로 분할하고 각 판들의 부피를 더해 보자. 단, 각 판의 단면적은 $S(x_i)$이라고 한다.

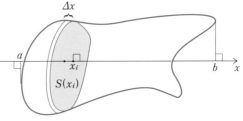

$$\sum_{i=1}^{n} S(x_i)\Delta x = S(x_1)\Delta x + S(x_2)\Delta x + \cdots + S(x_n)\Delta x \quad \cdots\cdots①$$

그런 다음 분할을 한없이 작게 했을 때, 즉 n을 한없이 크게 만들었을 때 ①이 일정 값에 가까워진다면 그 값을 '부피 V'라고 한다. 이때 입체의 부피는 정적분의 정의에 따라 다음과 같다.

$$V = \lim_{n \to \infty} \{S(x_1)\Delta x + S(x_2)\Delta x + \cdots + S(x_n)\Delta x\} = \lim_{n \to \infty} \sum_{i=1}^{n} S(x_i)\Delta x = \int_a^b S(x)dx$$

◉ 회전체의 부피는 간단하다

입체 중에서도 회전체의 경우는 회전축에 대해 수직으로 자른 단면이 '원'이 되므로 단면적을 쉽게 구할 수 있다. 따라서 함수 $y=f(x)$의 그래프를 x축을 중심으로 회전시켰을 때 생기는 입체의 닫힌구간 $[a, b]$에서의 부피는 다음식으로 구할 수 있다.

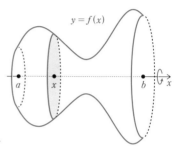

$$V = \int_a^b \pi y^2\, dx = \int_a^b \pi \{f(x)\}^2\, dx$$

예제 원뿔의 부피를 구하여라.

[해답] 회전체의 부피를 구한다.

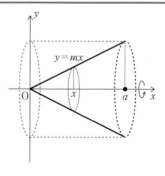

$$V = \int_0^a \pi y^2\, dx = \int_0^a \pi m^2 x^2\, dx$$

$$= \pi m^2 \int_0^a x^2\, dx = \pi m^2 \left[\frac{1}{3} x^3 \right]_0^a$$

$$= \frac{\pi m^2 a^3}{3} \quad \cdots\cdots \text{원기둥 부피의 } \frac{1}{3}$$

92 정적분과 곡선의 길이 공식

달힌구간 $[a,\ b]$에서 $y=f(x)$ 그래프의 곡선의 길이 L은 다음 식으로 구할 수 있다.

$$L = \int_a^b \sqrt{1+\{f'(x)\}^2}\,dx$$

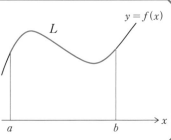

해설! 곡선의 길이 공식

초등학교 때는 지도에 그려진 구불구불한 도로의 길이를 구하기 위해 도로를 따라서 실을 올려놓은 다음 그 실을 팽팽하게 당겨서 길이를 쟀다. 그런데 이런 식으로 구부러진 것을 쭉 펴서 측정해도 괜찮은지 불안감을 느낀 적도 있을 것이다. 그렇다면 대체 곡선의 길이란 무엇일까?

◉ 곡선의 길이는 작게 잘라서 각 부분을 선분으로 치환한다

먼저 곡선의 길이를 다음과 같이 정의한다.

두 점 P, Q를 연결하는 곡선 C를 n등분하고 오른쪽 그림처럼 각 분점에

$$P_0,\ P_1,\ P_2,\ P_3,\ \cdots P_i,\ \cdots,\ P_n$$

이라고 이름을 붙인다. 그리고,

$$\lim_{n \to \infty} \sum_{i=1}^{n} \overline{P_{i-1}P_i} = \lim_{n \to \infty} \left(\overline{P_0 P_1} + \overline{P_1 P_2} + \cdots + \overline{P_{i-1}P_i} + \cdots + \overline{P_{n-1}P_n} \right)$$

을 생각한다. 각 선분의 길이가 0에 가까워지도록 분할을 작게 했을 때, 이 꺾은 선의 무한의 합이 일정 값 l에 한없이 가까워진다면 이 l을 곡선 C의 '길이'라고 한다. 요컨대 정적분의 세계다.

어떻게 곡선의 길이를 구할 수 있을까?

$y=f(x)$ 그래프의 $[a, b]$ 부분의 길이를 구하려면 먼저 구간을 n등분해서 n개의 꺾은 선으로 나눈다. 그러면 왼쪽부터 i번째 꺾은 선의 길이는 다음과 같이 나타낼 수 있다.

$$\overline{P_{i-1}P_i}$$
$$=\sqrt{\Delta x^2 + \Delta y_i^{\,2}}$$
$$=\sqrt{1+\left(\frac{\Delta y_i}{\Delta x}\right)^2}\,\Delta x$$

따라서 꺾은 선 n개의 길이의 합은 다음과 같이 나타낼 수 있다.

$$\overline{P_0P_1}+\overline{P_1P_2}+\cdots+\overline{P_{i-1}P_i}+\cdots+\overline{P_{n-1}P_n}=\sum_{i=1}^{n}\sqrt{1+\left(\frac{\Delta y_i}{\Delta x}\right)^2}\,\Delta x$$

여기에서 n을 한없이 크게 만들면 Δx는 한없이 0에 가까워지므로 $\dfrac{\Delta y_i}{\Delta x}$ 는 도함수 $f'(x)$의 값에 가까워진다. 이것은 정적분의 정의에 따라 다음과 같다.

$$\lim_{n\to\infty}\sum_{i=1}^{n}\sqrt{1+\left(\frac{\Delta y_i}{\Delta x}\right)^2}\,\Delta x=\int_a^b\sqrt{1+\{f'(x)\}^2}\,dx$$

사용해 보면 알 수 있다!

곡선의 길이의 공식은 피적분 함수에 근호가 붙어 있기 때문에 적분 계산이 간단하지 않다. 그래서 여기에서는 비교적 계산이 간단한 반지름 r인 원의 원둘레의 길이를 구해 보도록 하겠다.

중심이 원점이고 반지름이 r인 원의 반원을 272쪽의 그림처럼 $y=\sqrt{r^2-x^2}$ 이라고 나타낼 수 있으므로 원의 반둘레 L은 다음의 계산으로 구할 수 있다.

$$\frac{L}{4} = \int_0^r \sqrt{1+(y')^2}\,dx = \int_0^r \sqrt{1+\left(\frac{-x}{\sqrt{r^2-x^2}}\right)^2}\,dx$$

$$= \int_0^r \frac{r}{\sqrt{r^2-x^2}}\,dx = \int_0^{\frac{\pi}{2}} \frac{r}{r\cos\theta}\,r\cos\theta\,d\theta$$

$x = r\sin\theta$로 치환

$$= \int_0^{\frac{\pi}{2}} r\,d\theta = \Big[\,r\theta\,\Big]_0^{\frac{\pi}{2}} = \frac{\pi r}{2}$$

따라서 $L = 2\pi r$이다.

(주) $y = \sqrt{r^2-x^2}$에서

$t = r^2-x^2$으로 치환하면, $y = \sqrt{t} = t^{\frac{1}{2}}$이므로

$\dfrac{dy}{dx} = \dfrac{dy}{dt}\,\dfrac{dt}{dx} = \dfrac{1}{2}t^{-\frac{1}{2}}(-2x) = \dfrac{-x}{\sqrt{r^2-x^2}}$이다.

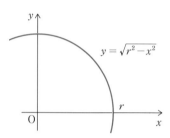

참고로, 포물선 $y = mx^2$의 $[a,\ b]$ 부분의 길이 L을 구하면 다음과 같다.

$$L = \int_a^b \sqrt{1+(y')^2}\,dx = \int_a^b \sqrt{1+4m^2x^2}\,dx$$

$$= \frac{1}{4}\left[2x\sqrt{4m^2x^2+1} + \frac{1}{m}\log\left(\sqrt{4m^2x^2+1}+2mx\right)\right]_a^b$$

$$= \frac{1}{4}\left\{2b\sqrt{(2mb)^2+1} - 2a\sqrt{(2ma)^2+1} + \frac{1}{m}\log\frac{\sqrt{(2mb)^2+1}+2mb}{\sqrt{(2ma)^2+1}+2ma}\right\}$$

이처럼 포물선은 친근한 존재이지만 계산 과정은 상당히 복잡하다.

전체의 표면적

$y = f(x)$ $(a \le x \le b)$ 의 그래프를 x축 주위로 회전시켰을 때 생기는 회전체의 표면적은 아래와 같다.

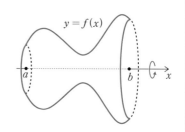

$$S = 2\pi \int_a^b |\, y\,| \sqrt{1+(y')^2}\, dx$$

이 공식은 회전체를 회전축에 수직인 평면으로 촘촘히 잘랐을 때 생기는 아주

얇은 판의 측면 넓이를 아래의 그림처럼 원뿔대의 측면 넓이로 치환해서 적분 계산한 것이다.

 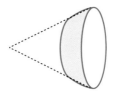

이 공식을 사용해서 반지름 r인 구면의 표면적 S를 구하면 다음과 같다.

$$S = 2\pi \int_{-r}^r |\, y\,| \sqrt{1+(y')^2}\, dx = 2\pi \int_{-r}^r \sqrt{r^2-x^2}\ \sqrt{1+\left(\frac{-x}{\sqrt{r^2-x^2}}\right)^2}\, dx$$

$$= 2\pi \int_{-r}^r \sqrt{r^2-x^2}\ \frac{r}{\sqrt{r^2-x^2}}\, dx = 2\pi \int_{-r}^r r\, dx = 2\pi \Big[\, rx\, \Big]_{-r}^r = 4\pi r^2$$

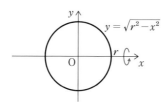

93 파푸스-굴단 정리

평면 위의 도형 F를 이것과 만나지 않는 동일 평면 위의 직선 주위로 회전시켰을 때 생기는 회전체의 부피 V는 그 도형의 넓이 S에 그 도형의 무게 중심 G의 이동 거리 $2\pi r$을 곱한 것과 같다. 즉, 다음과 같다.

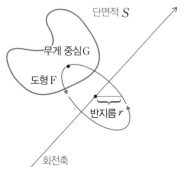

$$V = 2\pi r S$$

여기에서 r은 무게 중심 G의 회전 반지름이다.

해설! 파푸스-굴단

회전체는 축에 대해 수직인 면으로 자른 단면이 도넛 모양이 되므로 다른 입체에 비하면 부피를 쉽게 구할 수 있다. 그리고 이 파푸스-굴단 정리는 도형 F를 회전시켰을 때 생기는 회전체의 부피가

'도형 F의 넓이' × '도형 F의 무게 중심의 이동 거리(= 원둘레)'

라는 정리로, 무게 중심과 회전축과의 거리를 알기 쉬울 때 효과적이다.

왜 그렇게 될까?

여기에서는 입체의 부피 V와 무게 W의 관계를 바탕으로 파푸스-굴단 정리가 성립하는 이유를 생각해 보자.

균질한 재료로 구성된 입체의 부피 V와 무게 W에는 $W = kV$ (k는 비례 상수)라는 비례 관계가 있다.

그러면 먼저 도형 F를 동일 평면 위에 있는 직선의 주위로 회전시켰을 때 생기는 회전체의 무게 W를 구해 보자. 회전체의 단면인 도형 F의 무게 중심 G는 그곳에 도형 F(넓이 S, 두께 Δx인 얇은 판으로 가정)의 모든 질량이 집약된 점이다. 그렇다면 회전체 전체의 무게 W는 도형 F

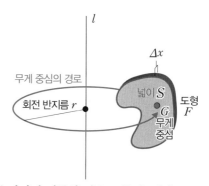

의 무게 $kS\Delta x$를 무게 중심 G의 이동 경로를 따라서 적분한 것으로 볼 수 있다.

$$W = \lim_{n \to \infty} \sum_{i=1}^{n} k \times S \times \Delta x = kS \lim_{n \to \infty} \sum_{i=1}^{n} \Delta x = kS \times 2\pi r$$

여기에서 $W = kW$이므로 $V = 2\pi rS$가 된다.

사용해 보면 알 수 있다!

파푸스–굴단 정리를 사용해서 절단면이 반지름 r인 원이고 이 원의 중심의 회전 반지름이 a(단, $a > r$)인 도넛 모양의 입체의 부피를 구해 보자.

반지름 r인 원의 넓이는 πr^2이다. 원은 그 중심과 무게 중심이 일치하므로 '무게 중심의 회전 반지름'은 '원의 중심의 회전 반지름 a'와 일치한다.

따라서 구하는 부피는 $\pi r^2 \times 2\pi a = 2\pi^2 ar^2$이다.

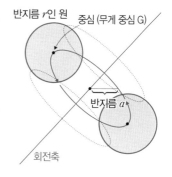

파푸스와 굴단

파푸스는 4세기 전반에 활약한 알렉산드리아(이집트)의 수학자이고, 굴단 (1577~1643)은 뉴턴이 태어나기 직전에 활약한 스위스의 수학자이다. 이 단원에서 소개한 정리는 두 사람이 개별적으로 발견했기 때문에 이런 이름이 붙었다. 미적분학이 구축되기 전에 발견된 정리이다.

94 바움쿠헨 적분

함수 $y = f(x)$의 그래프에서 $a \leqq x \leqq b$ 부분과 x축으로 둘러싸인 도형을 y축 주위로 회전시켰을 때 생기는 회전체의 부피 V는 다음 계산으로 구할 수 있다.

$$V = 2\pi \int_a^b |x| |f(x)| dx \quad \cdots\cdots \text{①}$$

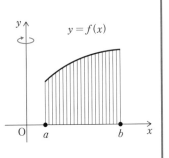

해설! 바움쿠헨 적분

이 공식을 일명 '바움쿠헨 적분'이라고 한다. 이것은 두 함수의 그래프로 둘러싸인 도형 F를 y축 주위로 회전시켰을 때 생기는 회전체의 부피 V를 구할 때도 이용 가능하다. 도형 F의 x에서의 세로 길이를 알면 되기 때문이다. 이때 ①은 다음과 같이 된다.

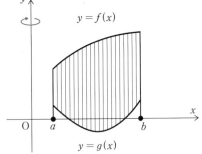

$$V = 2\pi \int_a^b |x| |f(x) - g(x)| dx \quad \cdots\cdots \text{②}$$

참고로 바움쿠헨의 '*Baum*'은 '나무', '*kuchen*'은 '과자'를 의미하며, 바움쿠헨을 가로로 자르면 나이테 같은 모양이 된다고 해서 이런 이름이 붙었다.

이 공식이 성립하는 이유는 바움쿠헨을 생각하면 알 수 있다. 먼저, 구간 $[a, b]$를 n등분하고 한 구간의 폭을 Δx라고 하면 아래 그래프의 직사각형(파란 부분)을 y축 주위로 회전시켰을 때 생기는 '관'과 같은 입체의 부피 V_i는 다음의 ③으로 근사할 수 있다.

$$V_i = 2\pi |x_i| \| f(x_i) | \Delta x \quad \cdots\cdots ③$$

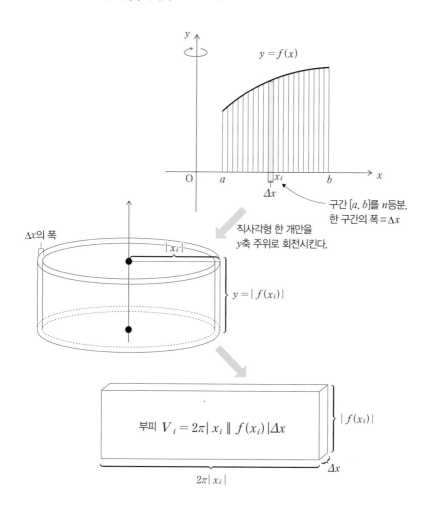

구간 $[a, b]$를 n등분,
한 구간의 폭 $= \Delta x$

직사각형 한 개만을
y축 주위로 회전시킨다.

Δx의 폭

$|x_i|$

$y = |f(x_i)|$

부피 $V_i = 2\pi |x_i| \| f(x_i) | \Delta x$

$|f(x_i)|$

Δx

$2\pi |x_i|$

n등분한 각 구간에서 ③의 부피 V_i를 산출해 그 총합 $V(n)$을 구한다.

$$V(n) = V_1 + V_2 + V_3 + \cdots + V_n = \sum_{i=1}^{n} 2\pi |x_i| |f(x_i)| \Delta x \quad \cdots\cdots④$$

이것은 오른쪽 그림과 같이 바움쿠헨을 결대로 얇게 잘랐을 때 생기는 중심이 같은 얇은 '관' n개의 부피의 총합이다.

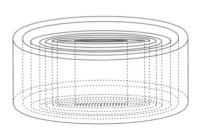

이제 분할을 한없이 작게 했을 때, 즉 $n \to \infty$로 만들었을 때의 ④의 극한값을 구한다. 이것은 적분의 정의에 따라,

$2\pi \displaystyle\int_a^b |x| |f(x)| dx$가 된다. 즉, 다음과 같다.

$$\lim_{n \to \infty} V(n) = \lim_{n \to \infty} \sum_{i=1}^{n} 2\pi |x_i| |f(x_i)| \Delta x = 2\pi \int_a^b |x| |f(x)| dx$$

예제 포물선 $y = x^2$과 x축, 그리고 직선 $x = 2$로 둘러싸인 도형을 y축 주위로 회전시켰을 때 생기는 입체의 부피를 구하여라.

[해답] 첫머리의 공식 ①에 따라 다음과 같다.

$$V = 2\pi \int_0^2 |x| |f(x)| dx$$

$$= 2\pi \int_0^2 |x| |x^2| dx$$

$$= 2\pi \int_0^2 x^3 dx$$

$$= 2\pi \left[\frac{1}{4} x^4 \right]_0^2$$

$$= 8\pi$$

∴ 부피는 8π

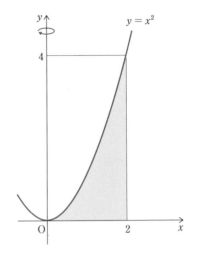

예제 포물선 $y=(x-1)^2$과 직선 $y=x+1$로 둘러싸인 도형을 y축 주위로 회전시켰을 때 생기는 입체의 부피를 구하여라.

[해답] 포물선 $y=(x-1)^2$과 직선 $y=x+1$이 만나는 점의 x좌표는

$$(x-1)^2=x+1$$을 풀어서 $x=0$, 3이다.

따라서 구하는 부피 V는 공식 ②에 따라 다음과 같다.

$$V = 2\pi \int_0^3 |x \| f(x)-g(x)|dx$$

$$= 2\pi \int_0^3 |x \| x+1-(x-1)^2|dx$$

$$= 2\pi \int_0^3 (-x^3+3x^2)dx$$

$$= 2\pi \left[-\frac{1}{4}x^4+x^3 \right]_0^3$$

$$= \frac{27}{2}\pi$$

$\therefore$ 부피는 $\dfrac{27}{2}\pi$

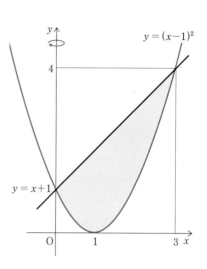

(주) $y=-x^3+3x^2$

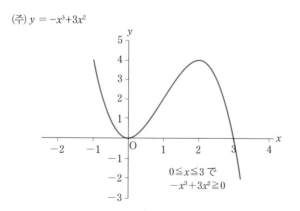

$0 \leqq x \leqq 3$ で
$-x^3+3x^2 \geqq 0$

95 카발리에리의 원리

(1) 두 평면 도형을 일정 방향의 직선으로 잘랐을 때 모든 위치에서 한쪽 단면의 선분의 길이가 다른 쪽의 k 배라면 넓이도 k 배이다.

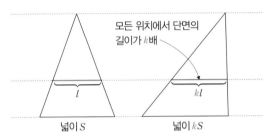

모든 위치에서 단면의 길이가 k배

넓이 S 넓이 kS

(2) 두 입체 도형을 일정 방향의 평면으로 잘랐을 때 모든 위치에서 한쪽 단면의 넓이가 다른 쪽의 k 배라면 부피도 k 배이다.

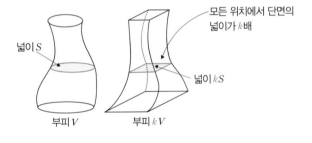

모든 위치에서 단면의 넓이가 k배

넓이 S 넓이 kS

부피 V 부피 kV

해설! 카발리에리의 원리

평면 도형은 선분이 모여서 만들어진 것이므로 '선분의 비가 어디에서나 같다면 그 비가 넓이의 비가 된다'는 것이 카발리에리의 원리이다.

부피도 마찬가지다. '단면적의 비가 어디에서나 같다면 그 비가 부피의 비가 된다'는 발상이다. 단, 어떤 도형이든 '높이는 같다'고 가정한다.

그림으로 카발리에리의 원리를 이해하자!

카발리에리의 원리에 대한 설명이 잘 이해가 안 된다면 아래의 그림을 보기 바란다. 왼쪽 그림은 삼각형을 밑변에 대해 평행하게 자른 다음 어긋나게 쌓아 올린 것이다. 각 조각의 가로 길이가 같다면 넓이도 달라지지 않음을 알 수 있다. 부피의 경우도 마찬가지다.

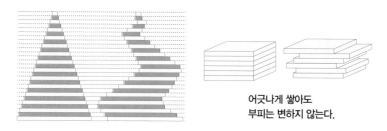

어긋나게 쌓아도
부피는 변하지 않는다.

◎ 적분의 눈으로 보면 알 수 있다

적분의 시점에서 봐도 이 원리가 성립하는 것을 알 수 있다. 즉, 아래 왼쪽 그림에서 파란 부분의 넓이 S는 아래 오른쪽의 그림처럼 한없이 작게 분할했을 때 각 직사각형의 넓이의 합이 가까워지는 값이다. 분할을 한없이 작게 하면 각 직사각형은 선분에 가까워진다고 볼 수 있다.

$$S = \int_a^b f(x)dx = \lim_{n \to \infty}\{f(x_1)\Delta x + f(x_2)\Delta x + \cdots + f(x_n)\Delta x\}$$

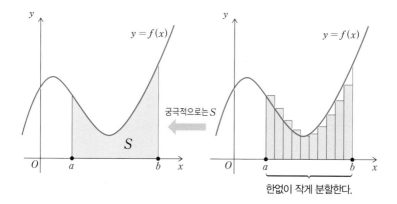

궁극적으로는 S

한없이 작게 분할한다.

이때 $f(x)$는 선분의 길이에 해당한다. 만약 선분의 길이가 어디에서나 전부 k배인 $kf(x)$라면,

$$\int_a^b kf(x)dx = k\int_a^b f(x)dx$$

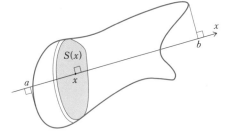

이므로 넓이도 k배가 됨을 알 수 있다.

부피의 경우도 마찬가지다. 단면적 $S(x)$를 적분한 것이 부피 $V = \int_a^b S(x)dx$ 이므로 단면적이 부피의 본질이다. 단면의 형태가 아니다. 따라서 단면적이 어디에서나 전부 k배라면 부피 또한 k배가 된다.

사용해 보자! 카발리에리의 원리

여기에서는 넓이의 경우 타원을, 부피의 경우 구를 예로 들어 카발리에리의 원리를 사용해 보겠다.

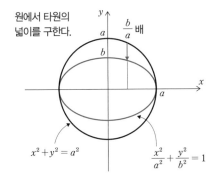

원에서 타원의 넓이를 구한다.

◉ 타원의 넓이를 구한다

타원 $\dfrac{x^2}{a^2} + \dfrac{y^2}{b^2} = 1$은 원 $x^2 + y^2 = a^2$을 y축 방향으로 압축(확대)시켜 $\dfrac{b}{a}$ 배로 만든 것이다. 따라서 y축 방향의 선분의 길이는 반지름 a인 원의 $\dfrac{b}{a}$ 배이므로 구하려는 타원의 넓이는 $\pi a^2 \times \dfrac{b}{a} = \pi ab$가 된다.

◉ 구의 부피를 구한다

카발리에리의 원리에 따라 반지름 r인 반구의 부피는 다음 페이지의 그림처럼 원기둥의 부피에서 원뿔의 부피를 뺀 것과 같음을 알 수 있다.

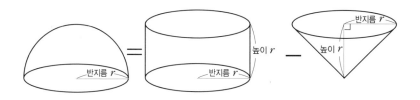

그 이유는 아래의 그림에서 단면의 파란 부분의 넓이가 같기 때문이다.

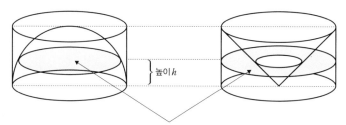

두 파란 부분의 넓이는 모두 $\pi(r^2 - h^2)$ 이다.

그러므로 반지름 r인 반구의 부피는 원기둥의 부피 πr^3에서 원뿔의 부피 $\dfrac{1}{3}\pi r^3$을 뺀 $\dfrac{2}{3}\pi r^3$이 되며, 따라서 구의 부피는 $\dfrac{4}{3}\pi r^3$ 이다.

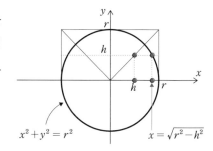

거인의 어깨 중 하나

카발리에리는 17세기 이탈리아의 수학자로, 1635년에 저서인 《불가분량을 이용한 연속체의 신기하학》에서 이 원리를 발표했다. 파푸스−굴단 정리나 카발리에리의 원리 등 인류가 고대부터 축적한 미적분에 관한 지혜가 있었기에 뉴턴과 라이프니츠도 이 거인들의 어깨에 올라가 미적분학을 꽃피울 수 있었다.

96 사다리꼴 공식(근사식)

정적분의 근삿값은 다음의 식으로 구할 수 있다.

$$S = \int_a^b f(x)dx \doteq \frac{h}{2}\{y_0 + 2(y_1 + y_2 + \cdots\cdots + y_{n-1}) + y_n\}$$

단, $h = \dfrac{b-a}{n}$

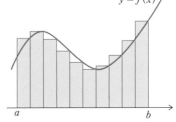

해설! 근사를 위한 사다리꼴 공식

정적분을 계산할 경우 먼저 피적분 함수의 부정적분을 구하는데, 언제나 피적분 함수의 부정적분을 구할 수 있는 것은 아니다. 그러나 그 값을 알고 싶을 때가 있다. 그래서 정확도가 높은 근삿값을 구하기 위한 다양한 방법이 고안되었다. 그중 하나가 사다리꼴 공식이다.

정적분의 본래 정의는 적분 구간을 가늘게 나누고 각 구간을 그림처럼 직사각형이라고 생각하면서 분할을 한없이 작게 했을 때 이들 직사각형의 넓이의 총합이 가까워지는 값이었다. 그리고 그 값은 함수의 그래프에 둘러싸인 도형의 넓이에 해당한다.

◎ 직사각형보다는 사다리꼴에 근사한다

직접 계산을 할 경우, 분할을 무한히 작게 만드는 것은 불가능하다. 그래서 어느 정도의 분할로 타협하게 되는데, 이때 직사각형보다 사다리꼴이 함수의 그래프에 더 딱 들어맞는다는 발상에서 나온 것이 사다리꼴 공식이다.

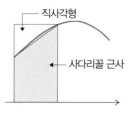

왜 사다리꼴 공식이 성립할까?

왼쪽에서 i번째 사다리꼴의 넓이 S_i는 사다리꼴의 넓이 공식에 따라

$$S_i = (y_{i-1} + y_i) \times h \div 2 \quad \cdots\cdots \text{(윗변+밑변)} \times \text{높이} \div 2$$

이므로 아주 작은 사다리꼴 n개의 합은 다음과 같다.

$$
\begin{aligned}
& S_1 + S_2 + S_3 + \cdots\cdots + S_{i-1} + S_i + \cdots\cdots + S_n \\
& = \{(y_0 + y_1) \\
& \quad + (y_1 + y_2) \\
& \quad + (y_2 + y_3) \\
& \quad + \cdots\cdots \\
& \quad + (y_{i-2} + y_{i-1}) \\
& \quad + (y_{i-1} + y_i) \\
& \quad + \cdots\cdots \\
& \quad + (y_{n-2} + y_{n-1}) \\
& \quad + (y_{n-1} + y_n)\} \times h \div 2 \\
& = \frac{h}{2}\{y_0 + 2(y_1 + y_2 + \cdots\cdots + y_{i-1}) + y_n\} \quad \cdots\cdots ①
\end{aligned}
$$

분할을 작게 했을 때, 즉 n을 크게 했을 때 ①의 값을 정적분 $S = \displaystyle\int_a^b f(x)dx$의 근삿값으로 삼는 것이 사다리꼴 공식이다.

예제 사다리꼴 공식을 사용해 포물선 $y = -x^2 + 1$과 x축, y축에 둘러싸인 도형의 넓이를 구하여라.(계산기 이용)

[해답] 표를 보면 알 수 있듯이 10분할을 하면 0.665 정도가 된다.

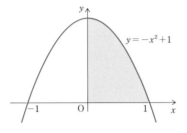

분할 수 n	사다리꼴 공식의 값
10	0.6650000
100	0.6666500
1000	0.6666665

참고로 정적분을 이용해 정확한 값을 구해 보면 다음과 같다.

$$\int_0^1 (-x^2 + 1)dx = \left[-\frac{x^3}{3} + x \right]_0^1 = \frac{2}{3} = 0.666666\cdots\cdots$$

예제 사다리꼴 공식을 이용해 $y = \sin x(0 \le x \le \pi)$와 x축에 둘러싸인 도형의 넓이를 구하여라.(계산기 이용)

[해답] 표를 보면 알 수 있듯이 10분할을 하면 1.98 정도가 된다.

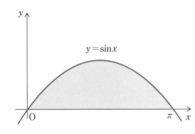

분할 수 n	사다리꼴 공식의 값
10	1.98352354
100	1.99983550
1000	1.99999836

참고로 정적분을 이용해 정확한 값을 구해 보면 다음과 같다.

$$\int_0^\pi \sin x dx = \left[-\cos x \right]_0^\pi = 1 - (-1) = 2$$

직사각형으로 근사

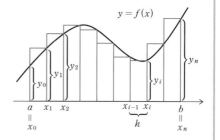

사다리꼴이 아니라 정적분의 정의
의 바탕이 된 직사각형으로 근사 계
산을 하면 어떻게 될까? 계산의 예
를 소개하겠다. 사다리꼴 공식의 계
산 결과와 비교해 보기 바란다.

$$S = \int_a^b f(x)dx = h(y_1 + y_2 + y_3 + \cdots\cdots + y_n)$$

$$단, \ h = \frac{b-a}{n}$$

(1) 직사각형 근사를 사용해 포물선 $y = -x^2 + 1$과 x축, y축에 둘러싸인 도형의
넓이를 구했을 경우

분할 수 n	직사각형의 근사 공식의 값
10	0.615
100	0.66165
1000	0.66616649999999

(2) 직사각형 근사를 이용해 $y = \sin x \, (0 \leqq x \leqq \pi)$와 x축에 둘러싸인 도형의
넓이를 구했을 경우

분할 수 n	직사각형의 근사 공식의 값
10	1.98352353744071
100	1.99983550388096
1000	1.99999835506502

위 (1), (2)의 경우 사다리꼴 근사와 거의 차이가 없다.

97 심프슨 공식(근사식)

정적분의 근삿값은 다음 식으로 구할 수 있다.

$$S = \int_a^b f(x)dx$$

$$\fallingdotseq \frac{h}{3} \{(y_0 + y_{2n}) + 4(y_1 + y_3 + \cdots\cdots + y_{2n-1}) + 2(y_2 + y_4 + \cdots\cdots + y_{2n})\}$$

$$h = \frac{b-a}{2n}$$

해설! 심프슨의 근사식

정적분을 계산할 경우 먼저 피적분 함수의 부정적분을 구하는데, 언제나 피적분 함수의 부정적분을 구할 수 있는 것은 아니다. 그러나 그 값을 알고 싶을 때가 있다. 그래서 정확도가 높은 근삿값을 구하기 위한 다양한 방법이 고안되었다. 그중 하나가 앞 단원에서 소개한 사다리꼴 공식인데, 그 밖에도 심프슨 공식이라는 유명한 방법이 있다.

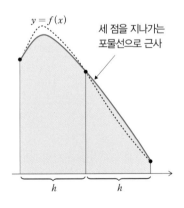

세 점을 지나가는 포물선으로 근사

이 방법은 피적분 함수의 그래프를 포물선으로 근사하는 것이다. 즉, 곡선을 직선이 아닌 포물선으로 근사하는 편이 더 딱 들어맞다는 발상이다.

◉ 왜 2차 곡선일까?

수많은 곡선 중에서 포물선을 사용한 이유는 세 점을 통과하는 포물선으로 둘러싸인 부분(오른쪽 그림의 파란 부분)의 넓이를 구간 폭과 세 점의 y좌표만으로 간단히 표현할 수 있기 때문이다. 즉, 파란 부분의 넓이는

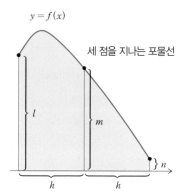

$$\frac{h}{3}(l+4m+n) \cdots\cdots ①$$

이 된다.

왜 심프슨 공식이 성립할까?

적분 구간 $[a, b]$를 $2n$등분하고, 그 한 구간의 폭을 h라고 하자. 그러면 첫머리의 그래프에서 $[x_{2i-2}, x_{2i}]$ 부분(파란 부분)을 포물선으로 근사한 넓이는 ①에 따라 다음과 같아진다.

$$\frac{h}{3}(y_{2i-2}+4y_{2i-1}+y_{2i}) \cdots\cdots ②$$

따라서 ②를 각 구간 $[x_0, x_2]$, $[x_2, x_4]$, $[x_4, x_6]$, $\cdots\cdots$, $[x_{2i-2}, x_{2i}]$, $\cdots\cdots$, $[x_{2n-2}, x_{2n}]$으로 더하면 다음과 같이 심프슨 공식을 구할 수 있다.

$$\frac{h}{3}(y_0+4y_1+y_2)+\frac{h}{3}(y_2+4y_3+y_4)+\frac{h}{3}(y_4+4y_5+y_6)$$

$$+\cdots+\frac{h}{3}(y_{2i-2}+4y_{2i-1}+y_{2i})+\cdots+\frac{h}{3}(y_{2n-2}+4y_{2n-1}+y_{2n})$$

$$=\frac{h}{3}\{(y_0+y_{2n})+4(y_1+y_3+\cdots+y_{2n-1})+2(y_2+y_4+\cdots+y_{2n})\}$$

그러면 여기서 앞에 나온 ①이 왜 성립하는지 소개하겠다. 이를 위해서는 세 점 A($-h$, l), B(0, m), C(h, n)을 지나가는 포물선과 x축으로 둘러싸인 아래 그림의 파란 부분의 넓이를 ①로 나타낼 수 있다는 것을 증명하면 된다. 왜냐하면 평행 이동시켜도 넓이는 변하지 않기 때문이다.

세 점 A, B, C를 지나는 포물선을 $y = ax^2 + bx + c$라고 하면, 다음과 같다.

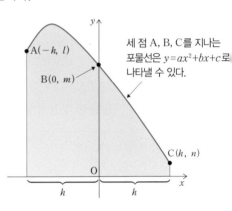

세 점 A, B, C를 지나는 포물선은 $y = ax^2 + bx + c$로 나타낼 수 있다.

$$l = ah^2 - bh + c$$

$$m = c$$

$$n = ah^2 + bh + c$$

그러므로 다음 식이 성립한다.

$$l + 4m + n = 2ah^2 + 6c$$

여기에서 파란 부분의 넓이는 다음의 정적분 공식으로 얻을 수 있다.

$$\int_{-h}^{h} (ax^2 + bx + c)dx = \int_{-h}^{h} (ax^2 + c)dx = 2\int_{0}^{h} (ax^2 + c)dx$$

$$= 2\left[\frac{1}{3}ax^3 + cx\right]_{0}^{h} = \frac{h}{3}(2ah^2 + 6c) = \frac{h}{3}(l + 4m + n)$$

이것으로 ①이 성립함을 알 수 있다.

예제 심프슨 공식(근사식)을 사용해 포물선 $y = -x^2 + 1$과 x축, y축으로 둘러싸인 도형의 넓이를 구하여라.(계산기 이용)

[해답]

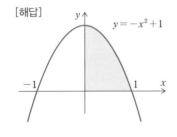

$y = -x^2 + 1$

분할 수 n	심프슨 공식의 값
20	0.66666666666666
200	0.66666666666666
2000	0.66666666666666

실제로 정적분을 이용한 정확한 값은 아래와 같다.

$$\int_0^1 (-x^2 + 1)dx = \left[-\frac{x^3}{3} + x \right]_0^1 = \frac{2}{3}$$

표를 보면 20분할 정도에서 상당히 정확한 근삿값이 된다. 그러나 생각해 보면 포물선을 포물선으로 근사했으니 당연하다고도 할 수 있다.

> **예제** 심프슨 공식(근사식)을 사용해 $y = \sin x (0 \leq x \leq \pi)$와 x축으로 둘러싸인 도형의 넓이를 구하여라.(계산기 이용)

[해답]

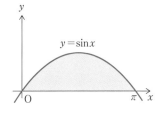

분할 수 n	심프슨 공식의 값
20	2.00000678446328
200	2.00000000067862
2000	2.00000000000028

20회에 약 2.0이다. 정적분을 이용한 정확한 값은 다음과 같다.

$$\int_0^\pi \sin x dx = \left[-\cos x \right]_0^\pi = 1 - (-1) = 2$$

참고로 심프슨 공식의 심프슨은 영국의 수학자인 토머스 심프슨(1710~1761)의 이름에서 유래했다.

98 집합의 합의 법칙

두 사건 A, B가 있고 이 두 사건이 동시에 일어나지 않는다고 가정한다. A가 일어나는 경우의 수가 p가지이고 B가 일어나는 경우의 수가 q가지라고 하면, A와 B 중 하나가 일어나는 경우의 수는 $p+q$가지이다.

제 9 장 순열·조합

해설! 빠짐없이, 중복 없이

여기에서 소개한 '합의 법칙'과 다음 단원(**99**)에서 소개할 '곱의 법칙'은 사건을 '**빠짐없이, 중복 없이**' 열거할 때 기본이 되는 중요한 개념이다. 예제를 통해 살펴보자.

예제 크고 작은 두 주사위를 동시에 굴렸을 때 그 합이 5 또는 7이 되는 경우는 모두 몇 가지일까?

[해답] 눈의 합이 5가 되는 경우는 {(1, 4), (2, 3), (3, 2), (4, 1)}의 4가지다. 단, 괄호 안에서 왼쪽의 수는 큰 주사위의 눈, 오른쪽의 수는 작은 주사위의 눈이다. 이와 마찬가지로 눈의 합이 7이 되는 경우는 {(1, 6), (2, 5), (3, 4), (4, 3), (5, 2), (6, 1)}의 6가지다. 여기에서 눈의 합이 5가 되는 사건과 7이 되는 사건은 동시에 일어나지 않는다. 그러므로 구하는 답은

$$4+6=10가지$$

이다. 이것을 좌표 평면으로 생각하면 오른쪽 그림과 같다.

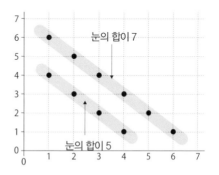

 앞의 두 주사위의 경우, 좌표 평면에서 보면 '눈의 합이 5'인 집합과 '눈의 합이 7'인 집합은 공통부분이 없다. 그러므로 여기에서는 합의 법칙을 집합의 관점에서 정리해 보겠다.

 '두 사건 A, B가 있으며 이 두 사건은 동시에 일어나지 않는다'는 조건을 두 집합 A와 B로 생각하면, A와 B의 공통부분($\cap$로 표기)이 없다. 즉, $A \cap B = \phi$(ϕ는 파이라고 읽는다.)를 뜻한다. 이때 $n(A \cup B) = n(A) + n(B)$가 성립한다는 것이 합의 법칙이다. 여기에서 $n(A)$는 집합 A의 요소의 수를 나타내고, ϕ는 공집합이라고 하며 요소가 하나도 없는 집합을 나타낸다. 따라서 $n(\phi) = 0$이다.

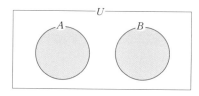

$A \cap B = \phi$라면,
$n(A \cup B) = n(A) + n(B)$
(합의 법칙)

사용해 보자! 합의 법칙

 합의 법칙을 사용하면 복잡한 세계에서의 경우의 수를 생각할 때 그것을 먼저 서로 공통부분이 없는 복수의 세계로 분리한 다음 각각의 경우의 수를 더함으로써 해결할 수 있다. 평소에는 간과하기 쉽지만, **'동시에 일어나지 않는다'**는 점에 주의할 필요가 있다.

 지금 조커를 제외한 52장의 트럼프(플레잉 카드)가 있고 그중에서 한 장을 뽑는다고 가정하자. 뽑은 카드가 하트(13장)나 스페이드(13장)일 경우의 수는 13+13=26가지다. 그러나 하트 또는 그림 카드(12장)일 경우의 수는 이 두 가지 사건이 동시에 일어날 수 있으므로 13+12가 되지 않는다.

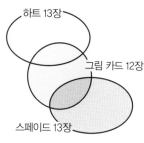

하트 13장
그림 카드 12장
스페이드 13장

99 집합의 곱의 법칙

두 사건 A, B가 있고, A가 일어나는 경우의 수가 p가지이며, 그 각각의 방법에 대해 B가 일어나는 경우의 수가 q가지라고 가정한다. 이때 A에 이어서 B가 일어나는 경우의 수는 pq가지이다.

해설! 곱의 법칙

A마을에서 B마을로 가는 노선버스는 두종류가 있고, B마을에서 C마을로 가는 전철은 세 종류가 있다고 가정하자. 이때 대중교통을 이용해 A마을에서 B마을을 지나 C마을로 가는 방법은 모두 몇 가지일까?

A마을에서 B마을로 가는 두 종류의 노선 버스와 B마을에서 C마을로 가는 세 종류의 전철이 있으므로 이를 곱한 $2 \times 3 = 6$가지 방법이 있다. 이 개념이 '곱의 법칙'이다.

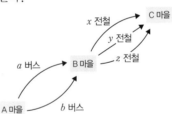

왜 그렇게 될까?

◎ '곱의 법칙'을 수형도로 살펴보자

'경우의 수'를 빠짐없이, 중복 없이 열거할 때 효과적인 것이 '나뭇가지가 갈라지는 패턴', 즉 수형도이다. 앞의 예를 보면, 처음에는 2가지 교통수단으로 나뉘고 다시 각각 3가지 교통수단으로 나뉜다. 따라서 전부 합쳐 $2 \times 3 = 6$개로 갈라진 수형도로 표현이 가능하다.

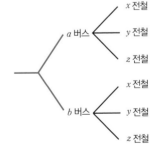

집합을 이용해서 '곱의 법칙'을 살펴보자

앞에서 구한 6가지 교통수단은 집합을 사용하면 다음과 같이 나타낼 수 있다.

$$((a, x), (a, y), (a, z), (b, x), (b, y), (b, z)) \cdots\cdots ①$$

A마을에서 B마을로 가는 두 종류의 노선버스의 집합을 P라고 하고 B마을에서 C마을로 가는 세 종류의 전철의 집합을 Q라고 하자. 즉, $P = \{a, b\}$, $Q = x$, y, z이다. 그러면 ①의 집합은 집합 P와 집합 Q의 곱집합 $P \times Q$로 나타낼 수 있다.('개념 넓히기' 참고) 곱집합에서는 '$n(P \times Q) = n(P) \times n(Q)$'이므로 이 단원의 '곱의 법칙'과 일치한다. 여기에서 $n(\ )$는 괄호 안 집합의 요소의 개수를 말한다.

사용해 보자! **곱의 법칙**

(1) 72는 $72 = 2 \times 2 \times 2 \times 3 \times 3 = 2^3 3^2$으로 나타낼 수 있다. 여기서 72의 약수인 2의 지수는 '0, 1, 2, 3'의 4가지, 3의 지수는 '0, 1, 2'의 3가지 값을 갖는다. 그러므로 12의 약수의 개수는 '곱의 법칙'에 따라 $4 \times 3 = 12$개가 된다.

(2) 남성 네 명, 여성 세 명의 맞선 패턴은 $4 \times 3 = 12$(가지)다.

개념 넓히기

곱집합이란 무엇인가?

두 집합 $A = \{a_1, a_2, \cdots\cdots, a_m\}$, $B = \{b_1, b_2, \cdots\cdots, b_n\}$에 대해 아래의 그림처럼 순서가 있는 쌍$(a_i, b_j)$의 집합을 A와 B의 곱집합이라고 하고 $A \times B$라고 쓴다.

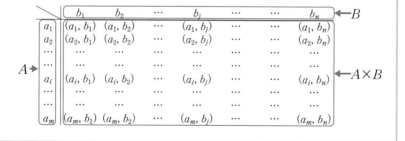

	b_1	b_2	$\cdots$	b_j	$\cdots$	$\cdots$	b_n	←B
a_1	(a_1, b_1)	(a_1, b_2)	$\cdots$	(a_1, b_j)	$\cdots$	$\cdots$	(a_1, b_n)	
a_2	(a_2, b_1)	(a_2, b_2)	$\cdots$	(a_2, b_j)	$\cdots$	$\cdots$	(a_2, b_n)	
$\cdots$	$\cdots$	$\cdots$	$\cdots$	$\cdots$	$\cdots$	$\cdots$	$\cdots$	
$\cdots$	$\cdots$	$\cdots$	$\cdots$	$\cdots$	$\cdots$	$\cdots$	$\cdots$	←$A \times B$
a_i	(a_i, b_1)	(a_i, b_2)	$\cdots$	(a_i, b_j)	$\cdots$	$\cdots$	(a_i, b_n)	
$\cdots$	$\cdots$	$\cdots$	$\cdots$	$\cdots$	$\cdots$	$\cdots$	$\cdots$	
$\cdots$	$\cdots$	$\cdots$	$\cdots$	$\cdots$	$\cdots$	$\cdots$	$\cdots$	
a_m	(a_m, b_1)	(a_m, b_2)	$\cdots$	(a_m, b_j)	$\cdots$	$\cdots$	(a_m, b_n)	

(A ▶)

100 포함 - 배제의 원리

(1) $n(A \cup B) = n(A) + n(B) - n(A \cap B)$

(2) $n(A \cup B \cup C) = n(A) + n(B) + n(C) - n(A \cap B) - n(B \cap C)$
$$- n(C \cap A) + n(A \cap B \cap C)$$

(주) $n(A)$는 유한 집합 A의 요소의 개수를 나타낸다.

해설! 포함 - 배제의 원리

포함 - 배제의 원리는 몇 가지 조건 중에서 적어도 한 가지를 만족하는 것의 개수를 구할 때 편리하다. 구체적인 예를 통해 살펴보자. 지금 어떤 이벤트가 있는데, 그 이벤트장에는 어린아이나 여성만 들어갈 수 있다. 입장 예정자가 어린아이 100명, 여성 200명이며 그중 80명이 여자아이일 때, 의자를 몇 개 준비해야 할까?

어린아이의 집합을 A, 여성의 집합을 B라고 하고 다음과 같이 정리한다.

$$n(A) = 100, \ n(B) = 200, \ n(A \cap B) = 80$$

여기서 어린아이 또는 여성의 집합은 $A \cup B$이므로 (1)에 따라 220을 얻을 수 있다.

$$n(A \cup B) = n(A) + n(B) - n(A \cap B) = 100 + 200 - 80 = 220$$

왜 그렇게 될까? (중복 부분에 주의 할 것)

두 집합 A, B에 대해 $A \cup B$는 A, B 중 적어도 한쪽에 속한 요소의 모임이며, $A \cap B$는 A와 B 양쪽에 속한 요소의 모임이다.

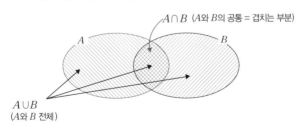

$A \cap B$ (A와 B의 공통 = 겹치는 부분)

$A \cup B$
(A와 B 전체)

따라서 $A \cup B$의 셋으로 분할된 각 부분의 요소의 수를 아래의 왼쪽 그림처럼 p, q, r이라고 하면 다음 등식이 성립한다.

$$n(A \cup B) = p + r + q \quad \cdots\cdots ①$$

$$n(A) + n(B) - n(A \cap B) = (p + r) + (r + q) - r = p + r + q \quad \cdots\cdots ②$$

①, ②에 따라 (1)이 성립함을 알 수 있다. 참고로 (1)이 성립한다는 것은 A와 B의 요소의 수를 단순히 더하면 $A \cap B$의 요소의 수가 두 번 더해진다는 데서도 알 수 있다.

이와 같은 방법으로 아래의 오른쪽 그림처럼 분할된 각 부분의 요소의 수를 p, q, r, s, t, u, v로 놓고 계산하면 (2)가 성립함도 알 수 있다.

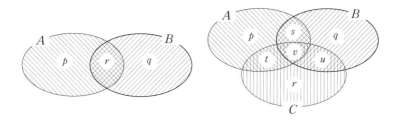

참고로 (2)는 A와 B와 C라는 세 요소를 단순히 더하면 $A \cap B$, $B \cap C$, $C \cap A$가 각각 두 번 더해지기 때문에 이들 요소의 수를 한 번 빼는 것인데, 이렇게 하면 $A \cap B \cap C$라는 세 요소가 중복되는 부분을 한 번 더 빼게 된다. 그래서 마지막으로 그 부분을 한 번 더한 것이다.

예제 100 이하의 자연수 가운데 4의 배수 또는 6의 배수의 개수를 공식 (1)을 사용해 구하여라.

[해답] 4의 배수의 개수는 4×1, 4×2, ……, 4×25이므로 25개이다. 또한 6의 배수의 개수는 6×1, 6×2, ……, 6×16이므로 16개이다. 한편 4의 배수이면서 6의 배수는 12의 배수이므로 12×1, 12×2, ……, 12×8이므로 8개이다. 그러므로 4의 배수 또는 6의 배수의 개수는 개수 정리에 따라 $25 + 16 - 8 = 33$개이다.

101 순열의 공식

> 서로 다른 n개 중에서 r개를 꺼내서 늘어놓은 순열의 총수를 $_nP_r$이라고 표현한다면, $_nP_r$은 다음 계산으로 구할 수 있다.
>
> $$_nP_r = \underbrace{n(n-1)(n-2)(n-3)\cdots(n-r+1)}_{r개의 곱} \quad \cdots\cdots①$$

해설! 늘어놓는 방법의 총수를 알 수 있는 순열 공식

몇 가지 물건을 순서를 정해서 한 줄로 늘어놓은 것을 순열이라고 한다. 순열의 기호로 P를 쓰는 이유는 영어로 순열이 '*permutation*'이기 때문이다. '늘어놓는다'는 행위는 가구의 배열, 요리의 순서를 비롯해 다양한 분야에서 사용된다. 따라서 '늘어놓는' 행위에 관한 수학 도구인 순열의 공식을 알고 있으면 매우 편리한데, 그 도구가 위의 $_nP_r$이다. 이 도구를 사용하면 '늘어놓는 방법의 총수'를 금방 알아낼 수 있다. 가령 '책 7권 중에서 4권을 골라서 왼쪽부터 오른쪽으로 가지런히 진열하는 방법의 총수'는 $_7P_4$로 표현할 수 있으므로 위의 공식대로 계산하면 된다. 그러면 다음의 계산에 따라 840을 얻을 수 있다.

$$_7P_4 = 7 \cdot 6 \cdot 5 \cdot 4 = 840$$

◉ '!' 계승의 기호

서로 다른 n개 전체를 늘어놓는 방법의 총수는 순열의 공식에서 $r=n$일 경우이므로 다음과 같다.

$$_nP_n = n(n-1)(n-2)(n-3)\cdots\cdots3 \cdot 2 \cdot 1$$

이 우변은 자주 사용되는 식으로, '!'이라는 기호를 이용해 다음과 같이 쓴다.

$$n! = n(n-1)(n-2)(n-3)\cdots\cdots3 \cdot 2 \cdot 1$$

$n!$은 'n의 계승'이라고 읽는다.

이 값은 n이 1, 2, 3과 같이 작을 때는 별로 크지 않지만, 조금만 커져도 놀랄 만큼 큰 수가 된다. 가령 12!은 1억을 돌파하고, 70!은 10^{100}을 넘어선다.

참고로 순열의 공식 ①은 계승 기호 '!'를 사용하면 다음과 같이 쓸 수 있다.

$$_n\mathrm{P}_r = \frac{n!}{(n-r)!} \ \cdots\cdots ②$$

n	$n!$
1	1
2	2
3	6
4	24
5	120
6	720
7	5040
8	40320
9	362880
10	3628800

왜 그렇게 될까?

'a, b, c, d, e, f, g'의 7개 문자 중에서 3개를 골라 가로로 늘어놓을 경우, 그 총수 $_7\mathrm{P}_3$을 생각해 보자.

먼저, 3개를 고르므로 3개 분의 지정석을 만든다.(아래 그림) 그러면 (1)번째 자리에는 a, b, c, d, e, f, g 중 어떤 문자를 넣어도 상관없으므로 문자를 넣는 가짓수는 '7가지'가 된다.

(1)번 자리에 문자 하나를 넣었을 경우, (2)번 자리에는 나머지 6문자 중 어떤 문자를 넣어도 상관없으므로 문자를 넣는 가짓수는 '6가지'가 된다.

(1), (2)번 자리에 문자 두 개를 넣었을 경우, 각각에 대해 (3)번 자리에는 나머지 5문자 중 어떤 문자를 넣어도 상관없으므로 문자를 넣는 가짓수는 '5가지'가 된다. 그러므로 곱의 법칙에 따라 $_7\mathrm{P}_3$은 다음과 같다.

$$_7\mathrm{P}_3 = 7 \cdot 6 \cdot 5 = 210$$

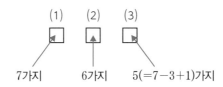

> **예제** 문자 a, b, c, d, e 중에서 3개를 골라 만들 수 있는 영어 단어는 모두 몇 개일까?

[해답] $_5P_3 = 5 \times 4 \times 3 = 60$가지다.

> **예제** 40명 중에서 2명을 뽑아서 의장과 서기로 임명하는 방법의 총수는 몇 개일까?

[해답] $_{40}P_2 = 40 \cdot 39 = 1560$가지다. 이것은 언뜻 나열의 문제가 아닌 것처럼 생각되겠지만, 본질은 '의장과 서기의 자리에 한 명씩 앉히는 것'이므로 순열의 문제로 볼 수 있다.

개념 넓히기

그 밖의 '편리한 순열 공식'

순열을 생각할 때, 공식 ①의

$$_nP_r = n(n-1)(n-2)(n-3) \cdots\cdots (n-r+1)$$

이 기본 공식이지만, 어떤 조건이 붙은 특수한 순열에 대해서는 다음에 나오는 공식들을 알고 있으면 편리하다.

◉ **'반복해서 고르는' 중복 순열의 공식**

서로 다른 n개 중에서 '반복해서 고르는 것'이 허용될 경우, r개를 골라서 만들 수 있는 순열(이것을 중복 순열이라고 한다.)의 총수는 n^r이다. 이것을 a, b, c, e, d, f, g의 7개 문자 중에서 3개를 골라 그림과 같이 3개의 지정석에 늘어놓는 경우로 생각해 보자. 이번에는 같은 문자를 반복해서 넣을 수 있다.

(1)번 자리에는 a~g의 7개 문자 중 어떤 문자를 넣어도 상관없으므로 문자를 넣는 가짓수는 '7가지'다. 그리고 (2)번 자리에도 a~g의 7개 문자 중 어떤 문자를 넣어도 상관없으므로 문자를 넣는 가짓수는 '7가지'다. 마찬가지로 (3)번 자리도 '7가지'다. 따라서 전체적으로는 곱의 법칙에 따라 $7 \times 7 \times 7 = 7^3 = 343$가지가 된다.

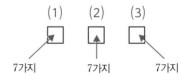

이전과의 차이를 알 수 있을 것이다.

◉ 일렬로 나열하는 것과는 다른 '원순열'의 공식

몇 개를 원형으로 나열해 상호간의 위치 관계만을 따지는 순열을 원순열이라고 한다. 서로 다른 n개의 원순열은 $(n-1)!$이 된다.

예를 들어 세 문자 ○, □, △를 나열하는 경우를 생각해 보자. 만약 일렬로 나열한다면 아래의 순열은 전부 서로 다른 순열이다.

$$(○, □, △), (△, ○, □), (□, △, ○)$$

그러나 원형으로 배치할 경우, 회전하면 이 세 가지는 서로 같아진다.

그래서 세 문자 ○, □, △의 원순열을 생각할 때는 그중에서 어느 하나를 고정시키고 나머지 두 문자의 순열을 생각한다. 즉, 원순열의 개수는 $(3-1)! = 2 \cdot 1 = 2$가 된다.

◉ 같은 종류를 포함하는 순열의 공식

카드가 모두 n장이 있는데, 그 가운데 a라고 적힌 카드가 p장, b라고 적힌 카드가 q장, c라고 적힌 카드가 r장, …… 이라고 가정하자.

$$\{a, a, a, \cdots, a, b, b, \cdots, b, c, c, \cdots, c, d, \cdots\cdots\} \cdots\cdots③$$

이때, 이 카드 n장을 전부 늘어놓아서 만들 수 있는 서로 다른 순열의 수는

$$\frac{n!}{p!q!r!\cdots} \qquad (단, p+q+r+\cdots\cdots=n)$$

이 된다. 이것은 전부가 서로 다른 n장의 카드

$$\{a_1, a_2, a_3, \cdots, a_p, b_1, b_2, \cdots, b_q, c_1, c_2, \cdots, c_r, \cdots\cdots\} \cdots\cdots④$$

와 대비시켜 생각하면 이해할 수 있다. ③의 순열은 만약 p개의 a가 서로 구별이 가능하다면 순열의 수가 $p!$배가 되고, q개의 b가 서로 구별이 가능하다면 $q!$배가 되며, r개의 c가 서로 구별이 가능하면 $r!$배가 되고……, 그리고 모든 카드가 서로 구별이 가능하다면 결국 ④의 순열 $n!$과 같아진다.

102 조합의 공식

서로 다른 n개 중에서 r개를 골라 만들 수 있는 조합의 총수를 ${}_n\mathrm{C}_r$로 표기한다면, ${}_n\mathrm{C}_r$은 다음의 계산으로 구할 수 있다.

$$ {}_n\mathrm{C}_r = \frac{{}_n\mathrm{P}_r}{r!} = \frac{n(n-1)(n-2)\cdots(n-r+1)}{r!} \quad \cdots\cdots \text{①} $$

단, ${}_n\mathrm{C}_n=1$, ${}_n\mathrm{C}_0=1$ 이다.

해설! 조합

조합을 영어로는 'combination'이라고 한다. 조합의 기호 C는 여기에서 유래했다. '조합'은 '순열'과 밀접한 관계가 있는데, 그 관계를 보여주는 것이 위의 공식 ①이다. 이 공식을 사용하면 조합에 관한 계산을 쉽게 할 수 있다.

예를 들어 40명의 그룹에서 대표 5명을 뽑는 방법은 모두 몇 가지가 있느냐는 질문을 받는다면 $n=40$, $r=5$를 위의 ①에 대입해 계산한다.

$$ {}_{40}\mathrm{C}_5 = \frac{{}_{40}\mathrm{P}_5}{5!} = \frac{40\cdot39\cdot38\cdot37\cdot36}{5\cdot4\cdot3\cdot2\cdot1} = 658008 $$

무려 66만 가지에 가까운 방법이 있다니 놀라울 따름이다.

◎ ${}_n\mathrm{C}_r$의 성질

${}_n\mathrm{C}_r$은 다음의 성질을 지닌다. 이것을 알고 있으면 ${}_n\mathrm{C}_r$을 사용한 계산을 할 때 여러 가지로 도움이 된다.

(1) ${}_n\mathrm{C}_r = {}_n\mathrm{C}_{n-r}$

(2) ${}_n\mathrm{C}_r = {}_{n-1}\mathrm{C}_{r-1} + {}_{n-1}\mathrm{C}_r$ $(1 \leqq r \leqq n-1)$

각각의 이유를 간단히 설명하면 다음과 같다.

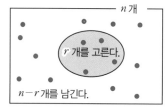

(1)의 성질은 조합의 원리를 생각하면 명확해진다. 즉, '서로 다른 n개 중에서 r개를 고른다'는 것은 결과적으로 $n-r$개를 남기는 것은 $n-r$개를 고르는 것과 같은 것이 된다.

(2)의 성질은 특정한 한 개에 주목하면 이해할 수 있다. 서로 다른 n개를 $\{a_1, a_2, a_3, \cdots\cdots, a_n\}$이라고 하자. 이 n개 중에서 r개를 고를 때, 특정한 a_1에만 주목하면 '그 a_1을 포함하는가 포함하지 않는가?'에 따라 r개를 고르는 방법이 다음의 두 가지로 나뉜다.

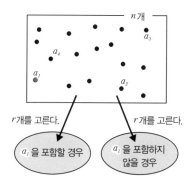

(i) a_1을 포함할 경우

이때는 나머지 $n-1$개 중에서 $r-1$개를 고르므로 $_{n-1}C_{r-1}$가지가 된다.

(ii) a_1을 포함하지 않을 경우

이때는 나머지 $n-1$개 중에서 r개를 고르게 되므로 $_{n-1}C_r$가지가 된다.

(i)과 (ii)를 합친 것이 $_nC_r$이므로 (2)가 성립함을 알 수 있다.

왜 그렇게 될까?

왜 $_nC_r$의 ①이 성립하는지는 $_nP_r$의 의미를 생각하면 알 수 있다. 즉,

$_nP_r =$ 서로 다른 n개 중에서 r개를 골라 늘어놓는 방법의 총수

$=$ 서로 다른 n개 중에서 먼저 r개를 고르고, 각각에 대해(곱의 법칙)

그 r개를 늘어놓는 방법의 총수

$= {}_nC_r \times r!$

예제 조커를 제외한 52장의 트럼프 중에서 4장을 뽑았을 때 나오는 카드의 종류는 몇 가지일까?

[해답] $_{52}C_4 = \dfrac{52 \cdot 51 \cdot 50 \cdot 49}{4 \cdot 3 \cdot 2 \cdot 1} = 270725$ 가지

개념 넓히기

알아 두면 좋은 조합의 또 다른 공식

인도에서는 기원전부터 순열과 조합의 문제를 생각했다고 한다. 그 후 9세기에는 순열과 조합의 공식이 고안되었다. 이처럼 오랜 역사를 지닌 순열과 조합의 공식을 조금 더 살펴보자. 조합의 기본 공식은 ①이지만, 이와 관련해 다음의 '중복 조합'에 관한 공식도 알아 두면 편리하다.

● 편리한 중복 조합의 공식

서로 다른 n개 중에서 반복해서 고르는 것이 허용될 경우 r개를 골라 만들 수 있는 조합의 총수를 $_nH_r$로 표기한다면 다음의 식이 성립한다.

$$_nH_r = {_{n+r-1}C_r} \quad \cdots\cdots ②$$

예를 들어, 중복을 허용할 경우 세 문자 a, b, c 중에서 5개를 골라 만들 수 있는 조합은

{a, a, a, a, a}, {a, a, a, a, b}, ···, {a, a, b, b, c}, ···, {a, b, c, c, c}, ···, {c, c, c, c, c}

등이 있다. ②는 그 총수가 $_3H_5 = {_{3+5-1}C_5} = {_7C_5} = 21$이 됨을 말해 준다.

그러면 중복 조합을 ②로 나타낼 수 있는 이유를 생각해 보자.

위의 예에서는 5개를 골랐으므로 그것을 5개의 ○로 나타내고, 3종류의 문자를 구별하기 위해 칸막이 '|'를 2개(=3종류의 문자 −1) 준비한다. 그러면 3개의 문자 a, b, c에서 중복을 허용하며 5개를 골라서 만들 수 있는 조합은 다음과 같이 '5개의 ○, 2개의 칸막이'의 순열과 대응함을 알 수 있다.

$$\{a, a, a, a, a\} \longleftrightarrow \circ\circ\circ\circ\circ\,|\,|$$
$$\{a, a, a, a, b\} \longleftrightarrow \circ\circ\circ\circ\,|\,\circ\,|$$
$$\cdots\cdots\cdots\cdots$$
$$\{a, a, b, b, c\} \longleftrightarrow \circ\circ\,|\,\circ\circ\,|\,\circ$$
$$\cdots\cdots\cdots\cdots$$
$$\{a, b, c, c, c\} \longleftrightarrow \circ\,|\,\circ\,|\,\circ\circ\circ$$
$$\cdots\cdots\cdots\cdots$$
$$\{c, c, c, c, c\} \longleftrightarrow |\,|\,\circ\circ\circ\circ\circ$$

여기에서 '5개의 ○, 2개의 칸막이의 순열'의 총수는 7개의 장소 중에서 ○를 놓을 5곳(막대를 놓을 2곳이라고 해도 무방하다.)을 고르는 방법의 총수와 같다.

따라서 $_3H_5 = {}_{3+5-1}C_5 = {}_7C_5 = {}_7C_2 = 21$이다.

일반적으로 n개의 문자 중에서 중복을 허용하며 r개를 고르는 방법의 총수는 다음과 같다.(설명이 상당히 복잡하다.)

'r개의 ○, n개의 문자를 구분할 $n-1$개의 칸막이'를 놓을 $n+r-1$개의 장소 중에서 '어떤 r개의 장소에 ○를 놓는 방법'의 총수와 같으므로 ②가 성립함을 알 수 있다.

예제 $(x+y+z)^8$의 전개식에서 '서로 다른 항은 몇 종류인가?'를 중복 조합의 공식 ②를 사용해 구하여라.

[해답] 이 식을 전개하면 나타나는 항은 다음과 같은 형태가 된다.

$$x^p y^q z^r \quad (단, \ p+q+r=8)$$

따라서 서로 다른 항의 수는 방정식 $p+q+r=8$ $(p \geq 0, \ q \geq 0, \ r \geq 0)$을 만족하는 정수해 (p, q, r)의 개수가 되며, 이것은 세 문자 p, q, r 가운데 중복을 허용하며 8개를 골라서 만들 수 있는 조합의 수와 일치한다. 그러므로 다음과 같다.

$$_3H_8 = {}_{3+8-1}C_8 = {}_{10}C_8 = {}_{10}C_2 = 45$$

따라서 45종류의 서로 다른 항이 있다.

103 확률의 정의

어떤 시행에서 사건 A가 일어날 확률 $P(A)$를 다음과 같이 정의한다.

$$P(A) = \frac{n(A)}{n(U)} = \frac{\text{사건 } A \text{의 경우의 수}}{\text{일어날 수 있는 모든 경우의 수}}$$

단, U는 표본 공간이며 각 근원 사건이 일어날 가능성은 모두 같은 정도
로 기대된다고 가정한다.

해설! 먼저 확률에 관한 용어부터

같은 조건에서 몇 번이든 반복할 수 있고,
어떤 결과가 일어날지는 우연히 결정되는 실
험이나 관찰을 시행이라고 한다. 시행을 했
을 때 일어날 수 있는 모든 결과로 구성된 집
합을 표본 공간(U 혹은 Ω 이라는 기호를 사
용)이라고 하며, 표본 공간의 부분 집합을 사
건이라고 한다. 특히 요소가 1개로 구성된

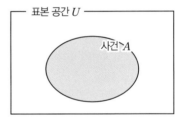

사건을 근원 사건, 표본 공간과 일치하는 사건을 전사건, 요소가 0개인 사건을
공사건(ϕ로 표시)이라고 한다.

◉ 주사위로 사건을 확인하자

예를 들어 주사위 한 개를 굴렸을 때 나오는 눈의 수에 주목하는 시행을 생각
해 보자. 이때 표본 공간과 그 사건은 다음과 같다.

표본 공간 = {1, 2, 3, 4, 5, 6}

사건 {1}, {2}, {3}, {4}, {5}, {6} …… 근원 사건

$\{1, 2\}, \{1, 3\}, \cdots\cdots, \{5, 6\}$

$\{1, 2, 3,\}, \{1, 2, 4\}, \cdots\cdots, \{4, 5, 6\}$

$\{1, 2, 3, 4\}, \{1, 2, 3, 5\}, \cdots\cdots, \{3, 4, 5, 6\}$

$\{1, 2, 3, 4, 5\}, \{1, 2, 3, 4, 6\}, \cdots\cdots, \{2, 3, 4, 5, 6\}$

$\{1, 2, 3, 4, 5, 6\} \cdots\cdots$ 전사건

$\phi \cdots\cdots$ 공사건

(주) 표본 공간의 요소의 개수를 n개라고 하면 사건은 전부 2^n개가 있다. 이 예에서는 $2^6 = 64$개의
사건이 존재한다.

◎ 주사위로 확률을 확인하자

가령 주사위 한 개를 굴렸을 때 3의 배수인 눈이 나올 확률을 구해 보자.

3의 배수인 눈이 나오는 사건을 A라고 하면, $A = \{3, 6\}$이다. 여기에서 6개의
근원 사건 $\{1\}, \{2\}, \{3\}, \{4\}, \{5\}, \{6\}$이 일어날
가능성이 모두 똑같은 정도로 기대된다고 하
면, 구하는 확률은 확률의 정의에 따라 다음
과 같다.

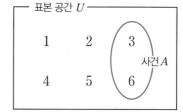

$$P(A) = \frac{n(A)}{n(U)} = \frac{2}{6} = \frac{1}{3}$$

◎ 일어날 가능성이 모두 같은 정도로 기대된다?

위에서 주사위 한 개를 굴렸을 때 3의 배수인 눈이 나올 확률을 구하기 위해
다음과 같은 가정을 달았다.

'근원 사건이 일어날 가능성이 모두 같은 정도로 기대된다.'

그러나 현실에서 주사위가 이 가정을 100% 만족한다고 생각하기는 어렵다.
엄밀히 말하면 완벽하게 정육면체인 주사위는 만들 수 없기 때문이다. 설령 만들
수 있다고 해도 주사위에는 1부터 6까지 눈이 새겨져 있고(대부분의 경우 구멍
이 뚫려 있다.), 표면의 모양도 미묘하게 다르다. 그러므로 인간의 힘으로는 주
사위의 눈을 포함해 '완전한 주사위'를 만들 수 없다.(물론 최대한 가정을 만족시
키려는 노력은 부정하지 않는다.)

◉ 현실과는 다른 '수학적 확률'

실제 주사위가 '근원 사건이 일어날 가능성이 모두 같은 정도로 기대된다'고 보장할 수 없다면 앞에서 구한 확률은 실제 주사위의 확률과는 차이가 생긴다. 즉, 어디까지나 이상 세계에서의 주사위(수학의 모델)를 가정하고 확률을 구한 것에 불과하다. 그런 까닭에 첫머리에서 소개한 확률의 정의를 '수학적 확률(선험적 확률)'이라고 말할 때가 있다.

다만 수학적 확률이 실제 세계의 확률과 다르다고 해서 이 확률이 무의미한 것은 아니다. 모든 면이 나올 가능성을 동등하게 기대할 수 있도록 궁리된 주사위나 앞면과 뒷면이 나올 가능성을 동등하게 기대할 수 있도록 만든 동전 등의 실제 확률 현상에 수학적 확률이 참고용으로 사용될 수 있다.

참고로 이 수학적 확률에 대해 경험에 기초한 통계적 확률(경험적 확률)이 있다. 이에 관해서는 '큰수의 법칙(**109**)'을 참고하기 바란다.

예제 a, b라는 동전 2개가 있다. 이 동전들을 동시에 던졌을 때 나온 면에 주목하는 시행에서 하나는 앞면, 다른 하나는 뒷면이 나올 확률을 구하여라.

[해답] 먼저, 이 경우의 표본 공간을 구하면,

표본 공간={(앞면, 앞면), {앞면, 뒷면}, (뒷면, 앞면), (뒷면, 뒷면)}

이 된다. 단, 괄호 안의 왼쪽은 동전 a, 오른쪽은 동전 b라고 생각한다.
여기에서 하나는 앞면, 다른 하나는 뒷면이 나오는 사건을 A라고 하면,

A={(앞면, 뒷면), (뒷면, 앞면)}

이 된다. 표본 공간의 네 근원 사건이 일어날 가능성이 모두 같은 정도로 기대된다면 수학적 확률의 정의에 따라 다음과 같다.

$$P(A) = \frac{n(A)}{n(U)} = \frac{2}{4} = \frac{1}{2}$$

┌─ 표본 공간 U ─
(앞면, 앞면)   (앞면, 뒷면)
사건 A
(뒷면, 앞면)   (뒷면, 뒷면)

확률의 발견과 공리적 정의

근원 사건이 일어날 가능성이 모두 같은 정도로 기대되는지는 확인할 방법이 없는데, 수학적 확률론의 이런 모호함을 제거한 것이 콜모고로프(1903~1987)가 고안해 낸 공리적 정의다.

'표본 공간 U가 주어졌을 때, 각각의 사건 A, B에 대해 다음의 조건을 만족하는 수 $P(A)$를 대응시킨다.

(1) $P(A) \geqq 0$

(2) $P(U) = 1$

(3) $A \cap B = \phi$ 이라면 $P(A \cup B) = P(A) + P(B)$

이때, $P(A)$를 사건 A의 확률이라고 한다.'

이 세 가지를 정해 놓은 것만으로 확률의 다양한 성질을 이끌어낼 수 있다.

$$P(\phi) = 0, \ P(A^c) = 1 - P(A), \ 0 \leq P(A) \leq 1$$

$$P(A \cup B) = P(A) + P(B) - P(A \cap B)$$

....

수학적 확률은 이 공리적 확률의 특수한 경우라고 할 수 있다. 즉, 표본 공간의 각 근원 사건에 동등한 확률을 부여한 경우다.

104 확률의 덧셈 정리

두 사건 A와 B가 배반이라면
$$P(A \cup B) = P(A) + P(B) \cdots\cdots ①$$

해설! 확률의 덧셈 정리

두 사건 A와 B가 배반이라는 말은 **한쪽 사건이 일어나면 다른 쪽 사건은 일어나지 않음**을 의미한다. 집합의 기호로 나타내면 $A \cap B = \phi$이다. 그리고 이때 'A와 B 중 적어도 하나가 일어날 확률은 각각의 확률의 합과 같다'는 것이 확률의 덧셈 정리이다. 이것은 직관적으로도 이해하기 쉬운 정리다.

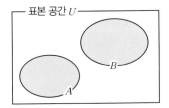

◉ 주사위로 확인하자

가령 주사위 한 개를 굴렸을 때 나오는 눈의 수에 주목한 시행을 생각해 보자. 여기에서 3의 배수인 눈이 나오는 사건을 A, 5의 눈이 나오는 사건을 B라고 한다. 그러면 $A = \{3, 6\}$, $B = \{5\}$가 되며, $A \cap B = \phi$이다. 즉, 두 사건 A와 B는 배반이다. 따라서 덧셈 정리에 따라 A와 B 중에 적어도 하나가 일어날 확률은 다음과 같다.

$$P(A \cup B) = P(A) + P(B)$$
$$= \frac{n(A)}{n(U)} + \frac{n(B)}{n(U)} = \frac{2}{6} + \frac{1}{6} = \frac{3}{6} = \frac{1}{2}$$

⑨ 세 사건이 배반이라면

확률의 덧셈 정리인 ①은 두 사건이 배반일 때 성립하는 정리인데, 셋 이상의 사건이 배반일 때도 성립한다.

가령 세 사건 A, B, C가 배반이라면

$$P(A \cup B \cup C) = P(A) + P(B) + P(C)$$

이다. 여기에서 세 사건 A, B, C가 배반이라 는 것은 모든 사건이 배반이라는 뜻이다. 그 림으로 나타내면 서로 공통 부분이 없다는 것 을 보여 준다.

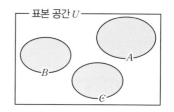

표본 공간 U

왜 그렇게 될까?

확률의 덧셈 정리는 집합의 그림(벤 다이어그램)만 봐도 명확하지만, 굳이 식 으로 나타내면 다음과 같다. 포함−배제의 원리(**100**)에서

$$A \cap B = \phi \text{일 때, } n(A \cup B) = n(A) + n(B)$$

이므로,

$$P(A \cup B) = \frac{n(A \cup B)}{n(U)} = \frac{n(A) + n(B)}{n(U)}$$

$$= \frac{n(A)}{n(U)} + \frac{n(B)}{n(U)} = P(A) + P(B)$$

가 된다. 여기에서 확률의 덧셈 정리를 일반화해 놓자.

사건 사이에 '배반'이라는 조건이 없다면 덧셈 정리는 다음과 같이 나타낼 수 있다.(이것도 덧셈 정리라고 한다.)

$$P(A \cup B) = P(A) + P(B) - P(A \cap B)$$

$$P(A \cup B \cup C) = P(A) + P(B) + P(C)$$

$$- P(A \cap B) - P(B \cap C) - P(C \cap A) + P(A \cap B \cap C)$$

⋯⋯⋯⋯⋯⋯

사건의 수를 늘려 나가면 식이 점점 복잡해짐을 알 수 있다. 확률 계산을 할 때 배반이라는 조건은 참으로 고마운 존재이다.

105 여사건의 정리

> 사건 A의 여사건을 A^c라고 하면, $P(A)=1-P(A^c)$

해설! 여사건의 정리

사건 A에 대해 A가 일어나지 않는 사건을 A의 여사건이라고 한다. A의 여사건은 대부분의 경우 A^c라고 표현한다. 여사건의 정리는

(A가 일어날 확률)＝(1－A가 일어나지 않을 확률)

이라는 참으로 이해하기 쉬운 정리다. 이것은 만약 세계가 둘로 나뉘어 있다면 한쪽 세계의 확률을 알 경우 다른 쪽 세계의 확률도 알 수 있으므로 어느 쪽이든 생각하기 편한 세계를 공략하면 된다는 합리적인 발상이다.

특히 **확률에서 "적어도……."**라는 말이 나오면 이 정리를 떠올리기 바란다.

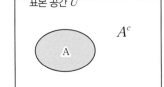

◉ '적어도' 1회는 1의 눈이 나올 확률

주사위를 5회 굴려서 적어도 1회는 1의 눈이 나오는 사건을 A라고 하자. 이 경우 A의 내역은 복잡하다. '1의 눈이 1회 나올 확률', '2회 나올 확률', ……과 같이 수많은 상황을 생각해야 하기 때문이다. 게다가 1회 나올 확률을 생각할 때도 5회 중 몇 번째로 굴렸을 때 1의 눈이 나왔는지까지 고려해야 한다.

그런데 이때 A의 여사건 A^c를 생각한다면 어떨까? 이것은 5회 중 1회도 1의 눈이 나오지 않는다는 단순한 사건이므로 그 확률은

$$P(A^c)=\left(\frac{5}{6}\right)^5$$

이다.**(108)** 따라서 여사건의 정리에 따라 다음과 같이 깔끔하게 구할 수 있다.

$$P(A) = 1 - P(A^c) = 1 - \left(\frac{5}{6}\right)^5 ≒ 0.6$$

◎ A와 A^c는 서로 여사건

사건 A와 사건 A^c는 서로 여사건이다. 다만 사건 A가 주역이고 사건 A^c가 조역인 것은 아니다. 여사건의 정리는 어디까지나 한쪽의 확률을 알면 '1−해당 사건의 확률'로 다른 쪽 확률을 알 수 있다는 것일 뿐이다.

왜 그렇게 될까?

앞의 해설에서도 설명했듯이 여사건의 정리는 벤 다이어그램을 보면 명확히 이해할 수 있지만, 식으로 증명하면 다음과 같다.

$A \cap A^c = \phi$이므로 A와 A^c는 배반이다. 또, $A \cup A^c = U$이다.

그러므로 확률의 덧셈 정리에 따라 $P(A \cup A^c) = P(A) + P(A^c) = 1$이다.

예제 당첨 제비 5개를 포함한 제비 20개가 있다. 이 제비에서 동시에 3개를 뽑았을 때 적어도 1개가 당첨 제비일 확률은 얼마나 될까?

[해답] '적어도 1개가 당첨 제비'인 사건은 '3개 모두 꽝 제비'인 사건 A의 여사건 A^c이다. 제비 20개 중에서 3개를 뽑는 방법의 총수는 $_{20}C_3 = 1140$가지, 15개의 꽝 제비 중에서 3개를 뽑는 방법의 총수는 $_{15}C_3 = 455$가지다.

따라서 $P(A) = \dfrac{_{15}C_3}{_{20}C_3} = \dfrac{455}{1140} = \dfrac{91}{228}$ 이므로 $P(A^c) = 1 - P(A) = \dfrac{137}{228}$ 이다.

106 확률의 곱셈 정리

$$P(A \cap B) = P(A)P(B \mid A) \quad \cdots\cdots ①$$

해설! 확률의 곱셈 정리

두 사건 A, B를 모두 만족하는 사건 $A \cap B$가 일어날 확률은 두 확률을 곱하면 된다는 것이 곱셈 정리다. 다만 단순히 곱하는 것은 아니다. 한쪽의 확률에 '조건부 확률'을 곱하는 것이다.

◉ 조건부 확률이란?

사건 A가 일어날 확률은 다음 식으로 정의한다.(**103**)

$$P(A) = \frac{n(A)}{n(U)} = \frac{\text{사건 } A \text{의 경우의 수}}{\text{일어날 수 있는 모든 경우의 수}}$$

예를 들어 조커 1장을 포함한 트럼프 53장 중에서 카드를 1장 뽑았을 때 그 카드가 그림 카드(J, Q, K 카드)인 사건을 A라고 하면, 그림 카드는 전부 12장이 있으므로 그 확률 $P(A)$는 다음과 같다.

$$P(A) = \frac{n(A)}{n(U)} = \frac{12}{53}$$

그렇다면 카드를 1장 뽑는 과정에서 그 카드가 하트인 것을 본 사람에게 그것이 그림 카드일 확률은 어떻게 될까? 하트임을 안 시점에 그 사람에게 표본 공간은 53장이 아니라 하트 카드인 13장으로 좁혀진다. 이때는 그림 카드가 3장(하트 J, Q, K)이므로, 그 사람에게 카드가 그림 카드일 확률은 $\frac{3}{13}$이다. 이것을 '하트인 것을 알았을 때 그것이 그림 카드일 조건부 확률'이라고 한다.

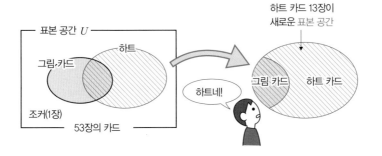

◉ 조건부 확률을 식으로 표현하자

두 사건 A와 B가 있을 때, 사건 A를 새로운 표본 공간으로 간주했을 경우 사건 B가 일어날 확률을 $P(B \mid A)$라고 쓰고 사건 A가 일어났을 때의 사건 B가 일어날 조건부 확률이라고 정의한다.

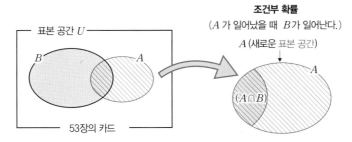

$P(B \mid A)$의 정의에 따라 $P(B \mid A) = \dfrac{n(A \cap B)}{n(A)}$ ……②라고 생각할 수 있다.

여기에서 ②의 우변의 분모와 분자를 $n(U)$로 나누면 다음 식을 얻는다.

$$P(B \mid A) = \frac{n(A \cap B)}{n(A)} = \frac{\dfrac{n(A \cap B)}{n(U)}}{\dfrac{n(A)}{n(U)}} = \frac{P(A \cap B)}{P(A)} \quad \cdots\cdots ③$$

그래서 조건부 확률 $P(B \mid A)$를 식으로 다음과 같이 정의한다.

$$P(B \mid A) = \frac{P(A \cap B)}{P(A)} \quad \cdots\cdots ④$$

이 조건부 확률의 정의 ④의 양변에 $P(A)$를 곱하면 곱셈 정리 ①을 얻는다.

◎ 사건의 독립

두 사건 A와 B에 대해 $P(A \cap B) = P(A)P(B)$ ······⑤일 때, '사건 A와 사건 B는 독립이다.'라고 말한다. 이때, ④에 따라

$$P(B \mid A) = P(B)$$

가 성립하므로, A가 일어났을 때 B가 일어날 확률은 단순히 B가 일어날 확률과 같다는 데서 B가 일어날 확률이 A의 영향을 받지 않는다고 생각할 수 있다.

예를 들어 다음의 두 확률 모델을 살펴보자. 이것은 앞면과 뒷면이 모두 $1/2$의 확률로 나오는 두 동전 갑과 을을 동시에 던져서 그 앞뒷면이 나오는 확률에 주목한 것이다. 여기에서 갑이 앞면이 나오는 사건을 A, 을이 앞면이 나오는 사건을 B라고 하면, $P(A)P(B) = (1/2)(1/2) = 1/4$이다.

B

A

갑 \ 을	앞면	뒷면	계
앞면	1/4	1/4	1/2
뒷면	1/4	1/4	1/2
계	1/2	1/2	1

B

A

갑 \ 을	앞면	뒷면	계
앞면	2/6	1/6	1/2
뒷면	1/6	2/6	1/2
계	1/2	1/2	1

만약 왼쪽 모델처럼 양쪽 모두 앞면이 나올 확률 $P(A \cap B)$가 $1/4$이라면 ⑤가 성립하므로 A와 B는 독립이다. 그러나 오른쪽의 모델처럼 양쪽 모두 앞면이 나올 확률 $P(A \cap B)$가 $2/6$라면 ⑤가 성립하지 않으므로 A와 B는 독립이 아니다. 이 경우는 어떤 영향을 받아서 '양쪽 모두 앞면'이 나오기 쉬워졌다고 해석할 수 있다.

예제 어떤 주머니 속에 5개의 제비가 들어 있는데, 그중 3개가 당첨 제비다. a군과 b군
이 순서대로 이 주머니에서 제비를 뽑을 때 각각의 당첨 확률을 구하여라. 단, 한
번 뽑은 제비는 다시 주머니에 넣지 않는다고 가정한다.

[해답] a군이 당첨이라는 사건을 A, b군이 당첨이라는 사건을 B라고 하자. 먼저, 처음으로
제비를 뽑은 a군이 당첨될 확률은 $\dfrac{3}{5}$이다. 이어서 제비를 뽑은 b군이 당첨될 확률은 다음의
두 가지로 나눠서 구할 수 있다.

(1) a군이 당첨되고, b군도 당첨된다.

이 확률은 $P(A \cap B) = P(A)P(B \mid A) = \dfrac{3}{5} \times \dfrac{2}{4} = \dfrac{3}{10}$

(2) a군이 당첨이 안 되고, b군이 당첨된다.

이 확률은 $P(A^c \cap B) = P(A^c)P(B \mid A^c) = \dfrac{2}{5} \times \dfrac{3}{4} = \dfrac{3}{10}$

(1)과 (2)는 배반이므로 확률의 덧셈 정리에 따라 b군이 당첨될 확률은 다음과 같다.

$$P(B) = P(A \cap B) + P(A^c \cap B) = \dfrac{3}{10} + \dfrac{3}{10} = \dfrac{3}{5}$$

따라서 당첨 제비를 뽑을 확률은 '뽑는 순서와 상관없다'는 것을 알 수 있다.

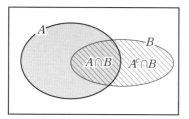

$A : a$ 군이 당첨인 사건
$B : b$ 군이 당첨인 사건

목사이며 수학자이기도 했던 토머스 베이즈(1702~1761)는 이 조건부 확률의 개념을 발전시
켜 현대 통계학의 커다란 흐름인 베이즈 통계학의 기초를 확립했다. 지금으로부터 약 200년
전의 이야기다.

107 독립 시행의 정리

두 시행 α와 β가 독립이라면,

$$P(A \times B) = P(A) \times P(B) \quad \cdots\cdots ①$$

단, 시행 α에서의 사건을 A, 시행 β에서의 사건을 B라고 한다.

해설! 독립 시행의 정리

동전을 던져서 그 앞뒷면에 주목하는 시행 α와 주사위를 굴려서 나오는 눈에 주목하는 시행 β를 조합한 시행 γ를 생각할 때, 두 시행 α와 β가 서로 영향을 끼친다고는 생각할 수 없다. 이것을 식으로 정의하려면 어떻게 해야 할까?

먼저, 동전과 주사위라는 각 시행의 표본 공간을 확인하자.

시행 α의 표본 공간 U_α = {앞면, 뒷면}

시행 β의 표본 공간 U_β = {1, 2, 3, 4, 5, 6}

시행 γ의 표본 공간 $U_\gamma = U_\alpha \times U_\beta$ = {(앞면, 1), (앞면, 2), (앞면, 3), (앞면, 4), (앞면, 5), (앞면, 6), (뒷면, 1), (뒷면, 2), (뒷면, 3), (뒷면, 4), (뒷면, 5), (뒷면, 6)}

표본 공간 U_α, U_β, U_γ를 표로 나타내면 다음과 같다.

α \ β	1	2	3	4	5	6	U_β
앞면	(앞면, 1)	(앞면, 2)	(앞면, 3)	(앞면, 4)	(앞면, 5)	(앞면, 6)	
뒷면	(뒷면, 1)	(뒷면, 2)	(뒷면, 3)	(뒷면, 4)	(뒷면, 5)	(뒷면, 6)	
U_α				U_γ			

◎ 시행이 서로 영향을 끼치지 않는다면……

여기에서 시행 α와 β를 조합한 시행 γ의 표본 공간 $U_\gamma = U_\alpha \times U_\beta$의 각 근원 사

건의 확률이 전부 '시행 α의 근원 사건의 확률×시행 β의 근원 사건의 확률'과 같을 경우를 가정해 보자. 즉,

$$\frac{1}{2} \times \frac{1}{6} = \frac{1}{12}$$

이 되는 경우다. 이때는 두 시행 α와 β를 조합한 결과 어떤 특정 근원 사건이 나오기 쉬워졌다거나 나오기 어려워졌다고 할 수 없다. 즉, 두 시행 α와 β가 서로 독립이라고 볼 수 있다.

	1	2	3	4	5	6
앞면	$\frac{1}{12}$	$\frac{1}{12}$	$\frac{1}{12}$	$\frac{1}{12}$	$\frac{1}{12}$	$\frac{1}{12}$
뒷면	$\frac{1}{12}$	$\frac{1}{12}$	$\frac{1}{12}$	$\frac{1}{12}$	$\frac{1}{12}$	$\frac{1}{12}$

(주) 여기에서 U_α와 U_β의 각 시행 사건의 확률은 같다고 가정한다.

◉ 시행이 서로 영향을 끼친다면 어떻게 될까?

그런데 만약 시행 α와 β를 조합한 결과 아래의 표와 같이 동전의 앞면과 주사위의 1이 다른 것에 비해 잘 나온다면 어떻게 될까? 가령 $U_\alpha \times U_\beta$의 각 근원 사건의 확률이 아래의 표와 같을 때는 어떻게 될까? 이때는 $U_\alpha \times U_\beta$의 각 근원 사건의 확률이 '시행 α의 근원 사건의 확률×시행 β의 근원 사건의 확률'이라고 말할 수 없다. 즉, 동전이 앞면이고 주사위의 눈이 1일 확률이 $\frac{2}{3}$이므로 $\frac{1}{2} \times \frac{1}{6} \neq \frac{2}{3}$ 가 된다.

이것은 시행 α와 시행 β를 조합한 결과 어떤 영향이 발생해 동전의 앞면과 주사위의 1의 눈이 다른 것에 비해 잘 나왔다고 생각할 수 있다. 그래서 이때는 두 시행 α와 β가 독립이 아니다.

	1	2	3	4	5	6
앞면	$\frac{2}{3}$	$\frac{1}{33}$	$\frac{1}{33}$	$\frac{1}{33}$	$\frac{1}{33}$	$\frac{1}{33}$
뒷면	$\frac{1}{33}$	$\frac{1}{33}$	$\frac{1}{33}$	$\frac{1}{33}$	$\frac{1}{33}$	$\frac{1}{33}$

◉ 시행의 독립을 식으로 정의한다

이상에 입각해 확률의 세계에서는 두 시행 α와 β가 '독립'이라는 것을 다음과 같이 정의한다.

시행 α의 표본 공간 : $U_\alpha = \{e_1, e_2, \cdots, e_i, \cdots, e_n\}$

시행 β의 표본 공간 : $U_\beta = \{f_1, f_2, \cdots, f_i, \cdots, f_m\}$

근원 사건 : $\{e_1\}, \{e_2\}, \cdots, \{e_n\}, \{f_1\}, \{f_2\}, \cdots, \{f_m\}$

이때, 두 시행 α와 β를 조합한 시행의 표본 공간 $U_\gamma = U_\alpha \times U_\beta$의 각 근원 사건 $\{(e_i, f_j)\}$에 대해

$$P(\{(e_i, f_j)\}) = P(\{e_i\}) \times P(\{f_j\}) \quad \cdots\cdots ②$$

$$i = 1, 2, \cdots, n \quad j = 1, 2, \cdots, m$$

이 성립할 때, 두 시행 α와 β는 독립이라고 한다.

	f_1	f_2	$\cdots$	f_j	$\cdots$	$\cdots$	f_m
e_1	(e_1, f_1)	(e_1, f_2)	$\cdots$	(e_1, f_j)	$\cdots$	$\cdots$	(e_1, f_m)
e_2	(e_2, f_1)	(e_2, f_2)	$\cdots$	(e_2, f_j)	$\cdots$	$\cdots$	(e_2, f_m)
$\cdots$	$\cdots$	$\cdots$	$\cdots$	$\cdots$	$\cdots$	$\cdots$	$\cdots$
$\cdots$	$\cdots$	$\cdots$	$\cdots$	$\cdots$	$\cdots$	$\cdots$	$\cdots$
e_i	(e_i, f_1)	(e_i, f_2)	$\cdots$	(e_i, f_j)	$\cdots$	$\cdots$	(e_i, f_m)
$\cdots$	$\cdots$	$\cdots$	$\cdots$	$\cdots$	$\cdots$	$\cdots$	$\cdots$
$\cdots$	$\cdots$	$\cdots$	$\cdots$	$\cdots$	$\cdots$	$\cdots$	$\cdots$
e_n	(e_n, f_1)	(e_n, f_2)	$\cdots$	(e_n, f_j)	$\cdots$	$\cdots$	(e_n, f_m)

즉, 표본 공간 $U_\gamma = U_\alpha \times U_\beta$의 각 근원 사건의 확률은 모두 '시행 α의 근원 사건의 확률 $\times$ 시행 β의 근원 사건의 확률'과 같다는 말이다. 이것은 '영향을 받지 않는다'를 적절히 표현한 것이다.

독립 시행의 정리를 이끌어내려면

위의 정의를 바탕으로 첫머리에 소개한 독립 시행의 정의를 이끌어낼 수 있다.

가령 위의 표본 공간에서 $A = \{e_1, e_2\}$, $B = \{f_1, f_2\}$라고 하면,

$A \times B = \{(e_1, f_1), (e_1, f_2), (e_2, f_1), (e_2, f_2)\}$가 된다. 그러므로 다음과 같다.

$P(A \times B)$

$\quad = P(\{(e_1, f_1)\}) + P(\{(e_1, f_2)\}) + P(\{(e_2, f_1)\}) + P(\{(e_2, f_2)\})$

$P(A) \times P(B)$

$\qquad = P(\{e_1,\ e_2\}) \times P(\{f_1,\ f_2\})$

$\qquad = \{P(\{e_1\}) + P(\{e_2\})\} \times \{P(\{f_1\}) + P(\{f_2\})\}$

$\qquad = P(\{e_1\})P(\{f_1\}) + P(\{e_1\}P(\{f_2\})) + P(\{e_2\})P(\{f_1\}) + P(\{e_2\})P(\{f_2\})$

앞 페이지의 정의식 ②에 따라 $P(A \times B) = P(A) \times P(B)$ ……①이 성립한다.
마찬가지로 A, B가 다른 사건일 경우라도 ①이 성립함을 알 수 있다.

참고로 다음과 같이 시행의 독립을 정의할 때도 있다.

시행 α의 표본 공간을 U_α, 그 임의의 사건을 A

시행 β의 표본 공간을 U_β, 그 임의의 사건을 B

라고 한다. 이때, 두 시행 α와 β를 조합한

시행의 표본 공간의 사건 $A \times B$에 대해

$\qquad P(A \times B) = P(A) \times P(B)$

가 성립한다면 두 시행 **α와 β는 독립**이라

고 말한다.

이때, 첫머리의 정리는 정의 그 자체가 된다.

사용해 보면 알 수 있다!

이 '독립 시행의 정리'는 서로 영향을 끼치지 않을 것 같은 복수의 시행이 조합
된 확률 현상을 설명할 때 효과적이다.

가령 주사위 한 개를 굴렸을 때 나오는 눈의 수에 주목하는 시행과 조커를 제
외한 트럼프 52장 가운데 1장을 뽑는 시행을 실시할 때, 주사위의 눈이 짝수이고
카드는 하트일 확률은 독립 시행의 정리에 따라 다음과 같다.

$$\frac{3}{6} \times \frac{13}{52} = \frac{1}{8}$$

108 반복 시행의 정리

어떤 시행에서 사건 A가 일어날 확률을 p라고 한다. 이 시행을 독립적으로 n회 반복하는 반복 시행에서 사건 A가 r회 일어날 확률은

$_n C_r p^r q^{n-r}$ ……① $(r=0, 1, 2, 3, \cdots\cdots, n)$ 단, $q=1-p$

해설! 조금 복잡한 반복 시행의 정리

반복 시행의 정리는 앞에서 소개한 '독립 시행의 정리'의 특수한 경우다. 즉, '시행 α와 β가 독립'에서 β가 α와 같은 경우이다. 여기에 이 시행 α를 n회 반복하기 때문에 'n개의 독립 시행'으로도 생각할 수 있다. 그러므로 독립 시행의 정리에 따라 반복해서 일어날 확률은 각 회의 시행 확률의 곱이라는 것을 알 수 있다. 그것이 ①의 $p^r q^{n-r}$이다. 다만 n회 중 r회가 일어난다고 해도 r회가 일어나는 패턴이 여러 가지이므로 ①의 $_n C_r$이 나오게 되어 이야기가 조금 복잡해진다.

구체적인 예를 통해 살펴보자

일반론으로는 이해하기가 어려우므로 주사위를 5회 굴리는 반복 시행에서 1의 눈이 3회 나올 확률을 조사해 보자. 이것을 이해하면 '반복 시행의 정리'가 왜 성립하는지를 쉽게 이해할 수 있다.

◎ 주사위를 5회 굴렸을 때 1의 눈이 3회 나올 확률

주사위를 1회 굴렸을 때 1의 눈이 나오는 사건을 A, 그 밖의 눈이 나오는 사건을 A^c라고 한다. 주사위를 5회 굴렸을 때 1의 눈이 3회 나오는 패턴은 다양하다. 그러므로 그중 한 가지 패턴인 (A, A^c, A, A, A^c)의 확률을 구해 보자. 이것은 독립 시행의 정리에 따라 다음과 같다.

$$P(A) \times P(A^c) \times P(A) \times P(A) \times P(A^c) = \frac{1}{6} \times \frac{5}{6} \times \frac{1}{6} \times \frac{1}{6} \times \frac{5}{6}$$
$$= \left(\frac{1}{6}\right)^3 \left(\frac{5}{6}\right)^2$$

다음으로 5회 중 3회 1의 눈이 나오는 패턴이 몇 가지인지 조사한다. 이것은 1회째부터 5회째까지 어느 세 곳에서 1의 눈이 나오느냐이므로 합계 $_5C_3 = 10$가지가 있다. 확률은 전부 $\left(\frac{1}{6}\right)^3 \left(\frac{5}{6}\right)^2$ 이다.

$$\left.\begin{array}{l} (A,\ A,\ A,\ A^c,\ A^c) \\ (A,\ A,\ A^c,\ A,\ A^c) \\ \cdots\cdots \\ (A,\ A^c,\ A,\ A,\ A^c) \\ \cdots\cdots \\ (A^c,\ A^c,\ A,\ A,\ A) \end{array}\right\} {}_5C_3 = 10\text{가지, 확률은 모두 } \left(\frac{1}{6}\right)^3 \left(\frac{5}{6}\right)^2$$

이 10가지 사건은 하나가 일어나면 나머지는 일어나지 않으므로 배반이다. 따라서 확률의 덧셈 정리에 따라 $\left(\frac{1}{6}\right)^3 \left(\frac{5}{6}\right)^2$ 을 $_5C_3$회 더한 값, 즉 $\left(\frac{1}{6}\right)^3 \left(\frac{5}{6}\right)^2$ 을 $_5C_3$배한 다음의 값이 된다.

$$_5C_3 \left(\frac{1}{6}\right)^3 \left(\frac{5}{6}\right)^2 = 10 \times \left(\frac{1}{6}\right)^3 \left(\frac{5}{6}\right)^2 = \frac{250}{7776} = \frac{125}{3888}$$

예제 1회의 사격으로 표적을 명중시킬 확률이 $\frac{1}{10}$ 인 사수가 있다. 이 사수가 7회 사격을 했을 때 적어도 1회는 표적을 명중시킬 확률은 얼마나 될까?

[해답] 실제 사격에서는 표적을 명중시키느냐 명중시키지 못하느냐가 다음 사격에 영향을 끼친다고 하지만, 여기에서는 '각 회의 사격은 독립'이라는 수학 모델로 생각한다. 그러면 반복 시행의 정리에 따라 이 사수가 7회 사격했을 때 1~7회 명중시킬 확률은 각각 다음과 같다.

7회 중 1회 명중시킬 확률 $\quad _7C_1\left(\dfrac{1}{10}\right)^1\left(\dfrac{9}{10}\right)^6$

7회 중 2회 명중시킬 확률 $\quad _7C_2\left(\dfrac{1}{10}\right)^2\left(\dfrac{9}{10}\right)^5$

7회 중 3회 명중시킬 확률 $\quad _7C_3\left(\dfrac{1}{10}\right)^3\left(\dfrac{9}{10}\right)^4$

....

....

7회 중 7회 명중시킬 확률 $\quad _7C_7\left(\dfrac{1}{10}\right)^7\left(\dfrac{9}{10}\right)^0$

이것들은 서로 배반이므로, 구하는 확률은 다음과 같다.

$$_7C_1\left(\dfrac{1}{10}\right)^1\left(\dfrac{9}{10}\right)^6 + {}_7C_2\left(\dfrac{1}{10}\right)^2\left(\dfrac{9}{10}\right)^5 + {}_7C_3\left(\dfrac{1}{10}\right)^3\left(\dfrac{9}{10}\right)^4 + \cdots$$
$$\cdots + {}_7C_7\left(\dfrac{1}{10}\right)^7\left(\dfrac{9}{10}\right)^0$$

$$= 0.5217$$

그러나 이 방법은 너무나 비효율적이다. 7회 중 적어도 1회 명중시키는 것은 '7회 모두 명중시키지 못하는 것의 여사건'이므로, 확률은 '여사건의 정리'와 '반복 시행의 정리'를 이용하면 다음과 같다.

$$1 - \text{하나도 명중시키지 못할 확률} = 1 - {}_7C_0\left(\dfrac{1}{10}\right)^0\left(\dfrac{9}{10}\right)^7$$
$$= 1 - \left(\dfrac{9}{10}\right)^7 = 0.5217$$

만약 이 사수가 100회 도전한다면 적어도 1회는 명중시킬 확률은 다음과 같다.

$$1 - \left(\dfrac{9}{10}\right)^{100} = 0.99997$$

(주) 1회에 명중시킬 확률을 p라고 하면, n회 중 적어도 1회 명중시킬 확률은 다음과 같다.
$$1 - (1-p)^n$$

예제 ○× 문제가 10문제 있다. 문제를 보지 않고 대충 ○ 또는 ×로 찍는다면 평균 몇 문제를 맞히게 될까?

[해답] ○× 문제의 답을 찍는다면 정답일 확률은 한 문제당 $\frac{1}{2}$이다. 따라서 10문제 중 k문제가 정답일 확률 P_k는 반복 시행의 정리에 따라,

$$P_k = {}_{10}C_k\left(\frac{1}{2}\right)^k\left(\frac{1}{2}\right)^{10-k} = {}_{10}C_k\left(\frac{1}{2}\right)^{10}$$

$$k = 0, 1, 2, 3, 4, 5, 6, 7, 8, 9, 10$$

따라서 정답수의 기댓값(**110**)은

$$0 \times P_0 + 1 \times P_1 + 2 \times P_2 + 3 \times P_3 + \cdots\cdots + 10 \times P_{10} = 5$$

가 된다. 즉, 정답수의 기댓값은 전체의 절반이 된다. ○× 문제는 공부를 싫어하는 학생에게 상당히 매력적임을 알 수 있다. 참고로 보기가 3개인 문제라면 전체의 $\frac{1}{3}$, 4개인 문제라면 전체의 $\frac{1}{4}$이 된다.

확률의 역사 · 베르누이 시행

이 단원에서 다룬 시행, 즉 '1회의 시행으로 사건 A가 일어나는가 일어나지 않는가'에 주목하며 이 시행을 독립적으로 n회 거듭하는 반복 시행을 베르누이 시행이라고 한다. 이 명칭의 유래는 이미 앞에서 소개한 스위스의 수학자 자코브 베르누이(1654~1705)다.

109 큰수의 법칙

> 1회의 시행에서 사건 A가 일어날 확률을 p, 이 시행을 독립적으로 n회 반복했을 때 사건 A가 일어난 상대 도수를 $\dfrac{r}{n}$이라고 한다. 이때, 시행 횟수 n을 크게 하면 상대 도수 $\dfrac{r}{n}$은 한없이 확률 p에 가까워진다.

해설! 큰수의 법칙

위의 '큰수의 법칙'은 '베르누이의 정리'라고도 한다. 이 정리는 우리가 일상 속에서 경험하는 '상대 도수의 안정성'의 근거를 수학적으로 뒷받침한 것이다. 참고로 큰수의 법칙은 '체비쇼프 부등식'과 '이항 분포'라는 확률 분포의 성질을 이용해 증명할 수 있지만, 이 책에서는 다루지 않는다.

◎ 상대 도수의 안정성이란?

개개의 결과는 우연에 좌우되더라도 충분히 많은 횟수를 시행한 결과에서는 어떤 규칙성이 나타날 때가 있다. 특히 상대 도수에 주목하면 시행 횟수를 점점 늘려나갈 경우 어떤 사건이 일어나는 상대 도수가 일정 값에 가까워짐을 확인할 수 있다. 이 성질을 상대 도수의 안정성이라고 한다.

◎ 동전을 던져 보자

동전 한 닢을 던질 경우를 생각해 보자. 이 동전을 여러 번 던져서 앞면이 나오는 상대 도수를 조사해 보면 거의 $\dfrac{1}{2}$에 가까운 값이 나온다. 거짓말 같으면 시험 삼아 100회, 200회 던져 보기 바란다. 처음에는 앞면이 많이 나오거나 뒷면이 많이 나오는 등 상대 도수가 이리저리 요동을 치지만, 던지는 횟수를 늘려 나가면 안정됨을 알 수 있다.

◎ 주사위를 굴려 보자

주사위를 1회 굴릴 경우를 생각해 보자. 지금 현실에 있는 주사위를 수없이 굴려서 1이 나오는 상대 도수를 조사해 보면 일정 값에 가까워짐을 알 수 있다. 의심스러우면 앞의 동전과 마찬가지로 직접 실험해 보기 바란다. 이것이 상대 도수의 안정성이다. 물론 이 값이 반드시

$$\frac{1}{6} = 0.16666\cdots\cdots$$

인 것은 아니다. 이 $\frac{1}{6}$ 은 모든 눈이 나올 가능성을 동등하게 기대할 수 있다고 가정하고 만든 수학상의 이상적인 주사위의 확률이기 때문이다.

참고로 컴퓨터에 해박하다면 시뮬레이션을 통해 상대 도수의 안정성을 실감할 수도 있다. 이를 위해서는 컴퓨터가 발생시키는 0 이상 1 이하의 균등 난수를 이용한다. 즉, '발생한 난수가 $\frac{1}{6}$ 보다 작으면 1, 크면 다른 2~6이 나왔다'고 해석하는 것이다. 그리고 난수를 발생시킬 때마다 그때까지 나온 1의 눈의 도수를 전체 도수로 나눠서 1의 눈이 나오는 상대 도수를 다음과 같이 그래프로 그려 본다. 이 그래프에서 세로축은 1의 눈의 상대 도수, 가로축은 주사위를 굴린 횟수(난수의 발생 횟수)다.

주사위를 굴리는 횟수를 점점 늘려 나가면 처음에는 상대 도수가 수시로 변화하지만 점점 일정 값, 여기에서는 $\frac{1}{6}$ 에 가까워짐을 알 수 있다.

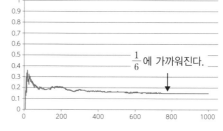

이 '상대 도수의 안정성'을 바탕으로 고안된 것이 통계적 확률이다.(아래의 '개념 넓히기' 참고)

확률의 역사·두 대수의 법칙

일반적으로는 파스칼(1623~1662)을 확률론의 창시자로 여기지만, 우연 현상에 주목해 확률론을 구축하려 한 사람은 자코브 베르누이다. 그가 발견한 '큰수의 법칙'을 통해 우리 주변에서 우연히 일어나는 현상에 대한 이해가 깊어졌다. 참고로 그가 발견한 큰수의 법칙은 엄밀히는 '큰수의 약한 법칙'이라고 하며, 러시아의 콜모고로프(1903~1987)가 발견한 '큰수의 강한 법칙'이라는 것도 있다.

개념 넓히기

수학적 확률과 통계적 확률

동전을 던졌을 때 나오는 패턴은 앞면과 뒷면의 두 가지가 있으며, '각각 나올 가능성을 동등하게 기대할 수 있다'고 간주하면 앞면이 나올 확률은 $\frac{1}{2}$이라고 생각할 수 있다. 이와 같이 이론만으로 구한 확률을 수학적 확률이라고 한다.

한편 실제로 동전을 수백, 수만 번 던지면서 앞면이 나오는 상대 도수를 조사해 이것이 안정된 값을 동전의 앞면이 나올 확률로 삼는다는 발상도 있다. 이것은 통계적 확률이라고 한다.

가령 압정 같은 모양의 물건이 '위를 향할 수학적 확률'을 구하기는 어렵다. 그러나 통계적 확률이라면 실제로 압정을 던져서 그 근삿값을 구할 수 있다.

예제 압정을 던져서 그것이 떨어졌을 때 바늘이 하늘을 향할 확률을 구하여라.

[해답] 실제로 압정을 가지고 있다면 도전해 보기 바란다. 답은 한 가지라고 장담할 수 없다.

 확률 p

(바늘이 하늘을 향한다.)

 확률 $1-p$

(바늘이 바닥을 향한다.)

아래 그림은 시판되는 압정을 던져서 바늘이 하늘을 향하는 상대 도수의 추이를 1,000회까지 조사한 그래프다. 그러자 거의 0.6의 값에 가까워짐을 알 수 있다. 따라서 이 압정이 하늘을 향할 확률은 큰수의 법칙에 따라 약 0.6이라고 생각할 수 있다.

물론 다른 종류의 압정은 그 값이 달라지므로 이것을 가지고 압정의 바늘이 하늘을 향할 확률은 0.6이라고 확정지을 수는 없다.

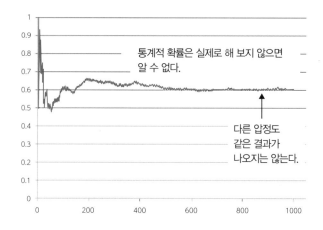

통계적 확률은 실제로 해 보지 않으면 알 수 없다.

다른 압정도 같은 결과가 나오지는 않는다.

329

110 평균값과 분산

n개의 데이터 $\{x_1,\ x_2,\ x_3,\ \cdots,\ x_n\}$에 대해
그 평균값 $\bar{x}$, 분산 σ^2, 표준 편차 σ는 다음과 같다.

$$\bar{x} = \frac{\text{총합}}{\text{총도수}} = \frac{x_1 + x_2 + x_3 + \cdots + x_n}{n}$$

$$\sigma^2 = \frac{\text{변동}}{\text{데이터 수}}$$

$$= \frac{(x_1 - \bar{x})^2 + (x_2 - \bar{x})^2 + (x_3 - \bar{x})^2 + \cdots + (x_n - \bar{x})^2}{n}$$

표준 편차 $\sigma = \sqrt{\text{분산}}$

개체명	변량 x
1	x_1
2	x_2
3	x_3
…	…
n	x_n
총도수	n

(주) σ는 시그마라고 읽는다.

해설! 평균값, 그리고 분산

통계학에서는 다양한 수치가 나오는데, 그중에서도 가장 기본 수치는 평균값(기댓값)과 분산이다. 물론 표준 편차도 중요하지만, '표준 편차＝분산의 양의 제곱근'이므로 일심동체다. 참고로 분산의 단위는 데이터의 단위의 제곱(길이라면 넓이)인데, 표준 편차는 루트를 씌우므로 데이터의 단위(길이)로 돌아간다.

◎ 평균값은 대푯값, 분산은 산포도

평균값은 복수의 데이터의 특징을 하나의 수치로 대표시킨 것이다.

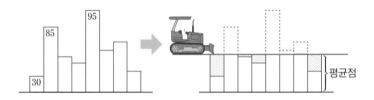

분산은 복수의 데이터의 평균값에서 흩어진 정도(산포도)를 표현한 것이다. 평균값과의 차의 제곱을 구함으로써 차이가 작은 것은 더 작게, 큰 것은 더 크게 만든 다음 이것의 평균을 구한 값이 분산이다.

통계학은 분산을 기반으로 데이터를 분석하는 학문이라고도 할 수 있다. 분산이 0인 세계에서는 통계학이 끼어들 여지가 없다.

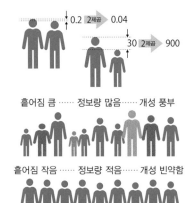

0.2 **2제곱** 0.04

30 **2제곱** 900

흩어짐 큼 …… 정보량 많음 …… 개성 풍부

흩어짐 작음 …… 정보량 적음 …… 개성 빈약함

◉ 도수 분포표를 바탕으로 산출할 경우

오른쪽과 같은 데이터의 도수 분포표가 주어졌을 때, 그 평균값 $\overline{x}$, 분산 σ^2, 표준 편차 σ는 다음과 같다.

$$\overline{x} = \frac{총합}{데이터 수} = \frac{x_1 f_1 + x_2 f_2 + x_3 f_3 + \cdots + x_N f_N}{n}$$

분산 $\sigma^2 = \dfrac{변동}{데이터 수}$

$$= \frac{(x_1 - \overline{x})^2 f_1 + (x_2 - \overline{x})^2 f_2 + (x_3 - \overline{x})^2 f_3 + \cdots + (x_N - \overline{x})^2 f_N}{n}$$

변량 x	도수
x_1	f_1
x_2	f_2
x_3	f_3
…	…
x_N	f_N
총도수	n

◉ 확률 분포표를 바탕으로 산출할 경우

오른쪽과 같은 변량 X에 관한 확률 분포표가 주어졌을 때, 그 평균값 $\overline{X}$, 분산 σ^2, 표준 편차 σ는 다음과 같다.

평균값 $= \overline{X} = X_1 p_1 + X_2 p_2 + X_3 p_3 + \cdots + X_N p_N$

분산 $\sigma^2 = (X_1 - \overline{X})^2 p_1 + (X_2 - \overline{X})^2 p_2$
$\qquad\qquad + (X_3 - \overline{X})^2 p_3 + \cdots + (X_N - \overline{X})^2 p_N$

표준 편차 $\sigma = \sqrt{분산}$

변량 X	도수
X_1	p_1
X_2	p_2
X_3	p_3
…	…
X_n	p_N
총합	1

제 10 장 확률 · 평균

평균값과 분산

참고로 이 변량 X처럼 X가 갖는 값에 대해 확률이 부여된 변량을 확률 변수라고 한다.

사용해 보자! **평균값, 분산**

주사위 한 개를 굴려서 나온 눈의 수를 X라고 하면, 변량 X의 평균값 X, 분산 σ^2, 표준 편차 σ는 다음과 같다.

$$\overline{X} = 1 \times \frac{1}{6} + 2 \times \frac{1}{6} + 3 \times \frac{1}{6}$$
$$+ 4 \times \frac{1}{6} + 5 \times \frac{1}{6} + 6 \times \frac{1}{6} = 3.5$$
$$\sigma^2 = (1-3.5)^2 \times \frac{1}{6} + (2-3.5)^2 \times \frac{1}{6}$$
$$+ (3-3.5)^2 \times \frac{1}{6} + (4-3.5)^2 \times \frac{1}{6}$$
$$+ (5-3.5)^2 \times \frac{1}{6} + (6-3.5)^2 \times \frac{1}{6} \fallingdotseq 2.92$$

표준 편차 $\sigma = \sqrt{2.92} \fallingdotseq 1.71$

변량 X	확률
1	$\frac{1}{6}$
2	$\frac{1}{6}$
3	$\frac{1}{6}$
4	$\frac{1}{6}$
5	$\frac{1}{6}$
6	$\frac{1}{6}$
총합	1

개념 넓히기

변량 X가 연속된 값을 가질 경우의 평균값, 분산

변량 X가 키나 몸무게처럼 연속된 값을 가질 때, 그 확률 분포는 아래 그림처럼 곡선으로 나타난다. 이 곡선의 식이 $p=f(x)$일 때, $f(x)$를 확률 밀도 함수라고 한다. 이때 확률 변수 X가 a 이상 b 이하의 값을 가질 확률 $P(a \leq X \leq b)$는 그림의 파란 부분의 넓이로 나타난다.

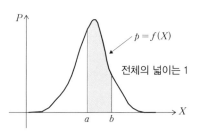

$p=f(X)$

전체의 넓이는 1

그렇다면 이때 변량 X의 평균값과 분산은 어떻게 정의될까? 확률 변수 X가 갖는 값의 범위를 몇 개로 분할하고, X는 분할된 구간에서 가령 중앙의 값을 갖는다고 생각해 보자. 이때 확률은 그 구간의 넓이에 해당한다. 곡선으

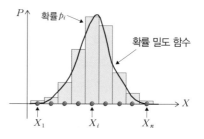

로 둘러싸인 넓이는 구하기가 어려우므로 직사각형의 넓이 p_i로 치환하면, 평균값이나 분산은 331쪽의 '확률 분포표를 바탕으로 산출할 경우'에 따라 다음의 식으로 근삿값을 구할 수 있다.

$$평균값 \ m=X_1 p_1+X_2 p_2+X_3 p_3+\cdots+X_i p_i+\cdots+X_n p_n \ \cdots\cdots①$$

$$분산 =(X_1-m)^2 p_1+(X_2-m)^2 p_2+(X_3-m)^2 p_3+\cdots$$
$$+(X_i-m)^2 p_i+\cdots+(X_n-m)^2 p_n \ \cdots\cdots②$$

여기에서 분할을 더욱 작게 해서 계산했을 때 ①, ②가 한없이 가까워지는 값을 각각 연속적 확률 변수 X의 평균값과 분산으로 결정한다. 여기에서

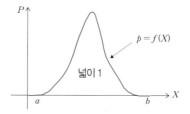

$$p_i=f(X_i)\Delta X \,(\Delta X 는 분할된 경우의 소구간폭)$$

라고 나타낼 수 있는데, 이것은 바로 적분의 세계다. 즉, 다음과 같다.

$$평균값 : m=\int_a^b xf(x)dx$$

$$분산 : \sigma^2=\int_a^b (x-m)^2 f(x)dx$$

$$표준 편차 : \sigma=\sqrt{\sigma^2}$$

단, 적분 범위 a, b는 확률 밀도 함수가 정의되어 있는 범위다.

111 중심 극한 정리

모집단에서 크기 n인 표본 $\{X_1,\ X_2,\ \cdots,\ X_n\}$을 추출하고 그 표본 평균을 $\overline{X}$라고 한다. 즉, $\overline{X} = \dfrac{X_1 + X_2 + \cdots + X_n}{n}$이라고 한다. 이때 $\overline{X}$의 분포에 대해 다음이 성립한다. 단, 모평균을 μ, 모분산을 σ^2이라고 한다.

(1) $\overline{X}$의 평균값은 μ, 분산은 $\dfrac{\sigma^2}{n}$, 표준 편차는 $\dfrac{\sigma}{\sqrt{n}}$

(2) n의 값이 크면 모집단 분포가 어떻든 $\overline{X}$의 분포는 정규 분포로 근사할 수 있다.

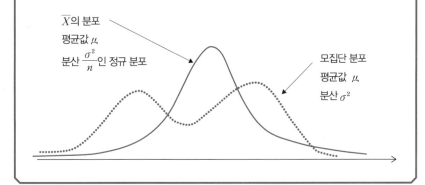

$\overline{X}$의 분포
평균값 μ
분산 $\dfrac{\sigma^2}{n}$인 정규 분포

모집단 분포
평균값 μ
분산 σ^2

해설! 중심 극한 정리

중심 극한 정리는 통계학에서 자주 사용되는 중요한 정리다. 간단히 말하면 '**표본 평균의 분포는 (원래의 분포가 무엇이었든) 정규 분포가 된다.**'라는 것이다. 이것 없이는 추정이나 검증 같은 통계학의 도구를 사용할 수 없다고 해도 과언이 아니다. 이름은 어렵지만 주장하는 내용은 단순 명쾌하다. 그 예를 살펴보자.

◎ 구체적인 예를 통해 살펴보자

가령 어떤 도시에 사는 주민의 평균 키가 160(모평균)이고 분산은 400(모분산)이라고 가정하자. 이때 이 도시의 주민 중에서 무작위로 100명을 추출해 100명의 평균 키 $\overline{X}$ 를 구해 보면, 이것은 추출할 때마다 다양한 값을 갖는다. 그러나 이 $\overline{X}$ 의 분포에 대해서는 중심 극한 정리에 따라 다음이 성립한다.

(1) $\overline{X}$ 의 평균값은 160, 분산은 $\dfrac{400}{100} = 4$, 표준 편차는 2

(2) $\overline{X}$ 의 분포는 $n = 100$으로 크기 때문에 평균값이 160이고 분산이 4인 정규 분포로 근사할 수 있다.

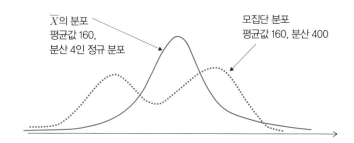

$\overline{X}$의 분포
평균값 160,
분산 4인 정규 분포

모집단 분포
평균값 160, 분산 400

◎ '중심 극한'이라는 이름은?

위의 예에서는 표본의 크기를 100으로 잡았는데, 오른쪽 그림은 n을 10, 100, 1000으로 잡고 표본 평균 $\overline{X}$ 의 분포를 그래프로 나타낸 것이다. 표본의 크기를 크게 만들면 $\overline{X}$ 의 분포는 모집단의 평균값 160의 주위에 집중됨을 알 수 있다. 이것이 '중심 극한 정리'라는 이름이 붙은 이유이다.

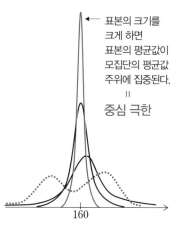

표본의 크기를
크게 하면
표본의 평균값이
모집단의 평균값
주위에 집중된다.
=
중심 극한

160

여기에서는 증명이 아니라 구체적인 예를 통해 중심 극한 정리가 성립함을 실감해 보도록 하겠다. '1, 2, 3'이라고 적힌 카드 세 장의 모임을 모집단으로 삼자. 이 모집단의 분포는 평균값이 2이고 분포가 $\frac{2}{3}$인 균등 분포(337쪽의 '주' 참고)다.

이 모집단에서 무작위로 2장을 뽑아서 그 평균값을 산출해 보자. 복원 추출이므로 실제로는 $3 \times 3 = 9$가지의 패턴이 있으며, 각각의 패턴은 확률이 같으므로 평균값 $\overline{X}$는 오른쪽 표의 확률 분포를 갖는다.

균등 분포인 모집단에서 크기 2인 표본의 표본 평균의 분포를 조사하면 좌우 대칭의 산 모양 분포가 된다. 또 이 분포의 평균값은 2, 분포는 $\frac{1}{3}$로, 중심 극한 정리의 (1)이 성립함을 알 수 있다.

마찬가지로 크기 3인 표본($3 \times 3 \times 3 = 27$가지), 크기 4인 표본($3 \times 3 \times 3 \times 3 = 81$가지), ……에 대해서도 표본 평균의 분포를 조사하면 그 분포가 정규 분포에 가까워지는 것을 알 수 있다.

	첫 번째 추출, 두 번째 추출	표본 평균 $\overline{X}$의 값
①	(1, 1)	$\overline{X} = \dfrac{1+1}{2} = \dfrac{2}{2}$
②	(1, 2)	$\overline{X} = \dfrac{1+2}{2} = \dfrac{3}{2}$
③	(1, 3)	$\overline{X} = \dfrac{1+3}{2} = \dfrac{4}{2}$
④	(2, 1)	$\overline{X} = \dfrac{2+1}{2} = \dfrac{3}{2}$
⑤	(2, 2)	$\overline{X} = \dfrac{2+2}{2} = \dfrac{4}{2}$
⑥	(2, 3)	$\overline{X} = \dfrac{2+3}{2} = \dfrac{5}{2}$
⑦	(3, 1)	$\overline{X} = \dfrac{3+1}{2} = \dfrac{4}{2}$
⑧	(3, 2)	$\overline{X} = \dfrac{3+2}{2} = \dfrac{5}{2}$
⑨	(3, 3)	$\overline{X} = \dfrac{3+3}{2} = \dfrac{6}{2}$

$\overline{X}$의 값	$\dfrac{2}{2}$	$\dfrac{3}{2}$	$\dfrac{4}{2}$	$\dfrac{5}{2}$	$\dfrac{6}{2}$	합계
$\overline{X}$의 도수	1	2	3	2	1	9
$\overline{X}$의 확률	$\dfrac{1}{9}$	$\dfrac{2}{9}$	$\dfrac{3}{9}$	$\dfrac{2}{9}$	$\dfrac{1}{9}$	1

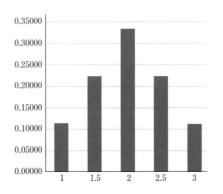

사용해 보면 알 수 있다!

통계적 추정이나 통계적 검증 등의 세계에서는 중심 극한 정리가 꼭 필요하다. 여기에서는 중심 극한 정리와 컴퓨터가 발생시키는 균등 난수(0 이상 1 미만의 모든 수가 같은 확률로 발생하는 난수)를 이용해서 정규 분포를 따르는 난수, 즉 정규 난수를 작성해 보자.

중심 극한 정리에 따르면 균등 난수 n개의 값 $\{X_1, X_2, X_3, \cdots, X_n\}$에서 얻은 다음의 평균 $\overline{X}$는 정규 난수가 된다.

$$\overline{X} = \frac{X_1 + X_2 + X_3 + \cdots + X_n}{n} \quad \cdots\cdots ①$$

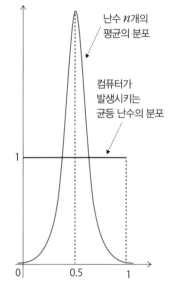

난수 n개의 평균의 분포

컴퓨터가 발생시키는 균등 난수의 분포

컴퓨터가 발생시키는 균등 난수의 분포의 평균값은 $\dfrac{1}{2}$, 분산은 $\dfrac{1}{12}$이므로 ①의 분포의 평균값은 $\dfrac{1}{2}$, 분산은 $\dfrac{1}{12n}$의 정규 분포를 거의 따르게 된다.

참고로 중심 극한 정리의 원형은 1733년에 드무아브르(1667~1754)의 논문에서 발표되었고, 그후 라플라스(1749~1827)가 이를 더욱 정밀하게 만들었다. 그래서 이 정리를 드무아브르–라플라스의 극한 정리라고도 부른다.

(주) 확률 변수가 취하는 값의 확률이 전부 같을 때, 이 분포는 균등 분포라고 한다. 컴퓨터가 발생시키는 균등 난수는 난수의 값이 갖는 확률이 전부 같으므로 균등 분포를 따르며, 그 확률 밀도 함수를 $f(x)$라고 하면 $f(x)=1$이 된다. 그러면 균등 난수의 평균값과 분산은 332쪽의 '개념 넓히기'에 따라 다음과 같다.

$$평균값 = \int_0^1 x f(x)\,dx = \int_0^1 x\,dx = \frac{1}{2}$$

$$분산 = \int_0^1 \left(x - \frac{1}{2}\right)^2 f(x)\,dx = \int_0^1 \left(x - \frac{1}{2}\right)^2 dx = \frac{1}{12}$$

112 모평균의 추정

모집단에서 표본 $\{X_1, X_2, \cdots, X_n\}$을 추출했을 때, 모평균 μ의 추정 구간은 다음과 같다.

신뢰도 95%일 때

$$\overline{X} - 1.96 \times \frac{s}{\sqrt{n}} \leq \mu \leq \overline{X} + 1.96 \times \frac{s}{\sqrt{n}} \cdots\cdots ①$$

신뢰도 99%일 때

$$\overline{X} - 2.58 \times \frac{s}{\sqrt{n}} \leq \mu \leq \overline{X} + 2.58 \times \frac{s}{\sqrt{n}} \cdots\cdots ②$$

여기에서 $\overline{X}$는 표본 평균 $\overline{X} = \dfrac{X_1 + X_2 + \cdots + X_n}{n}$

s는 불편분산 $s^2 = \dfrac{(X_1 - \overline{X})^2 + (X_2 - \overline{X})^2 + \cdots + (X_n - \overline{X})^2}{n-1}$ 에서 구한

표준 편차 $s = \sqrt{s^2}$ 이다.

(주) 표본의 크기 n은 적어도 30 이상이라고 한다.

해설! 모평균의 추정

통계적 추정이란 모집단에서 무작위 추출로 얻은 표본을 바탕으로 모집단의 평균값이나 비율, 분산(이런 것들을 '모수'라고 한다.) 등을 추정하는 것이다. 특히 모수를 몇 이상, 몇 이하의 구간에서 추정하는 방법을 구간 추정이라고 한다. 이 경우 추정이 올바른 정도를 신뢰도라는 확률로 표시할 수 있기 때문에 안심하고 사용할 수 있다. 특히 모평균(모집

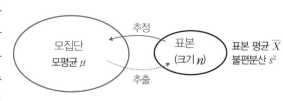

단의 평균값)의 경우는 위의 ①, ②와 같이 공식화되어 있어 누구나 간단히 모평균을 추정할 수 있다. 그러면 실제로 사용해 보자.

(주) 한편, '어떤 학급의 평균점은 60점이었다. 따라서 학년 전체의 평균점을 60점으로 추정한다.'라는 방법을 점 추정이라고 한다. 구간 추정에 비해 간편해서 자주 사용되지만, 구간 추정과 달리 '신뢰도'를 알 수 없기 때문에 어느 정도 올바른지 확인할 수가 없다.

◎ 단 50명의 표본으로 한국인의 수면 시간을 구간 추정한다

그러면 실제로 모평균을 구간 추정하는 공식을 사용해 보자. 한국인 전체에서 무작위로(사실은 이것이 어렵다.) 50명을 추출해 얻은 크기 50의 수면 시간 표본 {6.4, 8.2, ⋯, 7.4}를 바탕으로 산출해 봤더니 표본 평균 $\overline{X}$ 가 6.8, 불편분산 s^2 이 6.25, 여기에서 구한 표준 편차 s 가 2.5였다. 이들 값을 ①에 대입하면 다음의 구간 추정을 얻는다.

$$6.8-1.96\times\frac{2.5}{\sqrt{50}} \leqq \mu \leqq 6.8+1.96\times\frac{2.5}{\sqrt{50}}$$

따라서 신뢰도 95퍼센트인 모평균의 추정 구간은 다음과 같다.

$$6.1\leqq \mu \leqq 7.5$$

한편 같은 방법으로 계산하면 신뢰도 99퍼센트인 추정 구간은 $5.9\leqq \mu \leqq 7.7$이다. 신뢰도 95퍼센트일 때보다 추정 구간의 폭이 넓어지는 이유는 더욱 정확히 판단하려고 하면 답의 폭을 넓혀서 무난한 판단을 하려는 경향이 있기 때문이다.

참고로 불편분산을 구할 때 분모가 n이 아니라 '$n-1$'이 되었음에 주목하기 바란다. 이것은 불편성이라는 것과 관련이 있다.

적중률이 낮다.

적중률이 높다.

99% 신뢰 구간

95% 신뢰 구간

표준 편차의 1.96×2배

표준 편차의 2.58×2배

모평균의 추정 공식 ①, ②는 다음 정리에서 이끌어낼 수 있다.

◉ 중심 극한 정리

크기 n인 표본의 표본 평균을 $\overline{X}$ 라고 할 때,

(1) $\overline{X}$ 의 평균값은 μ, 분산은 $\dfrac{\sigma^2}{n}$, 표준 편차는 $\dfrac{\sigma}{\sqrt{n}}$이다.

　　단, μ는 모평균, σ^2은 모분산이다.

(2) n의 값이 크면 모집단 분포가 어떻든 $\overline{X}$ 의 분포는 정규 분포로 근사할 수 있다.

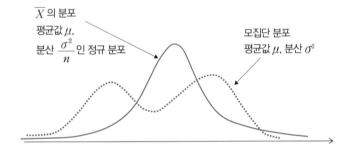

모평균 μ를 추정할 때는 보통 모집단의 분산(모분산) σ^2을 알지 못하므로 표본의 크기가 어느 정도 크다고 보고 표본에서 얻은 불편분산 s^2을 대용한다. 그러면 중심 극한 정리에 따라 표본 평균 $\overline{X}$ 의 분포는 다음과 같다.

평균이 모평균 μ, 분산이 $\dfrac{s^2}{n}$(표준 편차는 $\dfrac{s}{\sqrt{n}}$)인 정규 분포

또 정규 분포에는 '**평균값을 중심으로 좌우로 표준 편차의 1.96배 이내에 있을 확률은 0.95이다.**'라는 성질이 있다. 그림으로 나타내면 다음과 같다.

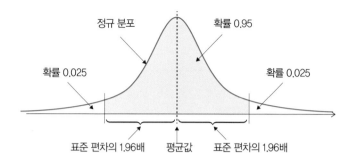

이에 따라 표본 평균 $\overline{X}$ 가 다음의 구간에 들어갈 확률은 0.95가 된다.

$$\mu - 1.96\frac{s}{\sqrt{n}} \le \overline{X} \le \mu + 1.96\frac{s}{\sqrt{n}}$$

이 부등식을 변형시켜 μ가 중앙에 오게 하면,

$$\overline{X} - 1.96\frac{s}{\sqrt{n}} \le \mu \le \overline{X} + 1.96\frac{s}{\sqrt{n}}$$

이것이 첫머리의 추정 공식 ①이다. 또 정규 분포의 성질 '**평균값을 중심으로 좌우로 표준 편차의 2.58배 이내에 있을 확률은 0.99이다.**'를 이용하면 첫머리의 추정 공식 ②를 얻을 수 있다.

예제 중학교 2학년 중에서 100명을 추출해 평균 키를 구했더니 $163.5\,\mathrm{cm}$였고, 불편분산에서 구한 표준 편차는 $6.5\,\mathrm{cm}$였다. 이것을 바탕으로 중학교 2학년의 평균 키 μ를 신뢰도 95%로 추정하여라.

[해답] 추정을 위해 $\overline{X} = 163.5$, 표준 편차 $s = 6.5$, 표본의 크기 $n = 100$을 공식 ①에 대입한다. 그러면 전체 중학교 2학년의 평균 키 μ에 대한 다음의 추정 구간을 얻는다.

신뢰도 95% $162.2 \le \mu \le 164.8$

113 비율의 추정

> 모비율 R인 모집단에서 추출한 크기 n인 표본의 표본 비율이 r일 때, 모비율 R은 다음 식으로 구간 추정할 수 있다.
>
> 신뢰도 95%
> $$r-1.96\sqrt{\frac{r(1-r)}{n}} \leq R \leq r+1.96\sqrt{\frac{r(1-r)}{n}} \quad\cdots\cdots ①$$
>
> 신뢰도 99%
> $$r-2.58\sqrt{\frac{r(1-r)}{n}} \leq R \leq r+2.58\sqrt{\frac{r(1-r)}{n}} \quad\cdots\cdots ②$$

해설! 비율의 추정

최근에는 뉴스와 신문 등에서 RDD(Random Digit Dialing: 무작위 전화 걸기)라는 방법을 이용한 분석 결과를 종종 볼 수 있다. 예를 들면 "컴퓨터를 이용해 무작위로 발생시킨 번호로 전화를 거는 RDD라는 방법으로 여론 조사를 실시한 결과 1,580명 중 1,034명이 회답했으며, 현 정부의 지지율은 52%였습니다." 같은 식이다.

◉ 대부분의 여론 조사는 데이터의 비율을 말하는 것에 불과하다

앞의 예에서 현 정부의 지지율이 52%였다는 것은 1,034명 중 $1034 \times 0.52 = 538$명이 현 정부를 지지했다는 이야기다. 이것은 일종의 점 추정이며, 이것을 가지고 전체의 52%가 현 정부를 지지하고 있다고 생각하는 것은 통계적으로 볼 때 무리가 있다. 그러니 한 발 더 나아가서 이 데이터를 바탕으로 비율의 구간 추정의 공식 ①, ②를 사용해 현 정부의 진짜 지지율 R을 구간 추정해 보자.

◉ 데이터를 사용해 실제 구간을 추정한다

표본 비율은 52%였으므로 $r=0.52$, 표본의 크기는 1034이므로 $n=1034$가 된다. 이것을 ①에 대입하면 신뢰도 95%인 모비율 R의 신뢰 구간은 다음과 같다.

$$0.49 \leq R \leq 0.55$$

즉, "실제 지지율은 49%에서 55% 사이이며, 이 판단이 옳을 확률은 0.95입니다."라는 말이다. 만약 ②에 대입하면 신뢰도 99%로 다음의 신뢰 구간을 얻는다.

$$0.48 \leq R \leq 0.56$$

즉, "실제 지지율은 48%~56% 사이이며, 이 판단이 옳을 확률은 0.99입니다."가 된다. 실제 지지율이 50%를 밑돌 가능성이 충분한 것이다. 참고로 신뢰도 95퍼센트일 때보다 추정 구간의 폭이 넓어지는 것은 모평균의 추정(**112**)과 같은 이유다.

왜 비율의 추정이 성립할까?

먼저, 어떤 특성을 지닌 모집단에 대해 모비율 R과 표본 비율 r을 확인하자. 어떤 특성을 가졌으면 1, 그렇지 않으면 0인 전부 N개의 수치의 모임을 모집단이라고 할 때, 이들 N개의 1과 0의 총합을 N으로 나눈 것이 그 특성을 지닌 모비율 R이다. 만약 N개 중 1이 m개이고 0이 $N-m$개라고 하면 이 모집단의 평균값 μ는 m/N이 되어 모비율 R과 일치한다. 또 이 모집단의 분산 σ^2은

$$\sigma^2 = \frac{m(1-R)^2 + (N-m)(0-R)^2}{N} = \frac{m(1-2R) + NR^2}{N} = R(1-R)$$

또한 이 모집단에서 추출한 크기 n인 표본의 표본 비율 r은 1과 0으로 구성되는 n개의 데이터의 평균값이므로 이것은 표본 평균 X라고 할 수 있다.

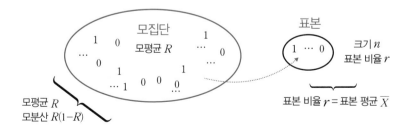

$$r = \frac{1+0+1+\cdots+0+1}{n} = \overline{X}$$

따라서 중심 극한 정리(**111**)에 따라 다음과 같이 말할 수 있다.

'**n이 크면 표본 비율 r은 모비율 R, 분산 $\dfrac{R(1-R)}{n}$의 정규 분포를 따른다.**'

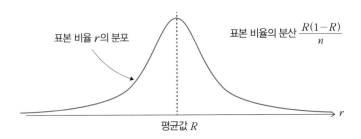

여기에 정규 분포의 성질, 즉 '이 정규 분포에서 평균값을 중심으로 좌우로 표준 편차의 1.96배 이내에 있을 확률은 0.95이다.'를 사용한다.

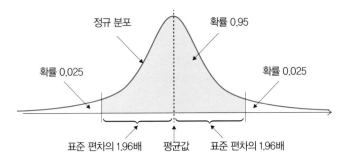

그러면 표본 비율 r이 다음 구간에 포함될 확률은 0.95가 된다.

$$R - 1.96\sqrt{\frac{R(1-R)}{n}} \leq r \leq R + 1.96\sqrt{\frac{R(1-R)}{n}}$$

이 식을 근사 계산하면서 R이 부등식의 중앙에 오도록 변형시키면 다음 식을 얻는다.

$$r-1.96\sqrt{\frac{r(1-r)}{n}} \leqq R \leqq r+1.96\sqrt{\frac{r(1-r)}{n}}$$

이것이 첫머리의 공식 ①이다. 이와 같은 방법으로 신뢰도 99%인 모비율의 신뢰 구간 ②도 구할 수 있다.

사용해 보자! 표본 비율

통계학에서 가장 어려운 것은 어떻게 데이터를 모으느냐인데, 공표된 RDD의 데이터는 그대로 비율의 구간 추정에 사용할 수 있으므로 많은 도움이 된다. 뉴스나 신문에서는 단순히 표본 비율을 발표할 뿐이므로 아직 분석의 여지가 남아 있는 것이다.

(예) RDD를 이용해 한국 전체의 30대 남성 가운데 1,000명의 남성에게서 얻은 독신율 0.48을 바탕으로 한국인 30대 남성의 실제 독신율 R을 구간 추정하면 다음과 같다.

$n = 1000$, $r = 0.48$을 첫머리의 구간 추정 공식에 대입해 계산하면,

신뢰도 95%에서 $0.45 \leqq R \leqq 0.51$

신뢰도 99%에서 $0.44 \leqq R \leqq 0.52$

개념 넓히기

RDD란 무엇인가?

텔레비전 방송국이나 신문사가 여론 조사를 실시할 때 자주 사용하는 RDD법은 난수를 사용해 전화번호부에 실리지 않은 번호까지 포함한 모든 유선 전화번호 중에서 전화번호를 추출한 다음 전화를 걸어 통화가 연결된 상대에게 질문을 하는 방식이다. 표본은 모집단에서 무작위로 추출해야 한다는 점을 생각하면 RDD법은 전화를 받지 않은 사람이 누락되는 등 몇 가지 문제점이 있다.

114 베이즈 정리

$$P(A \mid B) = \frac{P(B \mid A)}{P(B)} P(A) \quad \cdots\cdots ①$$

해설! 베이즈 정리

베이즈 정리 자체는 위와 같이 '조건부 확률'(106)을 사용해 단 한 줄의 식으로 나타낼 수 있을 만큼 간단하다. 그러나 이 정리를 사용한 베이즈 이론은 최근 들어 인공 지능과 정보론, 심리학, 경제학, 행동 과학 등 다양한 분야에서 대활약 하고 있다.

◉ 트럼프를 예로 베이즈 정리를 확인해 보자

가령 조커를 제외한 트럼프 52장에서 무작위로 1장을 뽑을 때, '그림 카드'가 나오는 사건을 A, '하트'가 나오는 사건을 B라고 하자. 그러면 $P(A \mid B)$는 뽑은 카드가 하트임을 알고 있을 때 그것이 그림 카드일 확률이라는 의미가 된다. 이 경우 사건 B를 전체로 생각하게 되므로 하트 카드 13장이 새로운 표본 공간이 된다. 그리고 그중에서 그림 카드는 3장이므로 $P(A \mid B) = \frac{3}{13}$이다.

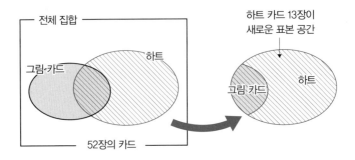

마찬가지로 $P(B \mid A) = \dfrac{3}{12}$ 이 된다. 이때 베이즈 정리는 하트일 때 그림 카드일 확률 $\dfrac{3}{13}$ 이 '그림 카드일 때 하트일 확률 $\dfrac{3}{12}$' 과 '그림 카드일 확률 $\dfrac{12}{52}$' 를 곱하고 '하트일 확률 $\dfrac{13}{52}$' 으로 나눈 것과 같다고 주장한다.

$$\frac{3}{13} = \frac{\dfrac{3}{12}}{\dfrac{13}{52}} \times \frac{12}{52}$$

왜 그렇게 될까?

확률의 곱셈 정리(**106**)에 따라,

$$P(A \cap B) = P(A)P(B \mid A) \ \cdots\cdots ②$$
$$P(B \cap A) = P(B)P(A \mid B) \ \cdots\cdots ③$$

가 성립한다.

전체 집합

②, ③과 $P(A \cap B) = P(B \cap A)$ 에 따라

$$P(A)P(B \mid A) = P(B)P(A \mid B)$$

가 된다.

이 양변을 $P(B)$로 나누고 좌우 양변을 교환하면 다음 식을 얻는다.

$$P(A \mid B) = \frac{P(B \mid A)}{P(B)} P(A) \ \cdots\cdots ①$$

사용해 보자! 베이즈 정리

여기에서는 베이즈 정리를 다음과 같이 표현해 보겠다.

$$P(\theta \mid D) = \frac{P(D \mid \theta)}{P(D)} P(\theta) \ \cdots\cdots ④$$

단, θ는 가정, D는 데이터로 해석한다.

$P(\theta)$ 　……　사전 확률 (데이터 D를 얻기 전의 θ의 확률 분포)

$P(\theta \mid D)$　……　사후 확률 (데이터 D를 얻은 후의 θ의 확률 분포)

$P(D \mid \theta)$　……　우도 (가능도)(가정 θ를 기반으로 D가 일어나는 정도)

$P(D)$ 　……　D가 일어날 확률

(주) 확률 분포란 총량 1인 확률이 확률 변수의 값에 어떻게 분포되어 있는지를 나타낸 것이다.

이것을 사용해 다음 문제를 풀어 보자.

예제 동전 한 닢을 5회 던졌더니 3회 앞면이 나왔다. 이 사실에서 이 동전의 앞면이 나올 확률 θ의 확률 분포를 구하여라.

[해답] 먼저 동전을 던지기 전에는 앞면이 나올 확률에 대한 정보가 너무나 부족해 아무것도 알 수 없다.('나올 가능성을 동등하게……'라는 표현조차 없으므로 $\theta = 0.5$라고도 장담할 수 없다.) 그래서 'θ가 어떤 값을 가질 확률은 전부 같다.'고 생각한다.(이유 불충분의 원리) 따라서 동전 던지기를 경험하기 전의 θ의 분포는 다음의 균등 분포라고 생각한다.

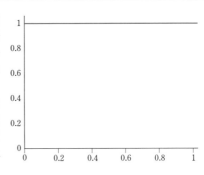

$$P(\theta) = 1 \ \cdots\cdots ⑤$$

그 후 '동전을 던져서 5회 중 3회 앞면이 나왔다'는 데이터를 얻었으므로 이 데이터 D를 기반으로 한 θ의 확률 분포를 베이즈 정리를 사용해 구한다. 이때,

$P(\theta) = 1$

$P(D) = $ 5회 중 3회 앞면이 나올 확률 $= k_1$ (확정되었으므로 k_1은 어떤 상수)

$P(D \mid \theta) = $ 앞면이 나올 확률이 θ인 동전을 5회 던졌을 때 앞면이 3회 나올 확률

$$= {}_5C_3\,\theta^3(1-\theta)^2 = k_2\,\theta^3(1-\theta)^2 \ (k_2\text{는 상수})$$

이것을 베이즈 정리의 ④에 대입하면 다음 식을 얻는다.

$$P(\theta \mid D) = \frac{P(D \mid \theta)}{P(D)}P(\theta) = \frac{k_2\,\theta^3(1-\theta)^2}{k_1} \times 1 = k_3\,\theta^3(1-\theta)^2 \ (k_3\text{은 상수})$$

확률 분포이므로 이 그래프와 θ축에 둘러싸인 부분의 넓이가 1이라는 것에서 $k_3 = 60$을 얻는다.(적분 계산) 따라서 다음의 확률 분포를 얻는다. 이것이 답이다.

$$P(\theta \mid D) = 60\theta^3(1-\theta)^2 \quad \cdots\cdots ⑥$$

예제 앞의 예제 뒤에 다시 이 동전을 5회 던져 봤더니 2회 앞면이 나왔다. 이 동전의 앞면이 나올 확률 θ의 확률 분포를 구하여라.

[해답] 앞의 예제에 따라 θ의 확률 분포 $P(\theta)$는 ⑥이 된다. 즉,

$$P(\theta) = 60\theta^3(1-\theta)^2$$

그리고 다시 2회 앞면이 나왔으므로,

$P(D) = 5$회 중 2회 앞면이 나올 확률 $= k_5$ (확정되었으므로 k_5는 어떤 상수)

$P(D \mid \theta) =$ 앞면이 나올 확률이 θ인 동전을 5회 던졌을 때 앞면이 2회 나올 확률

$= {}_5C_2\theta^2(1-\theta)^3 = k_4\theta^2(1-\theta)^3$　(k_4는 상수)

이것을 베이즈 정리 ④에 대입하면 다음의 식을 얻는다.

$$P(\theta \mid D) = \frac{P(D \mid \theta)}{P(D)}P(\theta) = \frac{k_4\theta^2(1-\theta)^3}{k_5} \times 60\theta^3(1-\theta)^2$$

$$= k_6\theta^5(1-\theta)^5$$

앞의 예제와 마찬가지로 넓이가 1이므로 다음의 확률 분포를 얻는다.

$$P(\theta \mid D) = 2772\theta^5(1-\theta)^5$$

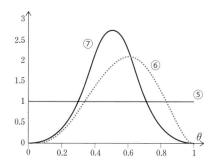

이와 같이 데이터를 얻을 때마다 θ의 확률 분포가 ⑤→⑥→⑦……로 계속 바뀐다.(베이즈 갱신) 바로 이것이 '**베이즈 이론은 경험을 반영하는 이론**'이라고 하는 이유다.

통계의 역사 베이즈 정리의 부활

베이즈 정리는 지금으로부터 약 200년 전에 영국의 목사였던 토머스 베이즈 (1702~1761)가 발견한 것이다. 그러나 그 후 최근에 이르기까지 통계학의 무대에 등장하지 못했다. 이것은 앞에 나온 첫 번째 예제의 '이유 불충분의 원리'에서도 알 수 있듯이 자의성이 포함되는 까닭에 엄밀성을 중시하는 수학계에서 경원시했기 때문이다. 그러나 오늘날과 같은 복잡한 사회에서는 이 자의성이 오히려 도움이 됨이 명확해졌다. 게다가 계속해서 새로운 정보를 반영해 나가는 것은 기존의 통계학으로는 불가능한 일이었다.

찾아보기

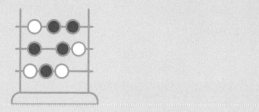

"SUGAKU" NO KOUSHIKI · TEIRI · KIMARIGOTO GA MATOMETE
WAKARU JITEN

© YOSHIYUKI WAKUI 2015

Originally published in Japan in 2015 by BERET PUBLISHING CO., LTD. TOKYO,
Korean translation rights arranged with BERET PUBLISHING CO., LTD. TOKYO,
through TOHAN CORPORATION, TOKYO, and EntersKorea Co., Ltd., SEOUL.